现代控制理论与应用

梁　全　王　洁
苏东海　徐　威　编著

電子工業出版社
Publishing House of Electronics Industry
北京 · BEIJING

内 容 简 介

现代控制理论是联系古典控制理论和智能控制理论的纽带，有着承上启下的作用。机械类专业研究生学好现代控制理论，对解决工程实践问题具有重要的指导意义。本书将以线性定常系统为主要研究对象，介绍了系统建模、求解问题，系统的可控性、可观测性和稳定性问题，还介绍了控制系统的校正和最优控制问题。

本书可以作为机械类专业研究生学习现代控制理论的教材，也可以作为机械、电气等行业工程师自学控制理论的参考书。

图书在版编目（CIP）数据

现代控制理论与应用 / 梁全等编著. —北京：电子工业出版社，2019.8

ISBN 978-7-121-37092-2

Ⅰ. ①现…　Ⅱ. ①梁…　Ⅲ. ①现代控制理论－高等学校－教材　Ⅳ. ①O231

中国版本图书馆 CIP 数据核字（2019）第 144544 号

责任编辑：赵玉山　　　　特约编辑：田学清

印　　刷：北京捷迅佳彩印刷有限公司

装　　订：北京捷迅佳彩印刷有限公司

出版发行：电子工业出版社

北京市海淀区万寿路 173 信箱　　　　邮编 100036

开　　本：787×1092　1/16　印张：12.25　字数：321 千字

版　　次：2019 年 8 月第 1 版

印　　次：2021 年 9 月第 2 次印刷

定　　价：38.00 元

凡所购买电子工业出版社图书有缺损问题，请向购买书店调换。若书店售缺，请与本社发行部联系，联系及邮购电话：（010）88254888，88258888。

质量投诉请发邮件至 zlts@phei.com.cn，盗版侵权举报请发邮件至 dbqq@phei.com.cn。

本书咨询联系方式：（010）88254556，zhaoys@phei.com.cn。

前　言

现代控制理论以古典控制理论为基础，但又对古典控制理论进行了颠覆性的发展，使控制理论能够解决多变量、非线性、时变的控制系统问题。

当今，人工智能、智能控制正在盛行，其发展前景固然比较乐观，但学习现代控制理论仍然具有其历史和现实意义。一方面，现代控制理论起到了连接古典控制理论和智能控制理论的作用，掌握现代控制理论的思想和方法，对理解古典控制理论和智能控制理论都有着至关重要的作用；另一方面，现代控制理论在工业控制中仍然扮演着重要的角色，众多机械、电气设备仍然将现代控制理论作为控制系统设计的主要理论依据，因而，掌握现代控制理论的思想方法是解决工程实践问题、学习更高等级控制理论的基础。基于以上原因，将现代控制理论作为机械类专业研究生的公共基础课，对培养研究生的工程实践能力、建立系统变量的概念、理解控制系统设计与运行原理有极其重要的作用。

当今，很少有机械设备能够脱离电气控制系统独立运行，有效解决该问题的有利工具之一就是现代控制理论。事实上，无论是古典控制理论还是现代控制理论，其本质都是对微分方程的数学描述和其衍生问题的研究。通过学习控制理论，学生能够发现宇宙中的万事万物，小到一粒尘埃，大到整个太阳系；不管是固体、液体还是气体，不管是电磁学还是热力学，不管是电气传动还是流体传动等，都可以用微分方程建立其数学模型。而古典控制理论和现代控制理论正是以这些抽象的微分方程为研究对象，研究这些微分方程的固有特性，探索对其进行求解、优化、校正等人为改造的方法，以使这些微分方程所代表的万事万物按照设计者的设想去工作，实现为人类服务，这就是控制理论的最高境界，也是控制理论存在并蓬勃发展的主要原因。

本书是机械类专业研究生的公共基础课“现代控制理论与应用”的配套教材，笔者在写作过程中，充分考虑到现代控制理论的高度抽象性和机械类专业的特点，力图将晦涩难懂的数学理论变成鲜活的工程实例，真正将控制理论和机械工程实践相结合，使学生学习完本门课程后，真正理解如何以现代控制理论为工具对机械系统、电气系统等实际工程系统进行建模、求解、校正和优化，进而做到学有所用。

基于以上原因，本书各章节的安排如下。第 1 章为基础知识，主要是为了帮助学生复习作为现代控制理论基础的拉氏变换、矩阵等基础数学知识。第 2 章为控制系统的状态空间描述，重点解决现代控制理论中的“理论”和机械专业中的工程“实践”脱节的问题，这也是本书最主要的特色；通过对本章的学习，学生能够理解具体机械、电气对象如何建立基于现代控制理论的数学模型，并掌握其方法，为后续学习打下良好基础。第 3 章为线性控制系统的时域分析，主要介绍第 2 章建立的数学模型的求解问题。第 4 章为控制系统的稳定性，阐述控制系统稳定性这一最基本要求的一般性判断准则。第 5 章为线性控制系统的可控性和可观测性，这属于控制系统的固有特性。第 6 章为线性定常系统的综合，研究如何优化某一控制系统的性能指标问题。第 7 章为最优控制，研究如何使某一控制系统的性能指标达到最优；这是全书的结尾章节，也是最重要的章节，学习现代控制理论的最终目的就是要解决类似最优控制工程问题，使理论为实践服务。

本书第 1 章、第 2 章、第 3 章、第 7 章由沈阳工业大学梁全编写；第 4 章由沈阳工业大学王洁编写；第 5 章由沈阳工业大学苏东海编写；第 6 章由沈阳工业大学徐威编写。全书由梁全统稿。在本书写作过程中，研究生高建文、杨育程、单东升、牛彪参与了部分录入、排版工作。

由于作者水平有限，书中难免有不足之处，敬请同行专家和广大读者批评指正。

目　　录

第1章 基 础 知 识

在科学技术飞速发展的今天，现代控制理论已经成为现代技术体系不可缺少的内容，已经被广泛地应用于机械、冶金、石油、化工等各个领域。随着现代机械制造业的发展，机械控制工程技术的研究越来越深入且越来越广泛，而现代控制理论正是当今机械控制工程技术的重要组成部分。

为了更好地学习和理解现代控制理论，读者需要先掌握一些基础知识。这些知识包括拉普拉斯变换（以下简称拉氏变换）的基本方法和矩阵理论，这些内容都将在本章进行介绍。

其中，拉氏变换的基本方法是古典控制理论详细介绍的内容，本书默认读者已经具备了这些基础知识。但是考虑到知识的继承性和延续性，我们将在 1.1 节对拉氏变换的一些基本概念进行简单的复习。

另外，现代控制理论优于古典控制理论的原因之一在于前者可以处理多变量问题。多变量问题必然要求处理多维的变量，这需要用到矩阵理论，所以，我们将在 1.2 节对矩阵理论进行简单的复习。

1.1 拉普拉斯变换

现代控制理论和古典控制理论有其内在的基本联系，所以，我们先复习一下与古典控制理论相关的拉氏变换的基本知识。

1.1.1 拉普拉斯变换的基本概念

由于拉氏变换涉及复数，所以我们先来复习一下复数的概念。

复数的数学表达式为：$s=\sigma+\omega\mathrm{j}$，$\sigma$、$\omega\in\mathbf{R}$，其中，j 为虚单位，$\mathrm{j}^2=-1$；$\sigma$ 称为实部，用符号表示为 $\sigma=\mathrm{Re}[s]$；ω 称为虚部，用符号表示为 $\omega=\mathrm{Im}[s]$。

以复数为自变量的函数称为复变函数，如下所示的函数均为复变函数：

$$G(s)=\frac{2s+1}{5s^2+6s+1}$$

$$G(s)=\frac{s-2}{s+3}$$

下面我们介绍与复变函数相关的概念，即零点和极点的定义。

1．极点、零点

如果复变函数的定义如式（1.1）所示：

$$G(s)=\frac{k(s+z)}{(s+p_1)(s+p_2)} \tag{1.1}$$

则极点定义为使式（1.1）分母为零的复数，即 $s_1=-p_1$，$s_2=-p_2$，即使 $G(s)\to\infty$，那么 s_1、s_2 称为复变函数 $G(s)$ 的极点。反之，使分子为零的点称为零点，在式（1.1）中，当 $s=-z$ 时，

$G(s)=0$，所以，称 s 为复变函数 $G(s)$ 的零点。

2．拉氏变换定义

拉氏变换，首先是由法国数学家拉普拉斯提出的，它是一种积分变换。

在控制理论中研究拉氏变换，主要是因为我们将拉氏变换当作一种数学工具，借助这个工具，可以方便地求解微分方程，这对我们研究系统的动态特性很有帮助。

拉氏变换的定义：设函数 $f(t)$，在 $[0,+\infty)$ 有定义，且积分 $\int_0^{+\infty} f(t)\mathrm{e}^{-st}\mathrm{d}t$（$s$ 为复数）在 s 的某一域内收敛，则由此积分确定的函数 $F(s)=\int_0^{+\infty} f(t)\mathrm{e}^{-st}\mathrm{d}t$，称为函数 $f(t)$ 的拉氏变换，记为 $F(s)=L[f(t)]$。其中，$f(t)$ 称为原函数，$F(s)$ 称为象函数。

3．典型时间函数

下面我们来复习一些典型的时间函数及其拉氏变换。掌握这些基本时间函数的拉氏变换，是进行复杂时间函数拉氏变换的基础。

1）单位阶跃信号

单位阶跃信号的数学表达式如下：

$$x_i(t)=u(t)=\begin{cases}1, & t\geqslant 0\\ 0, & t<0\end{cases}$$

单位阶跃信号的函数图形如图 1-1 所示。

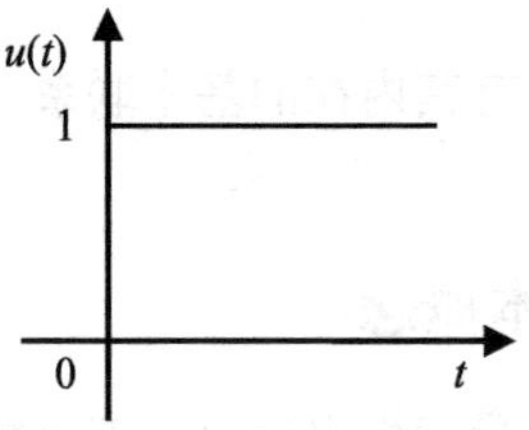

图 1-1　单位阶跃信号的函数图形

根据拉氏变换的定义，单位阶跃信号的拉氏变换为

$$L[u(t)]=\int_0^{+\infty}\mathrm{e}^{-st}\mathrm{d}t=-\frac{1}{s}\mathrm{e}^{-st}\bigg|_0^{+\infty}=\frac{1}{s}$$

当幅值不为 1 时，称为阶跃函数。

2）单位脉冲信号

单位脉冲信号的数学表达式为

$$x_i(t)=\delta(t)=\begin{cases}+\infty, & t=0\\ 0, & t\neq 0\end{cases}$$

根据单位脉冲信号的性质，有

$$\int_{-\infty}^{+\infty}\delta(t)\mathrm{d}t=1,\quad \int_{-\infty}^{+\infty}\delta(t)f(t)\mathrm{d}t=f(0)$$

所以，有单位脉冲信号的拉氏变换为

$$L[\delta(t)]=\int_0^{+\infty}\delta(t)\mathrm{e}^{-st}\mathrm{d}t=\mathrm{e}^{-st}\big|_{t=0}=1$$

单位脉冲信号的函数图形如图 1-2 所示。

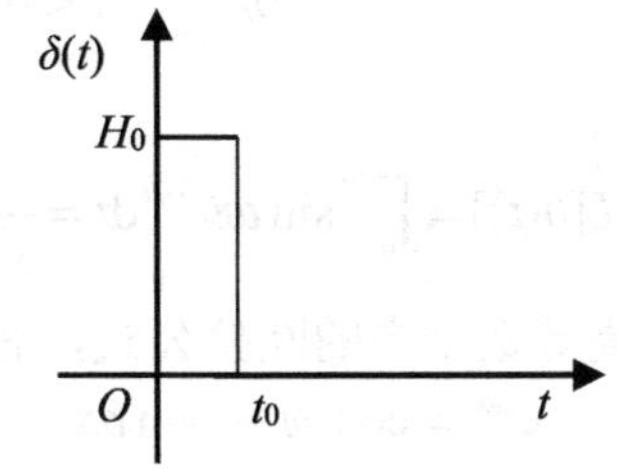

图 1-2　单位脉冲信号的函数图形

其中，$H_0 t_0 = 1$，即面积$= H_0 t_0$。

3）单位速度信号（单位斜坡信号）

单位速度信号的数学表达式为

$$x_i(t) = r(t) = \begin{cases} t, & t \geqslant 0 \\ 0, & t < 0 \end{cases}$$

其拉氏变换为

$$L[r(t)] = \int_0^{+\infty} t\mathrm{e}^{-st}\mathrm{d}t = -\frac{1}{s}\int_0^{+\infty} t\mathrm{d}\mathrm{e}^{-st} = \frac{1}{s^2}$$

单位斜坡信号的函数图形如图 1-3 所示。值得说明的是，当直线的斜率不等于 1 时，称其为斜坡函数。

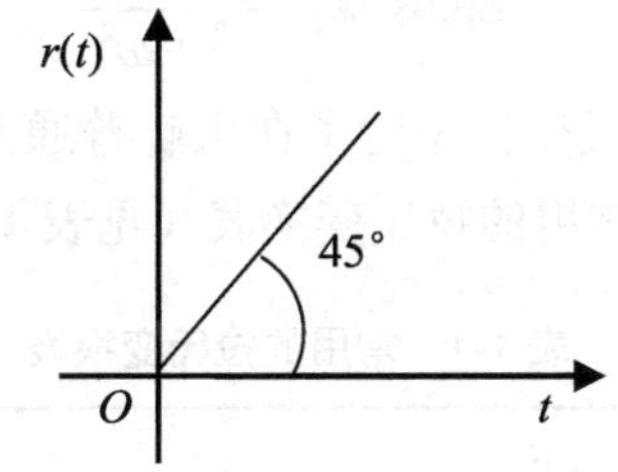

图 1-3　单位斜坡信号的函数图形

4）指数函数

指数函数的数学表达式为

$$x_i(t) = o(t) = \mathrm{e}^{-at}$$

其中，a为常数。

其拉氏变换为

$$L[o(t)] = \int_0^{+\infty} \mathrm{e}^{-at}\mathrm{e}^{-st}\mathrm{d}t = \int_0^{+\infty} \mathrm{e}^{-(a+s)t}\mathrm{d}t$$

$$= -\frac{1}{a+s}\mathrm{e}^{-(a+s)t}\Big|_0^{+\infty} = \frac{1}{s+a}$$

5）单位正弦信号

单位正弦信号的数学表达式为

$$x_i(t)=b(t)=\begin{cases}\sin\omega t, & t\geqslant 0\\ 0, & t<0\end{cases}$$

其拉氏变换为

$$L[b(t)]=\int_0^{+\infty}\sin\omega t\mathrm{e}^{-st}\mathrm{d}t=\frac{\omega}{s^2+\omega^2}$$

下面给出其证明过程。根据高等数学中的欧拉公式，有

$$\mathrm{e}^{\mathrm{j}\omega t}=\cos\omega t+\mathrm{j}\sin\omega t$$

$$\mathrm{e}^{-\mathrm{j}\omega t}=\cos\omega t-\mathrm{j}\sin\omega t$$

可求得

$$\sin\omega t=\frac{1}{2\mathrm{j}}\left(\mathrm{e}^{\mathrm{j}\omega t}-\mathrm{e}^{-\mathrm{j}\omega t}\right)$$

由拉氏变换定义，可求得

$$\begin{aligned}L[\sin\omega t]&=\int_0^{+\infty}\frac{1}{2\mathrm{j}}\left(\mathrm{e}^{\mathrm{j}\omega t}-\mathrm{e}^{-\mathrm{j}\omega t}\right)\mathrm{e}^{-st}\mathrm{d}t\\&=\frac{1}{2\mathrm{j}}\int_0^{+\infty}\left(\mathrm{e}^{-(s-\mathrm{j}\omega)t}-\mathrm{e}^{-(s+\mathrm{j}\omega)t}\right)\mathrm{d}t\\&=\frac{1}{2\mathrm{j}}\left(\frac{1}{s-\mathrm{j}\omega}-\frac{1}{s+\mathrm{j}\omega}\right)=\frac{\omega}{s^2+\omega^2}\end{aligned}$$

根据以上推导，同样可得单位余弦信号的拉氏变换为

$$L[\cos\omega t]=\frac{s}{s^2+\omega^2}$$

我们学习典型时间函数的拉氏变换是为了在求解普通函数的拉氏变换时，可以将普通函数转换为典型时间函数，再配合常用的拉氏变换表（见表 1-1），就可以很方便地求解。

表 1-1　常用的拉氏变换表

序号	$f(t)$	$F(s)$
1	$\delta(t)$	1
2	$1(t)$	$\frac{1}{s}$
3	t	$\frac{1}{s^2}$
4	e^{-at}	$\frac{1}{s+a}$
5	$\sin\omega t$	$\frac{\omega}{s^2+\omega^2}$
6	$\cos\omega t$	$\frac{s}{s^2+\omega^2}$
7	$t^n\mathrm{e}^{-at}$	$\frac{n!}{(s+a)^{n+1}}$
8	$\mathrm{e}^{-at}\sin\omega t$	$\frac{\omega}{(s+a)^2+\omega^2}$
9	$\mathrm{e}^{-at}\cos\omega t$	$\frac{s}{(s+a)^2+\omega^2}$

4．拉氏变换的性质

要对普通函数进行拉氏变换，还需要掌握拉氏变换常见的性质，下面对其进行简单的总结。

1）线性性质

已知α、β为常数，且$L[f_1(t)]=F_1(s)$，$L[f_2(t)]=F_2(s)$，则有

$$L[\alpha f_1(t)+\beta f_2(t)]=\alpha F_1(s)+\beta F_2(s)$$

2）微分性质

若$L[f(t)]=F(s)$，则有

$$L\left[\frac{\mathrm{d}f(t)}{\mathrm{d}t}\right]=sF(s)-f(0)$$

进一步

$$L\left[\frac{\mathrm{d}^n f(t)}{\mathrm{d}t^n}\right]=s^n F(s)-s^{n-1}f'(0)-\cdots-sf^{(n-2)}(0)-f^{(n-1)}(0)$$

若$f(0)=f'(0)=\cdots=f^{n-1}(0)=0$（即当全部初值为0时），则有

$$L\left[\frac{\mathrm{d}^n f(t)}{\mathrm{d}t^n}\right]=s^n F(s)$$

3）积分性质

若$L[f(t)]=F(s)$，则有

$$L\left[\int f(t)\mathrm{d}t\right]=\frac{F(s)}{s}-\frac{1}{s}f^{-1}(0)$$

若$f(0)=f'(0)=\cdots=f^{n-1}(0)=0$，则有

$$L\left[\int\cdots\int f(t)\mathrm{d}t\right]=\frac{F(s)}{s^n}$$

4）终值定理

设$L[f(t)]=F(s)$，且$\lim\limits_{t\to\infty}f(t)$存在且唯一，则有

$$\lim_{t\to\infty}f(t)=\lim_{s\to 0}sF(s)$$

5）延迟定理（位移定理）

设$L[f(t)]=F(s)$，如果$f(t)$沿时间轴延迟一个恒值a，用$f(t-a)$表示，则

$$L\left[f(t-a)\right]=\mathrm{e}^{-as}F(s)$$

6）卷积定理

已知函数$f(t)$的拉氏变换为$F(s)$，函数$g(t)$的拉氏变换为$G(s)$，则有

$$L[f(t)*g(t)]=L\left[\int_0^t f(t-\tau)g(\tau)\mathrm{d}\tau\right]=F(s)G(s)$$

其中，$f(t)*g(t)\triangleq\int_0^t f(t-\tau)g(\tau)\mathrm{d}\tau$，为$f(t)$与$g(t)$的卷积。

1.1.2 拉普拉斯反变换

1．拉氏反变换的基本情况

我们在设计控制系统和分析控制系统的过程中，有时不仅要对某个时间函数进行拉氏变

换，还可能要进行拉氏变换的逆运算，即拉氏反变换。但是，在通常情况下，用反变换的定义求解比较困难，所以此处我们不再赘述拉氏反变换的定义，而是采用常用的变通法，先把 $F(s)$ 展开成有理分式之和，然后查表 1-1 求反变换。这需要对极点的不同情况进行讨论。

1）没有相同极点的情况

已知某复变函数的表达式如式（1.2）所示：

$$\begin{aligned} F(s) &= \frac{B(s)}{(s-p_1)(s-p_2)\cdots(s-p_n)} \\ &= \frac{A_1}{s-p_1}+\frac{A_2}{s-p_2}+\cdots+\frac{A_n}{s-p_n}=\sum_{i=1}^{n}\frac{A_i}{s-p_i} \end{aligned} \tag{1.2}$$

其中，系数 A_i 的计算公式为

$$A_i=(s-p_i)F\left(s\right)\Big|_{s=p_i} \tag{1.3}$$

根据拉氏变换表 1-1 可求得复变函数 $F(s)$ 的拉氏反变换为

$$f(t)=L^{-1}[F(s)]=\sum_{i=1}^{n}A_i\mathrm{e}^{p_i t}$$

下面我们通过一个例子来说明其使用方法。

【例 1-1】 求象函数 $F(s)=\dfrac{2s+1}{s(s+2)(s+5)}$ 的原函数。

解：

$$F(s)=\frac{2s+1}{s(s+2)(s+5)}=\frac{A_1}{s}+\frac{A_2}{s+2}+\frac{A_3}{s+5}$$

$$A_1=\left(s-p_1\right)F(s)\big|_{s=p_1}=s\frac{2s+1}{s(s+2)(s+5)}\bigg|_{s=0}=\frac{1}{10}=0.1$$

$$A_2=(s-p_2)F(s)\big|_{s=p_2}=(s+2)\frac{2s+1}{s(s+2)(s+5)}\bigg|_{s=-2}=\frac{-3}{-6}=0.5$$

$$A_3=(s+5)\frac{2s+1}{s(s+2)(s+5)}\bigg|_{s=-5}=\frac{-9}{-5(-3)}=-0.6$$

$$\begin{aligned} f(t)=L^{-1}\left[F(s)\right]&=L^{-1}\left[\frac{0.1}{s}+\frac{0.5}{s+2}+\frac{-0.6}{s+5}\right] \\ &=0.1+0.5\mathrm{e}^{-2t}-0.6\mathrm{e}^{-5t} \end{aligned}$$

2）有共轭复极点的情况

共轭复极点，是指复变函数的表达式如式（1.4）所示形式：

$$F(s)=\frac{Ms+N}{(s-\alpha)^2+\beta^2}=\frac{M(s-\alpha)}{\left(s-\alpha\right)^2+\beta^2}+\frac{M\alpha+N}{\beta}\frac{\beta}{\left(s-\alpha\right)^2+\beta^2} \tag{1.4}$$

另外，已知拉氏反变换有如下形式（根据表 1-1 常用的拉氏变换表），有

$$L^{-1}\left[\frac{s-\alpha}{\left(s-\alpha\right)^2+\beta^2}\right]=\mathrm{e}^{\alpha t}\cos\beta t\text{，}\quad L^{-1}\left[\frac{\beta}{\left(s-\alpha\right)^2+\beta^2}\right]=\mathrm{e}^{\alpha t}\sin\beta t$$

则式（1.4）的拉氏反变换为

$$f(t)=M\mathrm{e}^{\alpha t}\cos\beta t+\frac{M\alpha+N}{\beta}\mathrm{e}^{\alpha t}\sin\beta t$$

我们用一个例子来说明其使用方法。

【例 1-2】 $F(s)=\dfrac{1}{s\left(s^2-2s+5\right)}$，求 $f(t)$。

解：

$$F(s)=\frac{A}{s}+\frac{Ms+N}{\left(s-1\right)^2+2^2}，\quad A=sF(s)\Big|_{s=0}=\frac{1}{5}$$

$$F(s)=\frac{1}{s(s^2-2s+5)}=\frac{\frac{1}{5}\left(s^2-2s+5\right)+Ms^2+Ns}{s(s^2-2s+5)}$$

解得 $M=-1/5$， $N=2/5$。

$$F(s)=\frac{1/5}{s}+\frac{-\frac{1}{5}(s-1)}{\left(s-1\right)^2+2^2}+\frac{-\frac{1}{5}\times1+\frac{2}{5}}{2}\frac{2}{\left(s-1\right)^2+2^2}$$

$$f(t)=L^{-1}\left[F(s)\right]=\frac{1}{5}-\frac{1}{5}\mathrm{e}^t\cos2t+\frac{1}{10}\mathrm{e}^t\sin2t$$

3）有相同极点的情况

有相同的极点，是指复变函数的表达式如下式所示：

$$F(s)=\frac{B(s)}{A(s)}=\frac{B(s)}{(s-p_1)(s-p_2)\cdots(s-p_{n-q})\left(s-p_q\right)^q}$$

其中，q表示有q个相同的根，所以叫有相同极点。则该复变函数可以表示为

$$F(s)=\sum_{i=1}^{n-q}\frac{A_i}{s-p_i}+\frac{A_{21}}{s-p_q}+\frac{A_{22}}{\left(s-p_q\right)^2}+\cdots+\frac{A_{2q}}{\left(s-p_q\right)^q}$$

上式中各未知系数的计算公式如下所示：

$$A_i=\left(s-p_i\right)F\left(s\right)\Big|_{s=p_i}$$

$$A_{21}=\left\{\frac{1}{\left(q-1\right)!}\frac{\mathrm{d}^{(q-1)}}{\mathrm{d}s^{(q-1)}}\left[\left(s-p_q\right)^qF\left(s\right)\right]\right\}\Bigg|_{s=p_q}$$

$$\vdots$$

$$A_{2q}=\left(s-p_q\right)^qF(s)\Big|_{s=p_q}$$

为了说明其使用方法，我们看下面的例子。

【例 1-3】 $F(s)=\dfrac{1}{s(s+2)^3(s+3)}$，求 $f(t)$。

解：

$$F(s)=\frac{A_1}{s}+\frac{A_2}{s+3}+\frac{A_{21}}{s+2}+\frac{A_{22}}{\left(s+2\right)^2}+\frac{A_{23}}{\left(s+2\right)^3}$$

$$A_1 = sF(s)\big|_{s=0} = \frac{1}{8\times 3} = \frac{1}{24}$$

$$A_2 = (s+3)F(s)\big|_{s=-3} = \frac{1}{3}$$

$$A_{21} = \left\{\frac{1}{2!}\frac{\mathrm{d}^2}{\mathrm{d}s^2}\left[\frac{1}{s(s+3)}\right]\right\}\Bigg|_{s=-2} = \left\{\frac{1}{2!}\frac{\mathrm{d}^2}{\mathrm{d}s^2}\left[\frac{1/3}{s} + \frac{-1/3}{s+3}\right]\right\}\Bigg|_{s=-2}$$

$$= -\frac{3}{8}$$

$$A_{22} = \left\{\frac{\mathrm{d}}{\mathrm{d}s}\left[\frac{1}{s(s+3)}\right]\right\}\Bigg|_{s=-2} = \frac{1}{4}$$

$$A_{23} = \frac{1}{s(s+3)}\Bigg|_{s=-2} = -\frac{1}{2}$$

$$f(t) = L^{-1}\left[F(s)\right] = \frac{1}{24} + \frac{1}{3}\mathrm{e}^{-3t} - \frac{3}{8}\mathrm{e}^{-2t} + \frac{1}{4}t\mathrm{e}^{-2t} - \frac{1}{4}t^2\mathrm{e}^{-2t}$$

2．机械系统的微分方程

下面我们通过一个简单的机械系统的例子，来说明拉氏变换和拉氏反变换在控制系统建模和求解中的作用，更详细的内容将在后面章节中介绍。

由小车、弹簧、阻尼器组成的机械系统原理图如图 1-4 所示。其中，小车的质量为 m；弹簧的刚度为 k；阻尼器的阻尼比为 c。

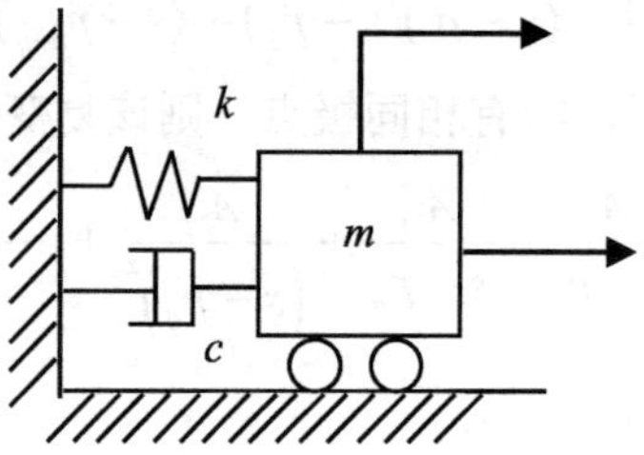

图 1-4　机械系统原理图

首先，介绍阻尼的概念。振动过程中的阻尼力称为阻尼，阻尼力的大小可近似认为与振体速度的一次方成正比，用数学公式表达为

$$R = cv \tag{1.5}$$

其中，c 表示黏性阻尼系数（阻尼比）；R 表示阻尼力；v 表示物体的运动速度。

弹簧弹力的大小符合胡克定律，即

$$f = kx \tag{1.6}$$

其中，f 表示弹簧的弹力；k 表示弹簧的刚度；x 表示弹簧的形变量。

要对图 1-4 进行建模，需要写出其微分方程，根据牛顿第二定律，质点在力的作用下运动状态发生改变，所产生的加速度 a 与所受的合力 $\sum F$ 的大小成正比，与质点的质量 m 成反比，方向与 $\sum F$ 一致，有

$$m\ddot{x}(t) = f(t) - kx(t) - c\dot{x}(t)$$

即

$$m\ddot{x}(t)+c\dot{x}(t)+kx(t)=f(t)$$

等式两侧取拉氏变换（根据拉氏变换的线性性质），有

$$\left(ms^2+cs+k\right)X(s)=F(s)$$

将上式整理成传递函数的形式，有

$$X(s)=\frac{F(s)}{ms^2+cs+k}$$

得到传递函数的形式以后，就可以依据前文介绍的极点的不同情况，分别进行处理，限于篇幅，此处不再赘述。

1.2 矩　　阵

在后面章节的现代控制理论学习中，由于经常要用到矩阵的一些基本理论知识，包括矩阵的转置，求矩阵的逆、秩等，所以我们将在本节对这些知识进行复习。

1.2.1 矩阵的定义

矩阵的定义：由 $m\times n$ 个数 a_{ij} 排成 m 行 n 列的数表，称为 m 行 n 列矩阵，简称矩阵。

矩阵的类型包括方阵、对角矩阵、单位矩阵、转置矩阵、对称矩阵等。对角矩阵和单位矩阵的例子如下所示：

$$\boldsymbol{A}=\begin{bmatrix}1&0&0\\0&2&0\\0&0&3\end{bmatrix}\text{和}\ \boldsymbol{I}=\begin{bmatrix}1&0&0\\0&1&0\\0&0&1\end{bmatrix}$$

将矩阵的行列互换得到的新矩阵称为转置矩阵。

已知 $\boldsymbol{A}=\begin{bmatrix}0&1&2\\2&5&4\end{bmatrix}$，则其转置矩阵为 $\boldsymbol{A}^{\mathrm{T}}=\begin{bmatrix}0&2\\1&5\\2&4\end{bmatrix}$。

奇异矩阵：对应的行列式等于 0 的矩阵称为奇异矩阵。

已知 $\boldsymbol{A}=\begin{bmatrix}1&4\\0.5&2\end{bmatrix}$，则其行列式为 $|\boldsymbol{A}|=\begin{vmatrix}1&4\\0.5&2\end{vmatrix}=2-2=0$，则 $\boldsymbol{A}$ 为奇异矩阵。矩阵 $\boldsymbol{A}$ 的行列式有时也表示为 $\det(\boldsymbol{A})$。

非奇异矩阵：行列式不为零的矩阵即为非奇异矩阵。

1.2.2 余子式、代数余子式和伴随矩阵

下面介绍余子式、代数余子式和伴随矩阵的概念。

在 n 阶行列式中，把元素 a_{ij} 所在的第 i 行和第 j 列划去后，留下来的 $n-1$ 阶行列式叫作元素 a_{ij} 的余子式，记作 M_{ij}；记 $A_{ij}=(-1)^{i+j}M_{ij}$，叫作元素 a_{ij} 的代数余子式。注意：其中所求的 A_{ij} 为一个数值，并非矩阵。

有了代数余子式的概念，下面来介绍伴随矩阵的概念。伴随矩阵，即由矩阵各个元素的代数余子式组成一个新的矩阵 $\boldsymbol{A}$，再转置便得到 $\boldsymbol{A}$ 的伴随矩阵，一般用 $\boldsymbol{A}^*$ 来代表 $\boldsymbol{A}$ 的伴随矩阵。另外，也可以用 adj(A) 来代表矩阵 $\boldsymbol{A}$ 的伴随矩阵。

【例 1-4】 求下列矩阵的伴随矩阵。

$$\boldsymbol{A}=\begin{bmatrix}1 & 0 & 3\\ 2 & 4 & 1\\ 3 & 2 & 2\end{bmatrix}$$

解：矩阵 $\boldsymbol{A}$ 的第 1 行第 1 列、第 1 行第 2 列的代数余子式分别为

$$A_{11}=(-1)^{1+1}\begin{vmatrix}4 & 1\\ 2 & 2\end{vmatrix}=6\text{，}\quad A_{12}=(-1)^{1+2}\begin{vmatrix}2 & 1\\ 3 & 2\end{vmatrix}=-1$$

以此类推，最终可得矩阵 $\boldsymbol{A}$ 的伴随矩阵为

$$\boldsymbol{A}^*=\begin{bmatrix}6 & -1 & -8\\ 6 & -7 & -2\\ -12 & 5 & 4\end{bmatrix}^{\mathrm{T}}=\begin{bmatrix}6 & 6 & -12\\ -1 & -7 & 5\\ -8 & -2 & 4\end{bmatrix}$$

1.2.3 主子行列式

n 阶行列式的 i 阶主子式为：在 n 阶行列式中，任选 i 行，再选取相同行号的列，由上述选取相交处的元素组成的 $i\times i$ 的行列式称为主子行列式。

1.2.4 矩阵的秩

下面介绍矩阵的秩的概念。要学习求矩阵的秩，应该先学习 k 阶子式的概念。

定义 1-1 在 $m\times n$ 矩阵中，任取 i 行与 j 列（$i\leqslant n$，$j\leqslant m$），位于这些行列交叉处的 k^2 个元素，不改变它们在矩阵 $\boldsymbol{A}$ 中所处的位置次序而得到的 k 阶行列式，称为矩阵 $\boldsymbol{A}$ 的 k 阶子式。

定义 1-2 设在矩阵 $\boldsymbol{A}$ 中有一个不等于 0 的 r 阶子式 D，且所有 $r+1$ 阶子式（如果存在的话）全等于 0，那么 D 称为矩阵 $\boldsymbol{A}$ 的最高阶非零子式；数 r 称为矩阵 $\boldsymbol{A}$ 的秩，记作 rank(A)，并规定零矩阵的秩等于 0。

1.2.5 矩阵的初等变换

下面介绍矩阵的初等变换的概念，矩阵的初等变换在求矩阵的逆和秩的时候很有用。

有 3 种运算被称为矩阵的初等行变换，分别为：①对调两行（$r_i\leftrightarrow r_j$）；②以数 $k\neq 0$ 乘以某一行中的所有元素（$r_i\times k$）；③把某一行所有元素的 k 倍加到另一行对应的元素上去（r_i+kr_j）。

下面介绍行阶梯形矩阵的概念。

行阶梯形矩阵具有如下特点，对某个矩阵可画出一条阶梯线，线下方的元素全为 0；每个台阶只有一行，台阶数为非 0 行的行数，阶梯的竖线（每段竖线的长度为一行）后面的第一个元素为非零元素。如下所示：

$$B=\begin{bmatrix}1&3&2&1\\ 0&2&1&4\\ 0&0&0&1\\ 0&0&0&0\end{bmatrix}$$

有了初等变换和行阶梯形矩阵的概念，我们就可以采用初等变换法来求矩阵的秩了。用矩阵初等变换法求秩，有如下定理。

定理 1-1 对任何矩阵 $\boldsymbol{A}_{m\times n}$，总可以经过有限次初等行变换把它变为行阶梯形矩阵。

矩阵化为行阶梯形矩阵后，就可以根据非零行的个数，得到矩阵的秩了。

【例 1-5】 用初等行变换将矩阵 $\boldsymbol{A}$ 变为阶梯形矩阵。

$$\boldsymbol{A}=\begin{bmatrix}2&-1&8&1\\ 1&2&-1&3\\ 1&1&1&2\end{bmatrix}$$

解：对矩阵 $\boldsymbol{A}$ 进行初等行变换，其步骤为

$$\boldsymbol{A}\xrightarrow{r_1\leftrightarrow r_3}\begin{bmatrix}1&1&1&2\\ 1&2&-1&3\\ 2&-1&8&1\end{bmatrix}\xrightarrow[r_3-2r_1]{r_2-r_1}\begin{bmatrix}1&1&1&2\\ 0&1&-2&1\\ 0&-3&6&-3\end{bmatrix}\xrightarrow{r_3+3r_2}\begin{bmatrix}1&1&1&2\\ 0&1&-2&1\\ 0&0&0&0\end{bmatrix}$$

由此可见，初等行变换后，矩阵的非零行的个数为 2，所以矩阵的秩为 2。

1.2.6 逆矩阵

最后，我们介绍逆矩阵的定义。

定义 1-3 对于 n 阶矩阵 $\boldsymbol{A}$，如果有一个 n 阶矩阵 $\boldsymbol{B}$，使

$$\boldsymbol{AB}=\boldsymbol{BA}=\boldsymbol{I}$$

则矩阵 $\boldsymbol{A}$ 是可逆的，并把矩阵 $\boldsymbol{B}$ 称为矩阵 $\boldsymbol{A}$ 的逆矩阵，简称逆阵。

$$\boldsymbol{A}^{-1}=\boldsymbol{B}=\frac{\boldsymbol{A}^*}{|\boldsymbol{A}|}$$

其中，$\boldsymbol{A}^*$ 即为矩阵 $\boldsymbol{A}$ 的伴随矩阵。

在现代控制理论的学习中，我们经常要求某个矩阵的逆。常见的求矩阵的逆的方法有两种：一种是根据定义求矩阵的逆；另一种是利用初等变换的方法求矩阵的逆。

1. 利用定义求逆矩阵

【例 1-6】 求下面矩阵的逆矩阵。

$$\boldsymbol{A}=\begin{bmatrix}1&2&3\\ 2&2&1\\ 3&4&3\end{bmatrix}$$

解：容易求得，$|\boldsymbol{A}|=2\neq 0$。

根据伴随矩阵的定义，我们可以得到

$$A^* = \begin{bmatrix} 2 & 6 & -4 \\ -3 & -6 & 5 \\ 2 & 2 & -2 \end{bmatrix}$$

则根据定义，可得逆矩阵为

$$A^{-1} = \frac{A^*}{|A|} = \begin{bmatrix} 1 & 3 & -2 \\ -3/2 & -3 & 5/2 \\ 1 & 1 & -1 \end{bmatrix}$$

虽然这个公式对任何可逆矩阵都适用，但由于计算量大，一般只用于较低阶矩阵求逆，比如二阶三阶矩阵的逆，尤其对二阶矩阵，此方法比较方便。

2．用初等变换求逆矩阵

常用初等变换法求元素为具体数字的矩阵的逆矩阵，其基本原理如下。

如果矩阵 $\boldsymbol{A}$ 可逆，则通过初等变换，可以使矩阵 $\boldsymbol{A}$ 化为单位矩阵 $\boldsymbol{I}$，即存在初等矩阵 $\boldsymbol{P}_1$，$\boldsymbol{P}_2,\cdots,\boldsymbol{P}_s$，令

$$\boldsymbol{P}_1\boldsymbol{P}_2\cdots\boldsymbol{P}_s\boldsymbol{A} = \boldsymbol{I} \tag{1.7}$$

用 $\boldsymbol{A}^{-1}$ 乘上式两端，有

$$\boldsymbol{P}_1\boldsymbol{P}_2\cdots\boldsymbol{P}_s\boldsymbol{I} = \boldsymbol{A}^{-1} \tag{1.8}$$

比较式（1.7）和式（1.8），可以看到，当 $\boldsymbol{A}$ 通过初等变换化为单位矩阵时，单位矩阵 $\boldsymbol{I}$ 做同样的初等变换可化为 $\boldsymbol{A}$ 的逆矩阵 $\boldsymbol{A}^{-1}$。

以上就是求逆矩阵的初等行变换法，它是实际应用中比较简单的一种方法。需要注意的是，在做初等变换时只允许做行初等变换；同样，只做列初等变换也可以求逆矩阵。

【例 1-7】已知某矩阵

$$\boldsymbol{A} = \begin{bmatrix} 1 & 1 & 1 \\ -1 & -2 & -3 \\ 1 & 4 & 9 \end{bmatrix}$$

试用初等行变换法求其逆矩阵。

解：

$$\begin{bmatrix} 1 & 1 & 1 & 1 & 0 & 0 \\ -1 & -2 & -3 & 0 & 1 & 0 \\ 1 & 4 & 9 & 0 & 0 & 1 \end{bmatrix} \xrightarrow[r_3-r_1]{r_2+r_1} \begin{bmatrix} 1 & 1 & 1 & 1 & 0 & 0 \\ 0 & -1 & -2 & 1 & 1 & 0 \\ 0 & 3 & 8 & -1 & 0 & 1 \end{bmatrix}$$

$$\xrightarrow{r_2(-1)} \begin{bmatrix} 1 & 1 & 1 & 1 & 0 & 0 \\ 0 & 1 & 2 & -1 & -1 & 0 \\ 0 & 3 & 8 & -1 & 0 & 1 \end{bmatrix} \xrightarrow{r_3-3r_2} \begin{bmatrix} 1 & 1 & 1 & 1 & 0 & 0 \\ 0 & 1 & 2 & -1 & -1 & 0 \\ 0 & 0 & 2 & 2 & 3 & 1 \end{bmatrix}$$

$$\xrightarrow{r_1-r_2} \begin{bmatrix} 1 & 0 & -1 & 2 & 1 & 0 \\ 0 & 1 & 2 & -1 & -1 & 0 \\ 0 & 0 & 2 & 2 & 3 & 1 \end{bmatrix} \xrightarrow[r_2-r_3,\ r_3\frac{1}{2}]{r_1+\frac{1}{2}r_3} \begin{bmatrix} 1 & 0 & 0 & 3 & \frac{5}{2} & \frac{1}{2} \\ 0 & 1 & 0 & -3 & -4 & -1 \\ 0 & 0 & 1 & 1 & \frac{3}{2} & \frac{1}{2} \end{bmatrix}$$

所以，其逆矩阵为

$$A^{-1}=\begin{bmatrix}3 & 5/2 & 1/2\\ -3 & -4 & -1\\ 1 & 3/2 & 1/2\end{bmatrix}$$

1.3 习　　题

习题 1-1　根据定义求下列函数的拉氏变换。

（1）$f(t)=\sin\dfrac{t}{2}$　　　　（2）$f(t)=\mathrm{e}^{-2t}$

习题 1-2　设 $f(t)$ 是以 2π 为周期的函数，且在一个周期内的表达式为 $f(t)=\begin{cases}\sin t, & 0\leqslant t<\pi\\ 0, & \pi<t<2\pi\end{cases}$，求 $L\left[f(t)\right]$。

习题 1-3　求下列函数的拉氏反变换。

（1）$F(s)=\dfrac{1}{s^2+4}$

（2）$F(s)=\dfrac{2s+5}{s^2+4s+14}$

（3）$F(s)=\dfrac{2s^2+3s+3}{(s+1)(s+3)^3}$

习题 1-4　试写出下面矩阵的逆矩阵。

$$A=\begin{bmatrix}1 & 0 & 8\\ 0 & 1 & 0\\ 0 & 0 & 1\end{bmatrix}$$

习题 1-5　求下列矩阵的秩。

$$A=\begin{bmatrix}3 & 1 & 0 & 2\\ 1 & -1 & 2 & -1\\ 1 & 3 & -4 & 4\end{bmatrix}$$

第 2 章　控制系统的状态空间描述

在对系统进行分析和设计时，应先建立数学模型。

根据系统分析、设计所用方法的不同，或所要解决的问题的不同，对同一系统的数学模型的描述也有所不同。本章将介绍描述系统内部特性和外部特性的状态空间表达式，以及只描述系统外部特性的传递函数（矩阵）。

2.1　状态的概念

首先介绍状态的概念。电网络系统，如图 2-1 所示，为了得到输出电压的值，必须知道电容的初始电压。

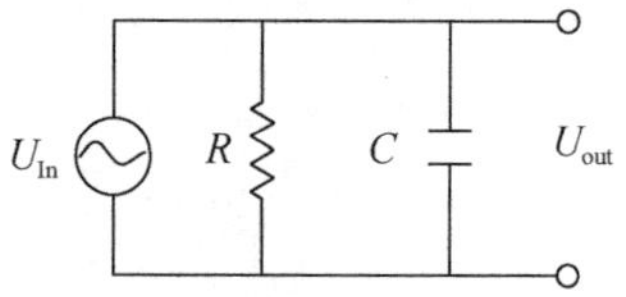

图 2-1　电网络系统

定义 2-1　输出不仅取决于输入，而且和初始条件有关的系统称为动态系统。如果将图 2-1 中的电容换成电阻，那么其就称为静态系统。

某机械系统，如图 2-2 所示，其中，X 表示位移；V 表示速度；F 表示外负载力。根据牛顿第二定律，有

$$F = Ma = M\frac{\mathrm{d}v}{\mathrm{d}t}$$

即

$$v = \frac{1}{M}\int_{-\infty}^{t} F(t)\mathrm{d}t = \frac{1}{M}\int_{-\infty}^{t_0} F(t)\mathrm{d}t + \frac{1}{M}\int_{t_0}^{t} F(t)\mathrm{d}t = v(t_0) + \frac{1}{M}\int_{t_0}^{t} F(t)\mathrm{d}t$$

其中，$v(t_0)$ 为初始条件，其描述了系统在 t_0 时刻的状态。

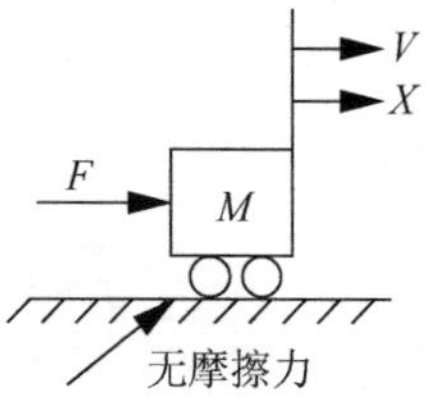

图 2-2　某机械系统

通常意义下，状态的定义为：状态是一组紧凑并简明地表明系统过去状态的表达式。

状态向量的定义：将系统的全部状态看成一个向量，该向量的组成元素包含与系统初始条件最相关的变量，则这个向量称为状态向量。

2.2 控制系统中状态的基本概念

控制系统中状态的基本概念如下。

在现代控制理论中状态的定义为：状态指能够完全描述系统时域行为的一个最小变量组。

完全描述：给定初始时刻$t=t_0$的值和$t \geqslant t_0$时刻系统的输入函数，则系统的行为完全确定。

状态变量：是构成系统状态的变量，是指能够完全描述系统行为的最小变量组中的每一个变量。

状态向量：设系统的状态变量为$x_1(t), x_2(t), \cdots, x_n(t)$，那么用它们的分量所构成的向量就称为状态向量，记作$\boldsymbol{x}(t)=[x_1(t), x_2(t), \cdots, x_n(t)]^{\mathrm{T}}$。

状态空间：以状态变量$x_1(t), x_2(t), \cdots, x_n(t)$为坐标轴构成的$n$维空间称为状态空间。状态空间中的每一点，对应于系统的某一特定状态。反过来，系统在任何时刻的状态，都可以用状态空间中的一个点来表示。

2.3 控制系统的状态空间表达式

设系统的r个输入变量为$u_1(t), u_2(t), \cdots, u_r(t)$；$m$个输出变量为$y_1(t), y_2(t), \cdots, y_m(t)$，$n$个状态变量为$x_1(t), x_2(t), \cdots, x_n(t)$；把系统的状态变量与输入变量之间的关系，用一组一阶微分方程来描述，这组一阶微方程即状态方程：

$$
\begin{aligned}
\frac{\mathrm{d}x_1(t)}{\mathrm{d}t} &= \dot{x}_1(t) = f_1\left[x_1(t), x_2(t), \cdots, x_n(t); u_1(t), u_2(t), \cdots, u_r(t); t\right] \\
&\vdots \\
\frac{\mathrm{d}x_n(t)}{\mathrm{d}t} &= \dot{x}_n(t) = f_n\left[x_1(t), x_2(t), \cdots, x_n(t); u_1(t), u_2(t), \cdots, u_r(t); t\right]
\end{aligned}
\tag{2.1}
$$

用向量矩阵方程表示式（2.1）则有

$$
\dot{\boldsymbol{x}}(t) = \boldsymbol{f}\left[\boldsymbol{x}(t), \boldsymbol{u}(t), t\right]
$$

其中，$\boldsymbol{x}(t)$为n维状态向量；$\boldsymbol{u}(t)$为r维输入（控制）向量；$\boldsymbol{f}[\cdot]$为n维向量函数，$\boldsymbol{f}[\cdot]=\left[f_1(\cdot), f_2(\cdot), \cdots, f_n(\cdot)\right]^{\mathrm{T}}$。

系统输出变量与状态变量、输入变量之间的数学表达式称为系统的输出方程：

$$
\begin{aligned}
y_1(t) &= g_1\left[x_1(t), x_2(t), \cdots, x_n(t); u_1(t), u_2(t), \cdots, u_r(t); t\right] \\
&\vdots \\
y_m(t) &= g_m\left[x_1(t), x_2(t), \cdots, x_m(t); u_1(t), u_2(t), \cdots, u_r(t); t\right]
\end{aligned}
$$

用向量矩阵方程表示为

$$
\boldsymbol{y}(t) = \boldsymbol{g}\left[\boldsymbol{x}(t), \boldsymbol{u}(t), t\right]^{\mathrm{T}}
$$

把状态方程和输出方程组合起来，称为状态空间表达式。

下面，我们用一个例子，来介绍状态空间表达式的建立方法，该例子涉及电网络系统的物理知识，更详细的内容将在本书后面的章节进行介绍。

【例 2-1】某 RLC 电路图，如图 2-3 所示，电阻、电感和电容的参数分别为R、L和C。写出以$u(t)$为输入变量，$u_c(t)$为输出变量的状态空间表达式。

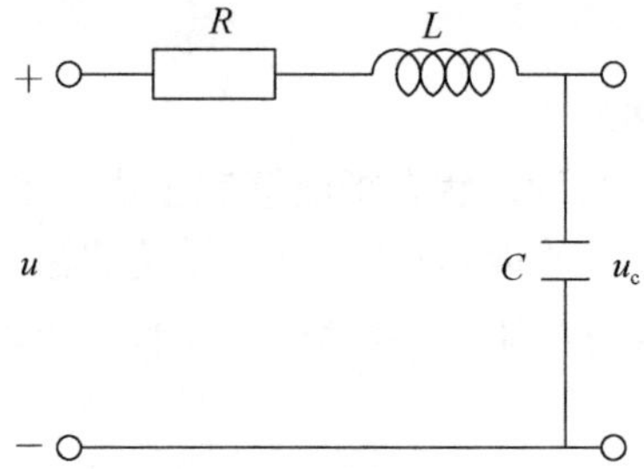

图 2-3　RLC 电路

解：图 2-3 所示电路有两个独立的储能元件，即电容和电感。选电容电压$u_c(t)$和电感电流$i_L(t)$作为状态变量，则有

$$\begin{cases} L\dfrac{\mathrm{d}i_L(t)}{\mathrm{d}t}+Ri_L(t)+u_C(t)=u(t) \\ C\dfrac{\mathrm{d}u_C(t)}{\mathrm{d}t}=i_L(t) \end{cases}$$

令$x_1(t)=i_L(t)$，$x_2(t)=u_c(t)$，则一阶矩阵微分方程形式为

$$\begin{cases} \dot{x}_1(t)=-\dfrac{R}{L}x_1(t)-\dfrac{1}{L}x_2(t)+\dfrac{1}{L}u(t) \\ \dot{x}_2(t)=\dfrac{1}{C}x_1(t)+0x_2(t)+0u(t) \end{cases}$$

即

$$\begin{bmatrix} \dot{x}_1(t) \\ \dot{x}_2(t) \end{bmatrix}=\begin{bmatrix} -\dfrac{R}{L} & -\dfrac{1}{L} \\ \dfrac{1}{C} & 0 \end{bmatrix}\begin{bmatrix} x_1(t) \\ x_2(t) \end{bmatrix}+\begin{bmatrix} \dfrac{1}{L} \\ 0 \end{bmatrix}u(t) \tag{2.2}$$

系统的输出方程为

$$y(t)=u_c(t)=\begin{bmatrix} 0 & 1 \end{bmatrix}\begin{bmatrix} x_1(t) \\ x_2(t) \end{bmatrix} \tag{2.3}$$

式（2.2）和式（2.3）可以写为

$$\begin{cases} \dot{\boldsymbol{x}}=\boldsymbol{Ax}+\boldsymbol{Bu} \\ \boldsymbol{y}=\boldsymbol{Cx} \end{cases}$$

其中

$$\boldsymbol{x}(t)=\begin{bmatrix} x_1 \\ x_2 \end{bmatrix}，\ \boldsymbol{A}=\begin{bmatrix} -\dfrac{R}{L} & -\dfrac{1}{L} \\ \dfrac{1}{C} & 0 \end{bmatrix}，\ \boldsymbol{B}=\begin{bmatrix} \dfrac{1}{L} \\ 0 \end{bmatrix}$$

系统状态变量的选取不是唯一的，同一系统可以选取不同组的状态变量。

2.4 状态空间表达式的一般形式

具有r个输入、m个输出、n个状态变量的系统，不管系统是线性的还是非线性的，是时变的还是定常的，其状态空间表达式的一般形式都为

$$\begin{cases}\dot{\boldsymbol{x}}(t)=\boldsymbol{f}\left[\boldsymbol{x}(t),\boldsymbol{u}(t),t\right]\\ \boldsymbol{y}(t)=\boldsymbol{g}\left[\boldsymbol{x}(t),\boldsymbol{u}(t),t\right]\end{cases} \tag{2.4}$$

其中，$\boldsymbol{x}(t)$为$n\times1$状态向量，$\boldsymbol{x}(t)=\left[x_1(t),x_2(t),\cdots,x_n(t)\right]^{\mathrm{T}}$,或$\boldsymbol{x}\in\mathbf{R}^n$；$\boldsymbol{u}(t)$为$r\times1$输入（控制）向量，$\boldsymbol{u}(t)=\left[u_1(t),u_2(t),\cdots,u_r(t)\right]^{\mathrm{T}}$，或$\boldsymbol{u}\in\mathbf{R}^r$；$\boldsymbol{y}(t)$为$m\times1$输出向量，$\boldsymbol{y}(t)=\left[y_1(t),y_2(t),\cdots,y_m(t)\right]^{\mathrm{T}}$，或$\boldsymbol{y}\in\mathbf{R}^m$；$\boldsymbol{f}$为$n\times1$函数阵，$\boldsymbol{f}=[f_1,f_2,\cdots,f_n]^{\mathrm{T}}$；$\boldsymbol{g}$为$m\times1$函数阵，$\boldsymbol{g}=\left[g_1,g_2,\cdots,g_m\right]^{\mathrm{T}}$。

根据系统为非线性时变、非线性定常、线性时变、线性定常时的特性，状态空间表达式(2.4)可以有多种简化形式，下面分别对其进行介绍。

1．非线性时变系统

向量函数$\boldsymbol{f}$和$\boldsymbol{g}$的各元是状态变量和输入变量的非线性时变函数：

$$\begin{cases}\dot{\boldsymbol{x}}(t)=\boldsymbol{f}\left[\boldsymbol{x}(t),\boldsymbol{u}(t),t\right]\\ \boldsymbol{y}(t)=\boldsymbol{g}\left[\boldsymbol{x}(t),\boldsymbol{u}(t),t\right]\end{cases}$$

该式表示系统参数是随时间变化的，且状态方程和输出方程是非线性时变函数。

2．非线性定常系统

向量函数$\boldsymbol{f}$和$\boldsymbol{g}$不依赖于时间变量t，因此状态空间表达式可写为

$$\begin{cases}\dot{\boldsymbol{x}}(t)=\boldsymbol{f}\left[\boldsymbol{x}(t),\boldsymbol{u}(t)\right]\\ \boldsymbol{y}(t)=\boldsymbol{g}\left[\boldsymbol{x}(t),\boldsymbol{u}(t)\right]\end{cases}$$

3．线性时变系统

向量函数$\boldsymbol{f}$和$\boldsymbol{g}$中的各元是$x_1,\cdots,x_n$，$u_1,\cdots,u_r$，t的线性函数为

$$\begin{cases}\dot{\boldsymbol{x}}(t)=\boldsymbol{A}(t)\boldsymbol{x}(t)+\boldsymbol{B}(t)\boldsymbol{u}(t)\\ \boldsymbol{y}(t)=\boldsymbol{C}(t)\boldsymbol{x}(t)+\boldsymbol{D}(t)\boldsymbol{u}(t)\end{cases}$$

其中，$\boldsymbol{A}(t)$为$n\times n$系统矩阵；$\boldsymbol{B}(t)$为$n\times r$输入矩阵；$\boldsymbol{C}(t)$为$m\times n$输出矩阵；$\boldsymbol{D}(t)$为$m\times r$直接传递矩阵。

$$\boldsymbol{A}(t)=\begin{bmatrix}a_{11}(t) & \cdots & a_{1n}(t)\\ \vdots & & \vdots\\ a_{n1}(t) & \cdots & a_{nn}(t)\end{bmatrix},\quad \boldsymbol{B}(t)=\begin{bmatrix}b_{11}(t) & \cdots & b_{1r}(t)\\ \vdots & & \vdots\\ b_{n1}(t) & \cdots & b_{nr}(t)\end{bmatrix}$$

$$\boldsymbol{C}(t)=\begin{bmatrix}C_{11}(t) & \cdots & C_{1n}(t)\\ \vdots & & \vdots\\ C_{m1}(t) & \cdots & C_{mn}(t)\end{bmatrix},\quad \boldsymbol{D}(t)=\begin{bmatrix}d_{11}(t) & \cdots & d_{1r}(t)\\ \vdots & & \vdots\\ d_{m1}(t) & \cdots & d_{mr}(t)\end{bmatrix}$$

4．线性定常系统

状态空间表达式中各元素均是常数，与时间无关，其表达式为

$$\begin{cases}\dot{\boldsymbol{x}}(t)=\boldsymbol{A}\boldsymbol{x}(t)+\boldsymbol{B}\boldsymbol{u}(t)\\ \boldsymbol{y}(t)=\boldsymbol{C}\boldsymbol{x}(t)+\boldsymbol{D}\boldsymbol{u}(t)\end{cases} \tag{2.5}$$

其中，$\boldsymbol{A},\boldsymbol{B},\boldsymbol{C},\boldsymbol{D}$ 均为常数矩阵。在一般情况下，式（2.5）可简写为

$$\begin{cases}\dot{\boldsymbol{x}}=\boldsymbol{A}\boldsymbol{x}+\boldsymbol{B}\boldsymbol{u}\\ \boldsymbol{y}=\boldsymbol{C}\boldsymbol{x}+\boldsymbol{D}\boldsymbol{u}\end{cases}$$

在本书中，我们主要学习线性定常系统。下面主要针对线性定常系统，对各个常数矩阵的特点进行说明。

在式（2.5）中，矩阵 $\boldsymbol{A}$ 表示系统内部状态之间的联系，其取决于被控系统的内部机理、结构和各项参数，被称为系统矩阵；矩阵 $\boldsymbol{B}$ 表示各输入变量如何控制状态变量，故称为控制矩阵或输入矩阵；矩阵 $\boldsymbol{C}$ 表示输出变量如何反映状态变量，称为输出矩阵或观测矩阵；矩阵 $\boldsymbol{D}$ 表示输入对输出的直接作用，称为直接传递矩阵。

对于单输入单输出（Single Input Single Output，SISO）线性定常系统，其状态空间表达式可写为

$$\begin{cases}\dot{\boldsymbol{x}}=\boldsymbol{A}\boldsymbol{x}+\boldsymbol{b}u\\ y=\boldsymbol{c}\boldsymbol{x}+du\end{cases}$$

注意上式中，变量 u 、 y 和 d 都是标量；$\boldsymbol{b}$、$\boldsymbol{c}$ 表示列或行向量。

下面，我们将用几个小节，来介绍如何建立某个具体系统的状态空间表达式，这也是利用现代控制理论解决实际问题的基础，是非常重要的内容。

2.5 根据系统的物理机理建立状态空间表达式

根据系统的物理机理建立状态空间表达式，是一种最直接、最直观的建立状态空间表达式的方法。当我们面对一个具体的物理系统时，往往最先想到的方法就是根据已知的物理定律，来建立数学描述模型，进而对其进行研究。用现代控制理论来解决问题也遵循这样的规律。

先介绍根据物理机理建立状态空间表达式的一般步骤。

不论是机械系统、电气系统还是流体系统等，根据物理机理建立状态空间表达式的一般步骤为：①确定系统的输入变量、输出变量和状态变量；②根据变量应遵循的物理定律，列出描述系统动态特性或运动规律的微分方程；③消去中间变量，得出状态变量的一阶导数与各状态变量、输入变量的关系式，以及输出变量与各状态变量、输入变量的关系式；④将方程整理成状态方程、输出方程的标准形式。

下面，我们将针对几种典型的物理系统，分别介绍其基本物理定律和建立状态空间表达式的方法。主要涉及的领域包括机械系统、电网络系统、流体系统等。

2.5.1 机械系统

1．基本原理

最常见的机械系统的模型主要包括三种，即质量块、弹簧和阻尼器。

对于质量块和弹簧读者应该比较熟悉，这里简单说一下阻尼。振动过程中的阻尼力称为阻

尼，阻尼力的大小近似与振体的速度的一次方成正比。事实上不仅是振动，只要是物体运动的阻力的大小与运动的速度的一次方成正比的情况，都可以称为阻尼。

2．常用的物理定律

1）牛顿第二定律

质点在力的作用下运动状态发生改变，所产生的加速度 a 与所受的合力 $\sum F$ 的大小成正比，与质点的 m 成反比，方向与 $\sum F$ 一致。

下面我们复习一下惯性力的概念。惯性力，是指质点因受其他物体的作用而发生运动状态变化时，由质点本身的惯性引起对施力物体的反作用力，称为受力质点的惯性力。

机械系统，如图 2-4 所示。

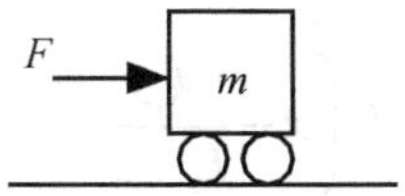

图 2-4　机械系统

小车受力 F，小车运动状态发生改变，根据牛顿第二定律，有

$$F = ma$$

由牛顿第三定律可知，人受小车反作用力，有

$$F_2 = -F = -ma$$

惯性力有下面两个特性：

（1）只有质点运动状态发生改变时惯性力才会出现；

（2）惯性力作用在使物体产生加速度的物体（施力物体）上。

2）达朗贝尔原理

达朗贝尔原理在《理论力学》中有过介绍，我们这里复习一下。达朗贝尔原理，是指在质点系运动的任一瞬间，作用于质点上的主动力、约束力和虚拟的惯性力，在形式上组成平衡力系。

达朗贝尔原理的特点是，将动力学问题转化成了静力学问题。

事实上，对机械系统建立状态空间表达式常用的物理定律就是牛顿第二定律和达朗贝尔原理。建议用达朗贝尔原理来列写机械系统的动态特性表达式，其原因我们在后面的例题中可以看到。

3．负载效应的概念

负载效应原理图，如图 2-5 所示。

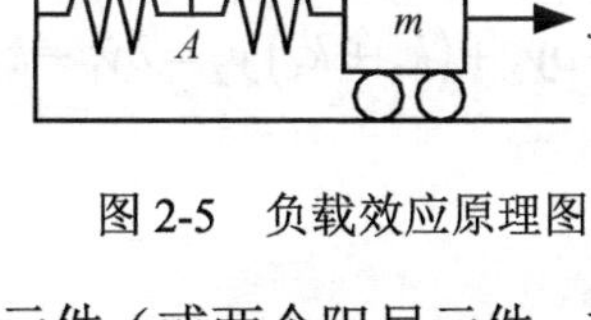

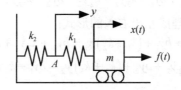

图 2-5　负载效应原理图

负载效应的定义：两个弹性元件（或两个阻尼元件，或一个弹性元件、一个阻尼元件）相连接时，其中一个元件的存在，影响了另一个元件在相同输入下的输出，这种效应被称为负载

效应。

常用的消除负载效应的方法为：设一个中间位移量，应用达朗贝尔原理求解。

对图 2-5 所示的机械系统用达朗贝尔原理，列写其动态特性的表达式。

分析 m 得

$$\underbrace{f(t)+k_1y}_{\text{主动力}}-\underbrace{k_1x}_{\text{约束力}}-\underbrace{m\ddot{x}}_{\text{惯性力}}=0 \tag{2.6}$$

分析 A 点得

$$\underbrace{k_1x}_{\text{主动力}}-\underbrace{k_1y-k_2y}_{\text{约束力}}=0 \tag{2.7}$$

由式（2.7）得，$y=\dfrac{k_1x}{k_1+k_2}$，将其代入式（2.6）中，得

$$m\ddot{x}+k_1\left(x-\frac{k_1x}{k_1+k_2}\right)=f(t)$$

即

$$mx+\frac{k_1k_2}{k_1+k_2}x=f(t)$$

下面我们通过几道例题，来学习一下机械系统建立状态空间表达式的方法。

【例 2-2】求图 2-6 所示机械系统的状态空间表达式，并求其传递函数 $G(s)=X_i(s)/U(s)$。

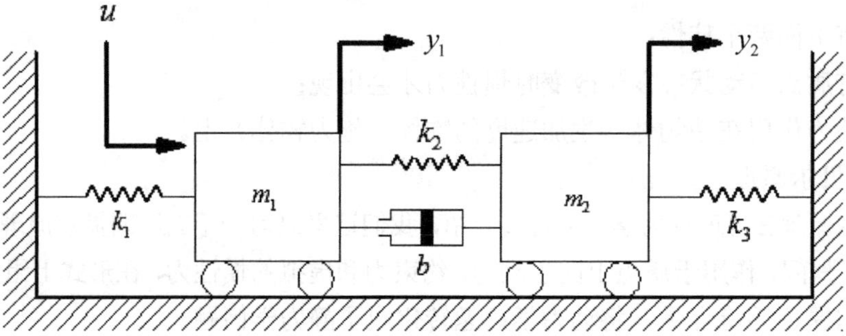

图 2-6　机械系统原理图

解：根据达朗贝尔原理，分别对 m_1 和 m_2 列写动态特性表达式。分析 m_1 有

$$u(t)+k_2y_2+b\dot{y}_2-k_2y_1-b\dot{y}_1-k_1y_1-m_1\ddot{y}_1=0 \tag{2.8}$$

分析 m_2 有

$$k_2y_1+b\dot{y}_1-k_3y_2-k_2y_2-b\dot{y}_2-m_2\ddot{y}_2=0 \tag{2.9}$$

将式（2.8）和式（2.9）整理成左出右入的形式：

$$\begin{aligned}m_1\ddot{y}_1+b\dot{y}_1+\left(k_1+k_2\right)y_1&=b\dot{y}_2+k_2y_2+u\left(t\right)\\m_2\ddot{y}_2+b\dot{y}_2+\left(k_2+k_3\right)y_2&=b\dot{y}_1+k_2y_1\end{aligned} \tag{2.10}$$

设系统的状态变量为

$$
\begin{aligned}
x_1 &= y_1 \\
x_2 &= y_2 \\
x_3 &= \dot{x}_1 \\
x_4 &= \dot{x}_2
\end{aligned} \tag{2.11}
$$

则系统的状态方程为

$$
\begin{aligned}
\dot{x}_1 &= x_3 \\
\dot{x}_2 &= x_4 \\
\dot{x}_3 &= \frac{1}{m_1}\left[bx_4 + k_2x_2 - (k_1 + k_2)x_1 - bx_3\right] + \frac{1}{m_1}u \\
\dot{x}_4 &= \frac{1}{m_2}\left[bx_3 + k_2x_1 - (k_2 + k_3)x_2 - bx_4\right]
\end{aligned} \tag{2.12}
$$

将式（2.12）整理成矩阵的形式为

$$
\begin{bmatrix} \dot{x}_1 \\ \dot{x}_2 \\ \dot{x}_3 \\ \dot{x}_4 \end{bmatrix} = \begin{bmatrix} 0 & 0 & 1 & 0 \\ 0 & 0 & 0 & 1 \\ -\dfrac{k_1 + k_2}{m_1} & \dfrac{k_2}{m_1} & -\dfrac{b}{m_1} & \dfrac{b}{m_1} \\ \dfrac{k_2}{m_2} & -\dfrac{k_2 + k_3}{m_2} & \dfrac{b}{m_2} & -\dfrac{b}{m_2} \end{bmatrix} \begin{bmatrix} x_1 \\ x_2 \\ x_3 \\ x_4 \end{bmatrix} + \begin{bmatrix} 0 \\ 0 \\ \dfrac{1}{m_1} \\ 0 \end{bmatrix} u \tag{2.13}
$$

输出方程为

$$
\begin{bmatrix} y_1 \\ y_2 \end{bmatrix} = \begin{bmatrix} 1 & 0 & 0 & 0 \\ 0 & 1 & 0 & 0 \end{bmatrix} \begin{bmatrix} x_1 \\ x_2 \\ x_3 \\ x_4 \end{bmatrix} \tag{2.14}
$$

方程两边进行拉氏变换可得

$$
\left[m_1s^2 + bs + (k_1 + k_2)\right]Y_1(s) = (bs + k_2)Y_2(s) + U(s) \tag{2.15}
$$

$$
\left[m_2s^2 + bs + (k_2 + k_3)\right]Y_2(s) = (bs + k_2)Y_1(s) \tag{2.16}
$$

由式（2.16）整理出 $X_2(s)$ 的表达式并将其代入式（2.15）中，整理得

$$
\begin{aligned}
&\left[(m_1s^2 + bs + k_1 + k_2)(m_2s^2 + bs + k_2 + k_3) - (bs + k_2)^2\right]Y_1(s) \\
&= (m_2s^2 + bs + k_2 + k_3)U(s)
\end{aligned}
$$

则得到

$$
\frac{Y_1(s)}{U(s)} = \frac{m_2s^2 + bs + k_2 + k_3}{(m_1s^2 + bs + k_1 + k_2)(m_2s^2 + bs + k_2 + k_3) - (bs + k_2)^2} \tag{2.17}
$$

由式（2.16）和式（2.17）有

$$
\frac{Y_2(s)}{U(s)} = \frac{bs + k_2}{(m_1s^2 + bs + k_1 + k_2)(m_2s^2 + bs + k_2 + k_3) - (bs + k_2)^2} \tag{2.18}
$$

【例 2-3】加速度仪的结构原理图，如图 2-7 所示，它可以指示出其壳体相对于惯性空间（如地球）的加速度。

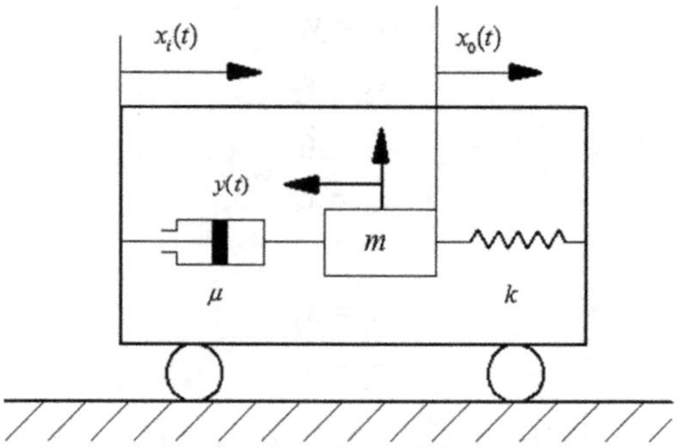

图 2-7　加速度仪的结构原理图

解：设 x_i 为壳体相对于惯性空间的位移；x_0 为质量块 m 相对于惯性空间的位移；y 为质量块 m 相对于壳体的位移，$y = x_i - x_0$。试列写该系统的状态空间表达式。

根据牛顿第二定律，该系统的运动方程为

$$m\ddot{x}_0 = ky + \mu\dot{y}$$

需要注意的是，该系统没有主动力，约束力是弹簧力和阻尼力，虚拟的惯性力的方向和运动方向是相同的，所以根据达朗贝尔原理列写的方程是

$$-ky - \mu\dot{y} + m\ddot{x}_0 = 0$$

将 $x_0 = x_i - y$ 代入，就可以得到关于加速度仪以变量 y 为输出的微分方程：

$$m\ddot{x}_i = ky + \mu\dot{y} + m\ddot{y}$$

将质量块 m 相对于壳体的位移 y 作为状态变量 x_1，将质量块 m 相对于壳体的速度作为状态变量 x_2，并将质量块 m 相对于壳体的位移 y 作为系统输出，将壳体相对于地面的加速度 $\ddot{x}_i$ 作为系统输入 u，那么有

$$\begin{cases} \dot{x}_1 = x_2 \\ \dot{x}_2 = -\dfrac{k}{m}x_1 - \dfrac{\mu}{m}x_2 + u \\ y = x_1 \end{cases}$$

写成矩阵形式为

$$\begin{cases} \dot{\boldsymbol{x}} = \begin{bmatrix} 0 & 1 \\ -k/m & -\mu/m \end{bmatrix}\boldsymbol{x} + \begin{bmatrix} 0 \\ 1 \end{bmatrix}u = \boldsymbol{Ax} + \boldsymbol{B}u \\ y = x_1 = \begin{bmatrix} 1 & 0 \end{bmatrix}\boldsymbol{x} = \boldsymbol{Cx} \end{cases}$$

这就是图 2-7 所示加速度仪的状态空间表达式。

当加速度 $\ddot{x}_i$ 为常数，且系统达到稳定状况时，有

$$y = m\ddot{x}_i / k$$

所以我们可以通过 y 的读数，确定运动物体的加速度值。

下面我们列举一个多输入多输出系统（Multiple Input Multiple Output，MIMO）的例子。

【例 2-4】多输入多输出机械系统原理图如图 2-8 所示，质量块 m_1、m_2 分别受到外力 f_1、f_2 的作用；质量块 m_1、m_2 相对于静平衡位置的位移分别为 x_1、x_2；质量块 m_1、m_2 的速度分别为 v_1、v_2，请建立该系统的状态空间表达式。

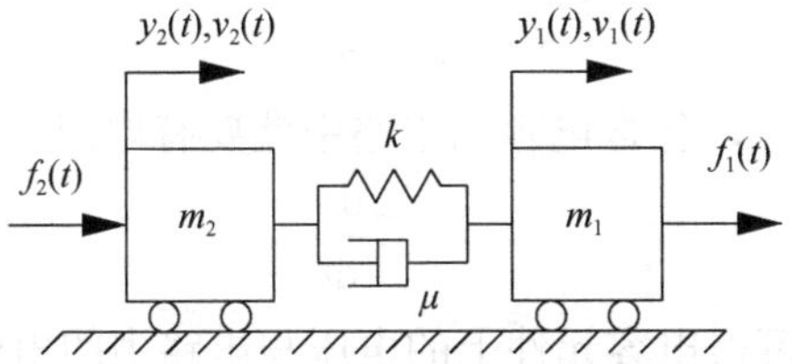

图 2-8　多输入多输出机械系统原理图

解：根据牛顿第二定律，分别对 m_1、m_2 进行受力分析，并建立动力学方程，则有

$$\begin{cases} m_1\ddot{y}_1 = f_1(t)+\mu(v_2-v_1)+k(y_2-y_1) \\ m_2\ddot{y}_2 = f_2(t)-\mu(v_2-v_1)-k(y_2-y_1) \end{cases}$$

将 y_1、y_2、v_1、v_2 作为系统的四个状态变量 x_1、x_2、x_3、x_4；将 $f_1(t)$、$f_2(t)$ 作为系统的两个输入变量 $u_1(t)$、$u_2(t)$，则有状态方程：

$$\begin{cases} \dot{x}_1 = x_3 \\ \dot{x}_2 = x_4 \\ \dot{x}_3 = -\dfrac{k}{m_1}x_1+\dfrac{k}{m_1}x_2-\dfrac{\mu}{m_1}x_3+\dfrac{\mu}{m_1}x_4+\dfrac{1}{m_1}u_1(t) \\ \dot{x}_4 = \dfrac{k}{m_2}x_1-\dfrac{k}{m_2}x_2+\dfrac{\mu}{m_2}x_3-\dfrac{\mu}{m_2}x_4+\dfrac{1}{m_2}u_2(t) \end{cases}$$

如果取 x_1、x_2 为系统的两个输出变量，即

$$\begin{cases} y_1 = x_1 \\ y_2 = x_2 \end{cases}$$

将其写成矢量形式，得系统的状态空间表达式为

$$\begin{cases} \dot{\boldsymbol{x}} = \begin{bmatrix} 0 & 0 & 1 & 0 \\ 0 & 0 & 0 & 1 \\ -\dfrac{k}{m_1} & \dfrac{k}{m_1} & -\dfrac{\mu}{m_1} & \dfrac{\mu}{m_1} \\ \dfrac{k}{m_2} & -\dfrac{k}{m_2} & \dfrac{\mu}{m_2} & -\dfrac{\mu}{m_2} \end{bmatrix}\boldsymbol{x} + \begin{bmatrix} 0 & 0 \\ 0 & 0 \\ \dfrac{1}{m_1} & 0 \\ 0 & \dfrac{1}{m_2} \end{bmatrix}\boldsymbol{u} \\ \boldsymbol{y} = \begin{bmatrix} 1 & 0 & 0 & 0 \\ 0 & 1 & 0 & 0 \end{bmatrix}\boldsymbol{x} \end{cases}$$

2.5.2　电网络系统

电网络系统遵循的基本物理定律是：基尔霍夫电压定律、基尔霍夫电流定律，以及电阻、电容和电感的微分方程。

基尔霍夫电压定律为：对于任意一个集中参数电路中的任意一个回路，在任何时刻，沿该回路的所有支路电压代数和等于零。

基尔霍夫电流定律为：对于任意一个集中参数电路中的任意一个结点或闭合面，在任何时刻，沿该结点或闭合面的所有支路电流代数和等于零。

电阻的电压和电流之间的数学关系为

$$u = ri$$

当电路中的电压U变化时，包含电容的电路中就要有电流流过，其大小为

$$i = C\frac{\mathrm{d}u}{\mathrm{d}t} \tag{2.19}$$

对上式两端进行积分，可得电容元件上的电压与电路中的电流之间的关系式，即

$$u = \frac{1}{C}\int_{-\infty}^{t} i\mathrm{d}t \tag{2.20}$$

所以对于电容来说有

$$i = C\frac{\mathrm{d}u}{\mathrm{d}t} = C\dot{u} \tag{2.21}$$

当电感线圈中的电流变化时，线圈中将产生感应电动势，其大小为

$$u = L\frac{\mathrm{d}i}{\mathrm{d}t} \tag{2.22}$$

即流经电感元件的电流和电压之间的数学关系式为

$$u = L\frac{\mathrm{d}i}{\mathrm{d}t} = L\dot{i} \tag{2.23}$$

【例 2-5】列写图 2-9 所示电路的状态空间表达式。

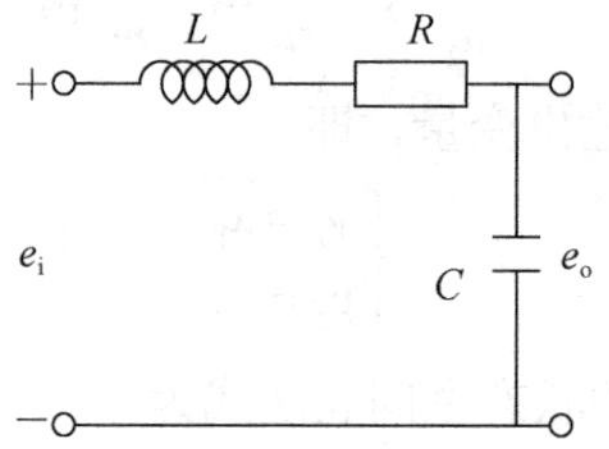

图 2-9 RLC 电路

解：该电路由一个电感L（亨利）、一个电阻R（欧姆）和一个电容C（法拉）组成，根据基尔霍夫电压定律和基尔霍夫电流定律，得到下列方程：

$$L\frac{\mathrm{d}i}{\mathrm{d}t} + Ri + \frac{1}{C}\int i\mathrm{d}t = e_i$$

$$\frac{1}{C}\int i\mathrm{d}t = e_o$$

定义输入变量为

$$u = e_i$$

定义状态变量为

$$x_1 = e_o$$

$$x_2 = \dot{e}_o$$

定义输出变量为

$$y = e_o = x_1$$

由式$u = \frac{1}{C}\int_{-\infty}^{t} i\mathrm{d}t$有

$$i = C\dot{e}_o$$

即

$$\dot{i} = C\ddot{e}_{\mathrm{o}}$$

则原方程可以写为

$$LC\ddot{e}_{\mathrm{o}} + RC\dot{e}_{\mathrm{o}} + e_{\mathrm{o}} = e_{\mathrm{i}}$$

即

$$\dot{x}_1 = x_2$$

$$\dot{x}_2 = -\frac{R}{L}x_2 - \frac{1}{LC}x_1 + \frac{1}{LC}u$$

将上式整理成矩阵方程的形式，则状态方程的矩阵为

$$\begin{bmatrix} \dot{x}_1 \\ \dot{x}_2 \end{bmatrix} = \begin{bmatrix} 0 & 1 \\ -\dfrac{1}{LC} & -\dfrac{R}{L} \end{bmatrix} \begin{bmatrix} x_1 \\ x_2 \end{bmatrix} + \begin{bmatrix} 0 \\ \dfrac{1}{LC} \end{bmatrix} u$$

输出方程的矩阵为

$$y = x_1 = \begin{bmatrix} 1 & 0 \end{bmatrix} \begin{bmatrix} x_1 \\ x_2 \end{bmatrix}$$

上述两个方程即 RLC 电路的状态空间表达式。

图 2-9 还可以这样解。因为有两个储能元件：电感 L 和电容 C，所以选择电感的电流 $i(t)$ 和电容两端的电压 $u_{\mathrm{o}}(t)$ 为状态变量，即

$$x_1(t) = i(t) \text{ 和 } x_2(t) = u_{\mathrm{o}}(t)$$

输入变量为 $u(t) = u_{\mathrm{i}}(t)$，对电路应用基尔霍夫电压定律，有

$$u_{\mathrm{i}}(t) = i(t)R + L\frac{\mathrm{d}i(t)}{\mathrm{d}t} + u_{\mathrm{o}}(t)$$

整理得

$$\frac{\mathrm{d}i(t)}{\mathrm{d}t} = \frac{1}{L}e_{\mathrm{i}}(t) - \frac{R}{L}i(t) - \frac{1}{L}e_{\mathrm{o}}(t)\text{，即 } \dot{x}_1(t) = -\frac{R}{L}x_1(t) - \frac{1}{L}x_2(t) + \frac{1}{L}u(t)$$

又因为

$$i(t) = C\frac{\mathrm{d}u_{\mathrm{o}}(t)}{\mathrm{d}t}\text{，即 } \dot{x}_2(t) = \frac{1}{C}i(t) = \frac{1}{C}x_1(t)\text{，所以我们得到状态方程为}$$

$$\begin{bmatrix} \dot{x}_1(t) \\ \dot{x}_2(t) \end{bmatrix} = \begin{bmatrix} -\dfrac{R}{L} & -\dfrac{1}{L} \\ \dfrac{1}{C} & 0 \end{bmatrix} \begin{bmatrix} x_1(t) \\ x_2(t) \end{bmatrix} + \begin{bmatrix} \dfrac{1}{L} \\ 0 \end{bmatrix} u(t)$$

输出方程为

$$y = \begin{bmatrix} 0 & 1 \end{bmatrix} \begin{bmatrix} x_1(t) \\ x_2(t) \end{bmatrix}\text{，} n = 2\text{，为二阶系统。}$$

通过例 2-5 我们可以发现，对于同一个系统，选取不同的物理量作为变量，得到的状态空间表达式是不同的。在后面的章节中，我们将学习如何对这些不同的状态空间表达式之间进行转换。

有时，我们会碰到比较复杂的电网络系统，这时要采用一些技巧来列写其状态空间表达式。例如，在推导电路的传递函数时，不写出微分方程，而直接写出拉氏变换方程，常常是比较方

便的。与机械系统相似，电子元件之间也是存在负载效应的。

设初始条件为0，电路两端之间的电压的拉氏变换为$E(s)$，通过元件的电流的拉氏变换为$I(s)$，那么电路两端的复阻抗$Z(s)$就等于$E(s)$与$I(s)$之比，即$Z(s)=E(s)/I(s)$。如果电路两端元件是电阻、电容和电感，则复阻抗分别为R，$1/(Cs)$，Ls。

考虑图 2-10 所示的电路。假设电压$e_i(t)$和$e_o(t)$分别是电路的时域输入量和时域输出量，则该电路的传递函数为

$$\frac{e_o(s)}{e_i(s)}=\frac{Z_2(s)}{Z_1(s)+Z_2(s)}$$

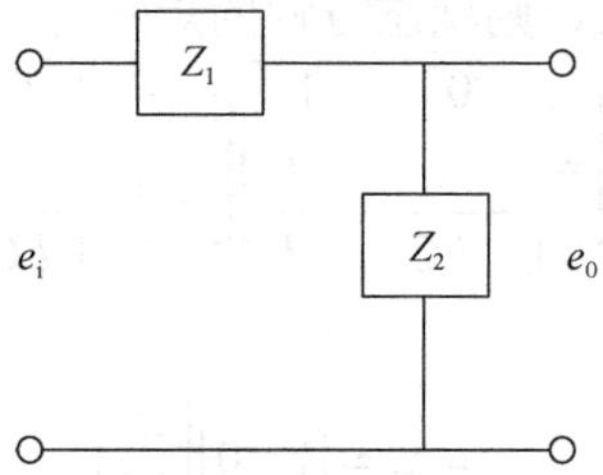

图 2-10　简单电路

对于例 2-5 所示的 RLC 电路，有

$$Z_1=Ls+R,\ Z_2=\frac{1}{Cs}$$

因此，传递函数$e_o(s)/e_i(s)$为

$$\frac{e_o(s)}{e_i(s)}=\frac{\frac{1}{Cs}}{Ls+R+\frac{1}{Cs}}=\frac{1}{LCs^2+RCs+1}$$

【例 2-6】求图 2-11 所示电网络系统的状态空间表达式。

解：将图 2-11 改画成图 2-12。

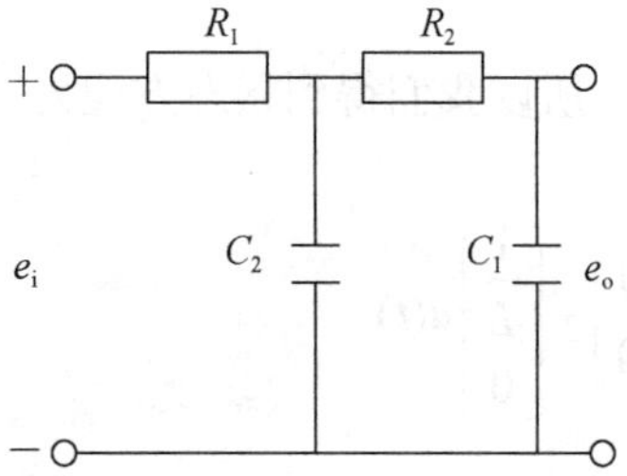

图 2-11　电网络系统

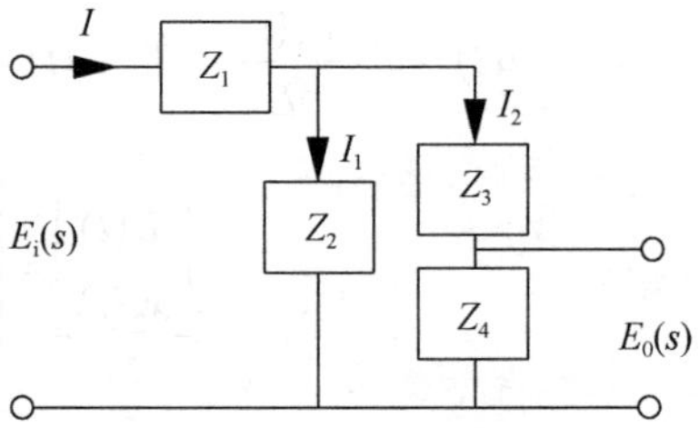

图 2-12　改画的电网络系统

在图 2-12 所示的系统中，电流I被分解为I_1和I_2两个支路电流，则

$$Z_2I_1=(Z_3+Z_4)I_2,\quad I_1+I_2=I$$

得到

$$I_1=\frac{Z_3+Z_4}{Z_2+Z_3+Z_4}I,\quad I_2=\frac{Z_2}{Z_2+Z_3+Z_4}I$$

因为有

$$E_i(s) = Z_1 I + Z_2 I_1 = \left[Z_1 + \frac{Z_2(Z_3+Z_4)}{Z_2+Z_3+Z_4} \right] I$$

$$E_o(s) = Z_1 I_2 = \frac{Z_2 Z_1}{Z_2+Z_3+Z_4} I$$

得

$$\frac{E_o(s)}{E_i(s)} = \frac{Z_2 Z_4}{Z_1(Z_2+Z_3+Z_4)+Z_2(Z_3+Z_4)}$$

将 $Z_1 = R_1$， $Z_3 = 1/(C_1 s)$， $Z_3 = R_2$ 和 $Z_4 = 1/(C_2 s)$ 代入上式，得

$$\frac{E_o(s)}{E_i(s)} = \frac{\frac{1}{C_1 s}\frac{1}{C_2 s}}{R_1(\frac{1}{C_1 s}+R_2+\frac{1}{C_2 s})+\frac{1}{C_1 s}(R_2+\frac{1}{C_2 s})}$$

$$= \frac{1}{R_1 C_1 R_2 C_2 s^2 + (R_1 C_1 + R_2 C_2 + R_1 C_2) + 1}$$

【例 2-7】 求图 2-13 所示电网络系统的状态空间表达式。

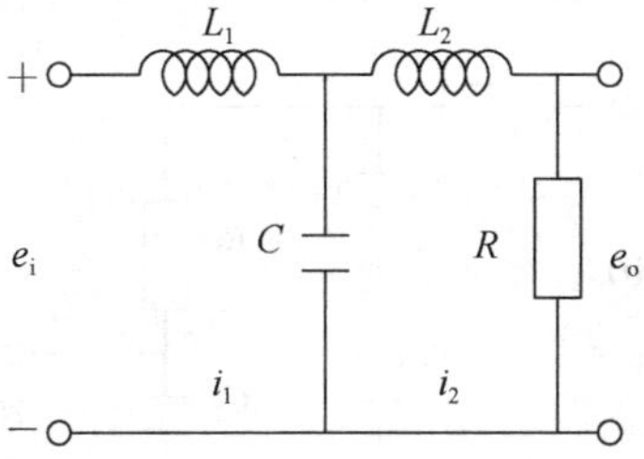

图 2-13　电网络系统

解：选如下系统参量作为状态变量：

$$x_1(t) = i_1(t),\ x_2(t) = i_2(t),\ x_3(t) = u_c(t),\ u(t) = e_i(t),\ y(t) = e_o(t)$$

根据基尔霍夫电压定律，对两个环路列电压平衡方程，有

$$L_1 \dot{i}_1(t) + u_c(t) = e_i(t)$$

$$L_2 \dot{i}_2(t) + R i_2(t) - u_c(t) = 0$$

整理得

$$\dot{i}_1(t) = -\frac{1}{L_1} u_c(t) + \frac{1}{L_1} e_i(t),\quad \dot{i}_2(t) = \frac{1}{L_2} u_c(t) - \frac{R}{L_2} i_2(t)$$

即

$$\dot{x}_1(t) = -\frac{1}{L_1} x_3(t) + \frac{1}{L_1} u(t),\quad \dot{x}_2(t) = -\frac{R}{L_2} x_2(t) + \frac{1}{L_2} x_3(t)$$

又根据基尔霍夫电流定律，对电容 C 有

$$C\frac{\mathrm{d}u_c(t)}{\mathrm{d}t} = i_1(t) - i_2(t)$$

整理得

$$\dot{x}_3(t) = \frac{1}{C} x_1(t) - \frac{1}{C} x_2(t)$$

最终得到状态方程为

$$\begin{bmatrix}\dot{x}_1(t)\\ \dot{x}_2(t)\\ \dot{x}_3(t)\end{bmatrix}=\begin{bmatrix}0 & 0 & -\dfrac{1}{L_1}\\ 0 & -\dfrac{R}{L_2} & \dfrac{1}{L_2}\\ \dfrac{1}{C} & -\dfrac{1}{C} & 0\end{bmatrix}\begin{bmatrix}x_1(t)\\ x_2(t)\\ x_3(t)\end{bmatrix}+\begin{bmatrix}\dfrac{1}{L_1}\\ 0\\ 0\end{bmatrix}u(t)$$

$$y(t)=e_o(t)=i_2(t)R=x_2(t)R=\begin{bmatrix}0 & R & 0\end{bmatrix}\begin{bmatrix}x_1(t)\\ x_2(t)\\ x_3(t)\end{bmatrix}$$

直接采用可用的物理变量作为状态变量的优点如下：

（1）这些状态变量可以很容易地被检测到；

（2）由于状态变量可以被检测到，所以利用这些状态变量可以轻易地构建反馈；

（3）求解方程后，很容易就能得到这些物理变量随时间的变化曲线。

【例 2-8】求图 2-14 所示电网络系统的状态空间表达式。

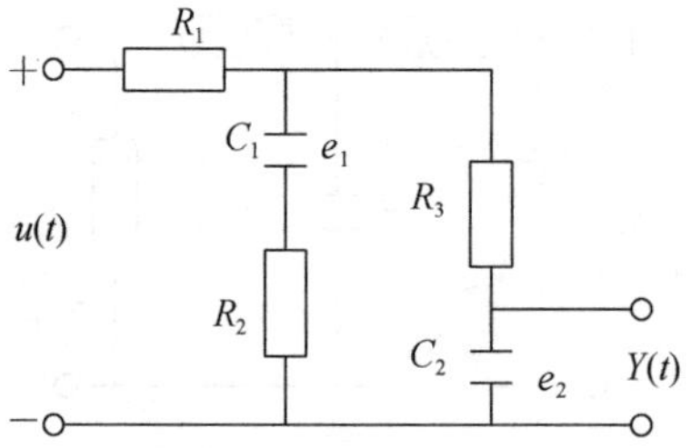

图 2-14　电网络系统

其中，R_1=1Ω，R_2=2Ω，R_3=3Ω，C_1=1F，C_2=1F。

解：将电容 C_1 和 C_2 两端的电压作为状态变量，即 $x_1=e_1$，$x_2=e_2$。

根据基尔霍夫电压定律，对两个环路列电压平衡方程：

$$R_1I_1+R_2(I_1-I_2)+e_1=u(t)$$
$$R_3I_2+e_2+R_2(I_2-I_1)-e_1=0$$

代入已知数据并整理，有

$$3I_1-2I_2=u-e_1$$
$$5I_2-2I_1=e_1-e_2$$

求解 I_1 和 I_2 的表达式为

$$I_1=\frac{5}{11}u-\frac{3}{11}e_1-\frac{2}{11}e_2$$
$$I_2=\frac{2}{11}u+\frac{1}{11}e_1-\frac{3}{11}e_2$$

而

$$I_1-I_2=C_1\dot{e}_1=\dot{x}_1$$
$$I_2=C_2\dot{e}_2=\dot{x}_2$$

则该系统状态空间表达式为

$$\begin{bmatrix} \dot{x}_1 \\ \dot{x}_2 \end{bmatrix} = \begin{bmatrix} -\frac{3}{11} & -\frac{2}{11} \\ \frac{1}{11} & -\frac{3}{11} \end{bmatrix} \begin{bmatrix} x_1 \\ x_2 \end{bmatrix} + \begin{bmatrix} \frac{5}{11} \\ \frac{2}{11} \end{bmatrix} u$$

$$y = \begin{bmatrix} 0 & 1 \end{bmatrix} \begin{bmatrix} x_1 \\ x_2 \end{bmatrix}$$

2.5.3 状态变量的选取问题

状态变量是变量的最小数目，同系统的初始条件相联系。因为状态变量的顺序不重要，所以其模型是非唯一的。但状态变量的数量一般应该是最小且唯一的，且状态变量的个数 n 指明了系统的阶数，如一个二阶系统有两个状态变量。

通常情况下，对于电网络系统，电感的电流和电容两端的电压常被选择为状态变量（如例 2-7、例 2-8）；对于机械系统，储能元件，如弹簧、质量块的位移和速度，常被选择为状态变量。

下面我们通过举例的方式，来说明状态变量个数的选取问题。

【例 2-9】已知质量弹簧阻尼系统原理图如图 2-15 所示，试列写其状态空间表达式。

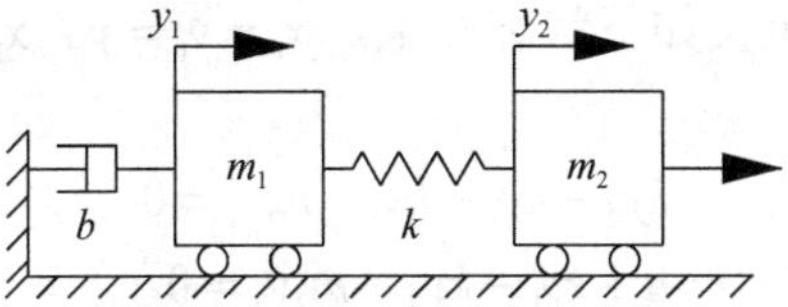

图 2-15　质量弹簧阻尼系统原理图

解：根据达朗贝尔原理，对质量块 m_1 有

$$ky_2 - ky_1 - b\dot{y}_1 - m_1\ddot{y}_1 = 0 \tag{2.24}$$

对质量块 m_2 有

$$u + ky_1 - ky_2 - m_2\ddot{y}_2 = 0 \tag{2.25}$$

该系统的输出变量为 y_1 和 y_2，系统的状态变量为

$$\begin{aligned} x_1 &= y_1 \\ x_2 &= \dot{y}_1 \\ x_3 &= y_2 \\ x_4 &= \dot{y}_2 \end{aligned} \tag{2.26}$$

则有

$$\begin{aligned} \dot{x}_1 &= x_2 \\ \dot{x}_2 &= \frac{1}{m_1}(kx_3 - kx_1 - bx_2) \\ \dot{x}_3 &= x_4 \\ \dot{x}_4 &= \frac{1}{m_2}(u + kx_1 - kx_3) \end{aligned} \tag{2.27}$$

将其整理成矩阵的形式

$$\begin{bmatrix}\dot{x}_1\\ \dot{x}_2\\ \dot{x}_3\\ \dot{x}_4\end{bmatrix}=\begin{bmatrix}0 & 1 & 0 & 0\\ -\dfrac{k}{m_1} & -\dfrac{b}{m_1} & \dfrac{k}{m_1} & 0\\ 0 & 0 & 0 & 1\\ \dfrac{k}{m_2} & 0 & -\dfrac{k}{m_2} & 0\end{bmatrix}\begin{bmatrix}x_1\\ x_2\\ x_3\\ x_4\end{bmatrix}+\begin{bmatrix}0\\ 0\\ 0\\ \dfrac{1}{m_2}\end{bmatrix}u \tag{2.28}$$

$$\begin{bmatrix}y_1\\ y_2\end{bmatrix}=\begin{bmatrix}x_1\\ x_3\end{bmatrix}=\begin{bmatrix}1 & 0 & 0 & 0\\ 0 & 0 & 1 & 0\end{bmatrix}\begin{bmatrix}x_1\\ x_2\\ x_3\\ x_4\end{bmatrix} \tag{2.29}$$

按照一般的理论，例 2-9 所示系统共含有 3 个储能元件（2 个质量块，1 个弹簧），所以应该有 3 个状态变量。但为什么例 2-9 也可以为 4 个状态变量？由此可知，并不是一个可以运行的状态方程的状态变量的个数就一定等于储能元件的个数。准确地说，应该是状态变量的个数大于或等于储能元件的个数。

另外，因为 x_1 和 x_3 实际上是弹簧两端的位移，弹簧真正的压缩量是 $\Delta x = x_3 - x_1$，事实上可以将 Δx 作为第 3 个变量，将 x_2 和 x_4 作为另外 2 个变量。所以，满足前文的条件。

对于例 2-9，我们还可以定义如下状态变量，$x_1 = v_1 = \dot{y}_1$，$x_2 = v_2 = \dot{y}_2$，$x_3 = \Delta y = y_1 - y_2$，根据达朗贝尔原理有

$$ky_2 - ky_1 - bv_1 - m_1\dot{v}_1 = 0$$
$$u + ky_1 - ky_2 - m_2\dot{v}_2 = 0$$

此时系统的状态方程为

$$\dot{x}_1 = -\frac{b}{m_1}x_1 - \frac{k}{m_1}x_3$$
$$\dot{x}_2 = \frac{k}{m_2}x_3 + \frac{1}{m_2}u$$
$$\dot{x}_3 = x_1 - x_2$$

要从概念上清楚，储能元件储存的是什么能。对于机械系统来说，弹簧元件只能储存位移能，只能是形变；由于质量块不能储存位移能（当它能储存位移能时，那是考虑到了势能）。对于质量块、弹簧、小车来说，我们不考虑位置因素（也就是不考虑势能），所以，质量块不储存势能，而只储存动能，动能只和速度相关，和位移无关。

由于前文已经指出，状态变量的个数可以大于或等于储能元件的个数，所以，有质量块的系统考虑其位移也没什么奇怪的。准确地说是，储能形式的种类决定了状态变量的最小个数（放在高处的物体储存的势能可以转化为动能）。

【例 2-10】某质量弹簧阻尼系统原理图，如图 2-16 所示。不考虑重力，设 m_2 的位移为输出，试列写该系统的状态空间表达式。

解：设状态变量为

$$x_1 = y_1,\quad x_2 = y_2,\quad x_3 = \dot{y}_1 = \dot{x}_1,\quad x_4 = \dot{y}_2 = \dot{x}_2$$

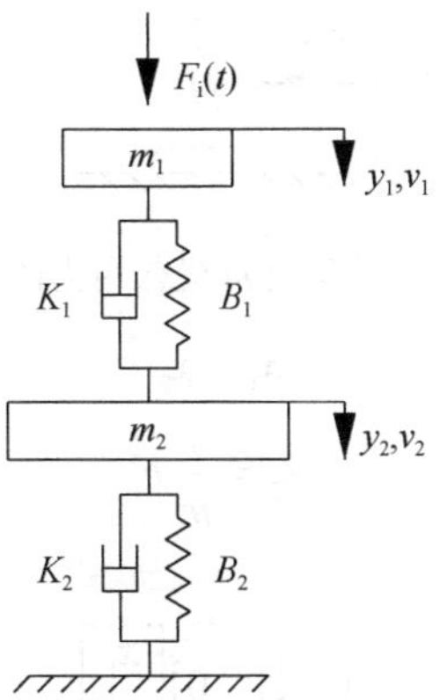

图 2-16　某质量弹簧阻尼系统原理图

根据达朗贝尔原理分析 m_1 有

$$F_1 + K_1 y_2 + B_1 \dot{y}_2 - K_1 y_1 - B_1 \dot{y}_1 - m_1 \ddot{y}_1 = 0$$

分析 m_2 有

$$K_1 y_1 + B_1 \dot{y}_1 - K_1 y_2 - B_1 \dot{y}_2 - K_2 y_2 - B_2 \dot{y}_2 - m_2 \ddot{y}_2 = 0$$

将其整理成状态空间表达式的矩阵形式为

$$\begin{bmatrix} \dot{x}_1 \\ \dot{x}_2 \\ \dot{x}_3 \\ \dot{x}_4 \end{bmatrix} = \begin{bmatrix} 0 & 0 & 1 & 0 \\ 0 & 0 & 0 & 1 \\ -\dfrac{K_1}{m_1} & \dfrac{K_1}{m_1} & -\dfrac{B_1}{m_1} & \dfrac{B_1}{m_1} \\ \dfrac{K_1}{m_2} & -\dfrac{K_1 + K_2}{m_2} & \dfrac{B_1}{m_2} & -\dfrac{B_1 + B_2}{m_2} \end{bmatrix} \begin{bmatrix} x_1 \\ x_2 \\ x_3 \\ x_4 \end{bmatrix} + \begin{bmatrix} 0 \\ 0 \\ \dfrac{1}{m_1} \\ 0 \end{bmatrix} F_i$$

$$y = \begin{bmatrix} 0 & 1 & 0 & 0 \end{bmatrix} \begin{bmatrix} x_1 \\ x_2 \\ x_3 \\ x_4 \end{bmatrix}$$

由于本例含有 4 个储能元件，必须是 4 个状态变量，无法像例 2-9 那样消去一个状态变量。

注意，在例 2-10 所示机械系统中，质量块、弹簧确实都是储能元件，但我们要求所选取的变量必须是独立的，对于相连接的弹簧和质量块来说，其位移和速度不是独立的，所以，只能将其当成 2 个储能元件。

另外要说明的是，并不是有几个储能元件就有几个状态变量，最终还是要看这个系统关心谁。

单独一个质量块作用一个外力（见图 2-17），如果只关心速度，那么其微分方程就是

$$m\dot{v} = F$$

因为我们只关心速度，所以只取一个状态变量就可以了，这是一阶系统。其本质原因是我们这个时候只考虑动能，只有一个储能元件，所以是一个状态变量。但因为速度和位移相关，所以状态变量也可以包含位移，则系统的微分方程就必须列写为

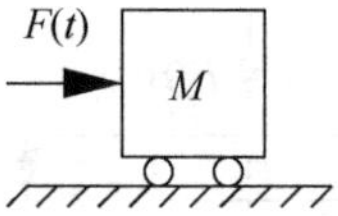

图 2-17　质量块 *m* 受作用力的示意图

$$\dot{x}_1 = x_2$$

$$\dot{x}_2 = \frac{1}{m}F_i$$

输出变量方程为

$$y = \begin{bmatrix} 1 & 0 \end{bmatrix}\begin{bmatrix} x_1 \\ x_2 \end{bmatrix}$$

系统有 2 个状态变量，所以为二阶系统。这再一次证明了系统状态变量的个数可以大于或等于系统储能元件的个数。

两个弹簧相串联系统的示意图，如图 2-18 所示。两个弹簧串联等价于一个弹簧，所以这个系统本质上有两个储能元件，是二阶系统［并不是有三个弹性元件（储能元件）就一定为三阶系统］。

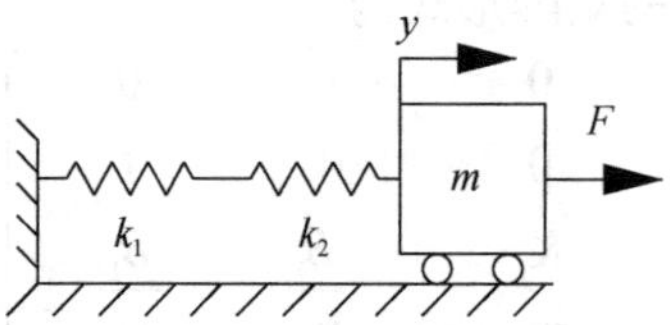

图 2-18　两个弹簧相串联的情况的示意图

2.6　流 体 系 统

利用现代控制理论不仅能够对机械系统、电网络系统进行建模，还能够对所有可以用微分方程描述的物理系统进行建模和求解。其前提条件是这个领域的物理系统已经建立起能够用微分方程描述的各个变量之间的物理关系。

本节将对液位系统、气动系统和液压系统的状态空间表达式的建立方法进行简单介绍。

2.6.1　液位系统

要对液位系统列写状态空间表达式，先要掌握液阻和液容的概念。

1．液阻

液流通过连接两个容器的短管时，导管或节流孔的液阻被定义为产生单位流量变化所需的液位差（两个容器的液面位置之差）的变化量，即

$$R = \frac{液位差变化（m）}{流量变化（m^3/s）} \tag{2.30}$$

因为在层流和紊流流量与液位差之间的关系是不同的，应该分别对其进行研究。

液位系统，如图 2-19 所示，各变量的定义如下。$\bar{Q}$ 为稳态流量；q_i 为输入流量对其稳态

值的最小偏差；q_o 为输出流量对其稳态值的最小偏差；$\bar{H}$ 为稳态水头；h 为水头对其稳态值的最小偏差。

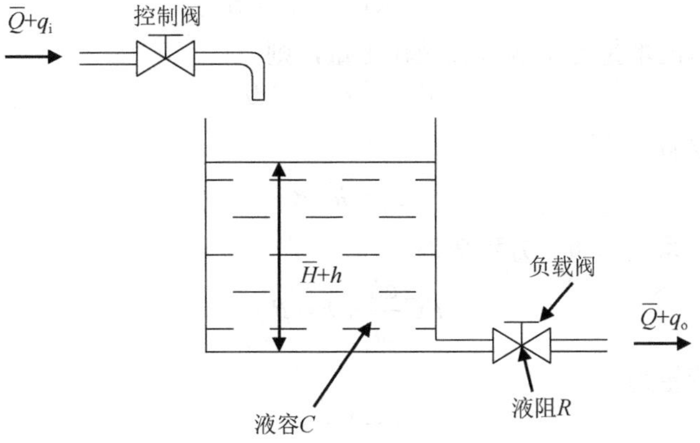

图 2-19　液位系统

在图 2-19 所示液位系统中，液体通过侧面的负载阀流出。如果通过节流器的液流是层流，则稳态流量与节流器上液位的稳态水头之间存在如下关系：

$$Q = KH \tag{2.31}$$

其中，Q 为稳态液体流量（m^3/s）；K 为系数（m^2/s）；H 为稳态水头（m）。

则层流时液阻为

$$R_t = \frac{dH}{dQ} = \frac{H}{Q} \tag{2.32}$$

层流时液阻为常数，与电阻相似。

如果通过节流器的液流为紊流，则稳态流量与节流器上液位的稳态水头之间的关系为

$$Q = K\sqrt{H} \tag{2.33}$$

其中，Q 为稳态液体流量（m^3/s）；K 为系数（m^2/s）；H 为稳态水头（m）。

则紊流时的液阻为

$$R_t = \frac{dH}{dQ} \tag{2.34}$$

对式（2.33）两侧取导数，得

$$dQ = \frac{K}{2\sqrt{H}} dH \tag{2.35}$$

所以有

$$\frac{dH}{dQ} = \frac{2\sqrt{H}}{K} = \frac{2\sqrt{H}\sqrt{H}}{Q} = \frac{2H}{Q} \tag{2.36}$$

所以有

$$R_t = \frac{2H}{Q} \tag{2.37}$$

2．液容

能引起单位位能（水头）变化所需要的容器中存储的液体量的变化定义为容器的液容 C

（位能表示系统能量的大小），即

$$C=\frac{\text{储存的液体的体积的变化（m}^3\text{）}}{\text{水头的变化（m）}} \tag{2.38}$$

容器内存储液体的增量等于输入量减输出量，则

$$C\mathrm{d}h=\left(q_{\mathrm{i}}-q_{\mathrm{o}}\right)\mathrm{d}t \tag{2.39}$$

根据液阻的定义有

$$q_{\mathrm{o}}=h/R \tag{2.40}$$

当 R 为常数时，系统的微分方程变为

$$RC\frac{\mathrm{d}h}{\mathrm{d}t}+h=Rq_{\mathrm{i}} \tag{2.41}$$

设系统的输出变量为

$$y=h=x_1$$

系统的输入变量为

$$u=q_{\mathrm{i}}$$

设系统的状态变量为

$$x_1=h$$
$$x_2=\dot{h}$$

则有

$$\dot{x}_1=-\frac{1}{RC}x_1+\frac{1}{C}u$$

将其整理成矩阵的形式

$$[\dot{x}_1]=\left[-\frac{1}{RC}\right][x_1]+\left[\frac{1}{C}\right]u$$

$$y=h=x_1=\begin{bmatrix}1 & 0\end{bmatrix}\begin{bmatrix}x_1\\x_2\end{bmatrix}$$

【例 2-11】试求图 2-20 所示液位系统的状态空间表达式。

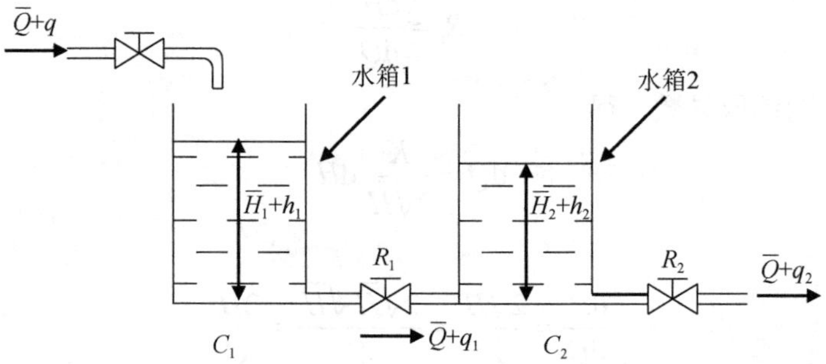

图 2-20　液位系统

解：根据液阻和液容的定义，有

$$\frac{h_1-h_2}{R_1}=q_1$$

$$C_1 \frac{\mathrm{d}h_1}{\mathrm{d}t} = q - q_1$$

$$\frac{h_2}{R_2} = q_2$$

$$C_2 \frac{\mathrm{d}h_2}{\mathrm{d}t} = q_1 - q_2$$

整理得

$$C_1 \frac{\mathrm{d}h_1}{\mathrm{d}t} + \frac{h_1 - h_2}{R_1} = q$$

$$C_2 \frac{\mathrm{d}h_2}{\mathrm{d}t} = \frac{h_1 - h_2}{R_1} - \frac{h_2}{R_2}$$

取状态变量为

$$x_1 = h_1$$

$$x_2 = \dot{h}_1$$

$$x_3 = h_2$$

$$x_4 = \dot{h}_2$$

则系统的状态空间表达式为

$$\dot{x}_1 = x_2$$

$$\dot{x}_2 = -\frac{1}{R_1 C_1} x_1 + \frac{1}{R_1 C_1} x_3 + \frac{1}{C_1} u$$

$$\dot{x}_3 = x_4$$

$$\dot{x}_4 = \frac{1}{R_1 C_2} x_1 - \frac{1}{R_1 C_2} x_3 - \frac{1}{R_2 C_2} x_3$$

将其整理成矩阵形式为

$$\begin{bmatrix} \dot{x}_1 \\ \dot{x}_2 \\ \dot{x}_3 \\ \dot{x}_4 \end{bmatrix} = \begin{bmatrix} 0 & 1 & 0 & 0 \\ -\frac{1}{R_1 C_1} & 0 & \frac{1}{R_1 C_1} & 0 \\ 0 & 0 & 0 & 1 \\ \frac{1}{R_1 C_2} & 0 & -\frac{1}{R_1 C_2} - \frac{1}{R_2 C_2} & 0 \end{bmatrix} \begin{bmatrix} x_1 \\ x_2 \\ x_3 \\ x_4 \end{bmatrix} + \begin{bmatrix} 0 \\ \frac{1}{C_1} \\ 0 \\ 0 \end{bmatrix} u$$

$$y = q_2 = \frac{h_2}{R_2} = \frac{1}{R_2} x_3 = \begin{bmatrix} 0 & 0 & \frac{1}{R_2} & 0 \end{bmatrix} \begin{bmatrix} x_1 \\ x_2 \\ x_3 \\ x_4 \end{bmatrix}$$

2.6.2 气动系统

气流的气阻可以定义为

$$R = \frac{\text{气压差的变化（Pa/m}^2\text{）}}{\text{气体流量的变化（m}^3\text{/s）}} \tag{2.42}$$

或写为

$$R = \frac{\mathrm{d}(\Delta P)}{\mathrm{d}q} \tag{2.43}$$

压力容器的气容定义为

$$C = \frac{\text{存储的气体质量的变化（kg）}}{\text{气体压力的变化（N/m}^2\text{）}} \tag{2.44}$$

或者写为

$$C = \frac{\mathrm{d}m}{\mathrm{d}p} = V\frac{\mathrm{d}\rho}{\mathrm{d}p} \tag{2.45}$$

其中，C为气容；m为容器中气体的质量（kg）；p为气体的绝对压力（N/m^2）；V为容器的容积（m^3）；ρ为气体的密度（kg/m^3）。

在平衡状态下，气体的绝对压力p、比体积v和热力学温度T之间的函数关系，称为气体的状态方程，对于理想气体，三个基本状态参数之间保持着一个简单的关系，即

$$pv = RT \tag{2.46}$$

其中，p为压力（绝对压力）(Pa)；v为比体积（m^3/kg），是密度ρ的倒数；R为气体常数，对空气，R=287N·m/(kg·K)；T为热力学温度（K）。

完全气体方程的状态方程也可以写为

$$p = \rho RT = \frac{m}{V}RT \tag{2.47}$$

其中，ρ为密度（kg/m^3）；m为质量（kg）；V为体积（m^3）。

一定质量的气体，若其基本状态参数p、v和T都在变化，与外界也不是绝热的，则这种变化过程称为多变过程，多变过程的状态方程为

$$pv^n = C \tag{2.48}$$

其中，n为多变指数。

当$n=0$时，$p=C$为等压过程；当$n=1$时，$pv=C$为等温过程；当$n=k$时，$pv^n=C$为可逆的绝热过程；当n为无穷大时，由$p^{1/n}v=C$，得$V=C$为等容过程。

考虑图 2-21 所示的压力系统，通过节流孔的气流是气压差$p_i - p_o$的函数。这种压力系统的特性，可以用气阻和气容的形式来描述。

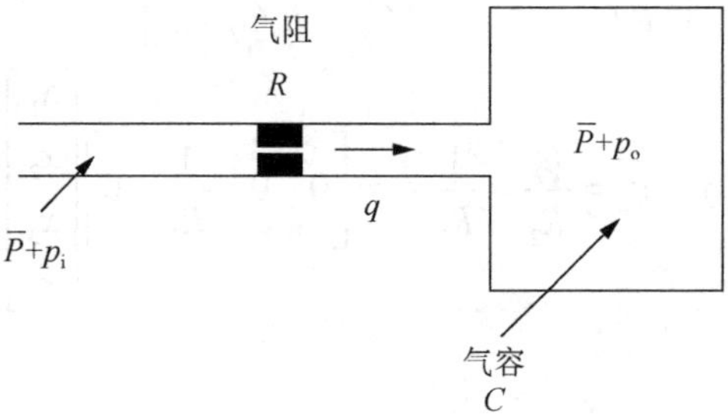

图 2-21　气动系统动态特性原理图

对于微小的p_i和p_o值，方程$R=\dfrac{\mathrm{d}(\Delta P)}{\mathrm{d}q}$可以写为

$$R=\frac{p_{\mathrm{i}}-p_{\mathrm{o}}}{q}$$

又有

$$C=\frac{\mathrm{d}m}{\mathrm{d}p}$$

因为压力变化 $\mathrm{d}p_{\mathrm{o}}$ 乘以气容 C，等于在 $\mathrm{d}t$ 秒时间内容器中增加的气体，所以：

$$C\mathrm{d}p_{\mathrm{o}}=q\mathrm{d}t$$

即

$$C\frac{\mathrm{d}p_{\mathrm{o}}}{\mathrm{d}t}=\frac{p_{\mathrm{i}}-p_{\mathrm{o}}}{R}$$

上式又可以写为

$$RC\frac{\mathrm{d}p_{\mathrm{o}}}{\mathrm{d}t}+p_{\mathrm{o}}=p_{\mathrm{i}}$$

设系统的输入变量为

$$u=p_{\mathrm{i}}$$

系统的输出变量为

$$y=p_{\mathrm{o}}$$

系统的状态变量为

$$x_1=p_{\mathrm{o}}$$
$$x_2=\dot{p}_{\mathrm{o}}$$

则

$$\dot{x}_1=-\frac{1}{RC}x_1+\frac{1}{RC}p_i$$

2.6.3 线性化方法

由于本书主要讲解线性系统的状态空间表达式，对于非线性系统，一般将其转化为线性系统再进行研究。在 2.6.4 小节中建立液压系统的状态空间表达式模型时就用到了线性化方法，所以本小节将对非线性系统的线性化方法进行介绍。

设有一函数 $y(t)$ 与 $x(t)$ 之间的关系为

$$y=f(x)$$

如果系统的额定工作状态为 $\bar{x}$ 、$\bar{y}$，则方程在该点附近展开的泰勒级数如下：

$$y=f(x)=f(\bar{x})+\frac{\mathrm{d}f}{\mathrm{d}x}(x-\bar{x})+\frac{1}{2!}\frac{\mathrm{d}^2f}{\mathrm{d}x^2}(x-\bar{x})^2+\cdots \tag{2.49}$$

忽略高阶项，则式（2.49）可以改写为

$$y=\bar{y}+k(x-\bar{x})$$

其中

$$k=\left.\frac{\mathrm{d}f}{\mathrm{d}x}\right|_{x=\bar{x}}$$

将上式改写为

$$y-\bar{y}=k\left(x-\bar{x}\right)$$

该式表示非线性系统在 $x=\bar{x}$ 且 $y=\bar{y}$ 附近的线性数学模型。

研究另一种函数，它的输出量 y 是两个输入量 x_1 和 x_2 的函数，即

$$y=f\left(x_1,x_2\right)$$

将上式在额定工作点 $(\bar{x}_1,\bar{x}_2)$ 附近展开成泰勒级数，为

$$\begin{aligned}y=&f\left(\bar{x}_1,\bar{x}_2\right)+\left[\frac{\partial f}{\partial x_1}\left(x_1-\bar{x}_1\right)+\frac{\partial f}{\partial x_2}\left(x_2-\bar{x}_2\right)\right]\\&+\frac{1}{2!}\left[\frac{\partial^2 f}{\partial x_1^2}\left(x_1-\bar{x}_1\right)+2\frac{\partial^2 f}{\partial x_1\partial x_2}\left(x_1-\bar{x}_1\right)\left(x_2-\bar{x}_2\right)+\frac{\partial^2 f}{\partial x_2^2}\left(x_2-\bar{x}_2\right)^2\right]+\cdots\end{aligned}$$

忽略高阶项，在额定工作状态附近，这个非线性系统的数学模型可以写为

$$y-\bar{y}=K_1\left(x_1-\bar{x}_1\right)+K_2\left(x_2-\bar{x}_2\right)$$

其中

$$K_1=\left.\frac{\partial f}{\partial x_1}\right|_{x_1=\bar{x}_1,x_2=\bar{x}_2}$$

$$K_2=\left.\frac{\partial f}{\partial x_2}\right|_{x_1=\bar{x}_1,x_2=\bar{x}_2}$$

2.6.4 液压系统

本节主要讲解液压伺服系统状态空间表达式的列写。

大多数液压系统是非线性系统。但是，有时可以将非线性系统线性化，以减小系统的复杂性。这种方法对于大多数工程都能给出充分精确的解答。

我们先研究液体的密度和压力、温度之间的关系。液体的密度是压力和温度的函数，但对液体来说，压力和温度的变化对液体密度影响较小，所以压力与温度这两个变量的泰勒展开式可以只取其前三项，即

$$\rho=\rho_0+\left(\frac{\partial\rho}{\partial P}\right)_T\left(P-P_0\right)+\left(\frac{\partial\rho}{\partial T}\right)_P\left(T-T_0\right) \tag{2.50}$$

其中，ρ、P 和 T 分别代表液体的密度、压力和温度。液体初始的密度、压力和温度分别为 ρ_0、P_0 和 T_0。式（2.50）进一步可以写为

$$\rho=\rho_0\left[1+\frac{1}{\beta}\left(P-P_0\right)-\alpha\left(T-T_0\right)\right] \tag{2.51}$$

其中，$\beta=\rho_0\left(\frac{\partial P}{\partial\rho}\right)_T$；$\alpha=-\frac{1}{\rho_0}\left(\frac{\partial\rho}{\partial T}\right)_P$。

式（2.51）称为液体的线性化状态方程。其中，液体的密度随压力的增加而增加，随温度的升高而减小。又因为有

$$\rho=\frac{m}{V}$$

质量不变，将密度看成体积的函数，则有

$$\partial\rho=-\frac{m}{V_0^2}\partial V$$

将初始条件代入，则有

$$\rho_0=\frac{m}{V_0}$$

将 $\partial\rho=-\frac{m}{V_0^2}\partial V$ 和 $\rho_0=\frac{m}{V_0}$ 代入 β 和 α 的表达式，则有

$$\beta=-V_0\left(\frac{\partial P}{\partial V}\right)_T \tag{2.52}$$

$$\alpha=\frac{1}{V_0}\left(\frac{\partial V}{\partial T}\right)_p \tag{2.53}$$

其中，V 为液体的总体积；V_0 为液体的初始体积；β 为在恒温条件下压力变化量除以体积变化量的百分比，被称为液体的等温弹性模量，或简称为液体的弹性模量。对于矿物型的液压油来说，弹性模量的典型值为 1.0×10^3~1.6×10^3MPa。但是，该弹性模量值在实际工程中很难达到，因为液压油中通常含有少量气体，这会使该值显著下降。在下面的章节中，弹性模量是最重要的决定液压系统动态性能的指标，因为它与流体的刚度相关。

阀控缸系统原理图，如图 2-22 所示；扩大的滑阀通油口面积示意图，如图 2-23 所示。我们设滑阀的通油口 1、2、3 和 4 的面积分别为 A_1、A_2、A_3 和 A_4。同时设通油口 1、2、3 和 4 的流量分别为 q_1、q_2、q_3 和 q_4。因为滑阀是对称的，所以有 $A_1=A_3$ 和 $A_2=A_4$。假设位移 x 很小，则可以得到

$$A_1=A_3=k\left(\frac{x_0}{2}+x\right)$$

$$A_2=A_4=k\left(\frac{x_0}{2}-x\right)$$

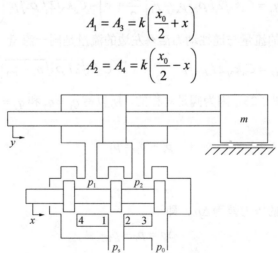

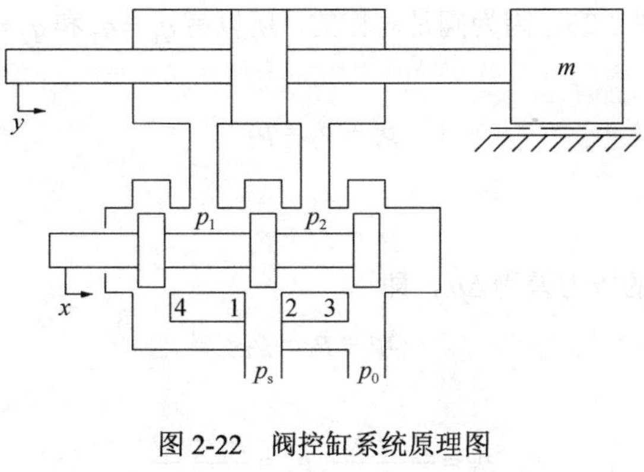

图 2-22　阀控缸系统原理图

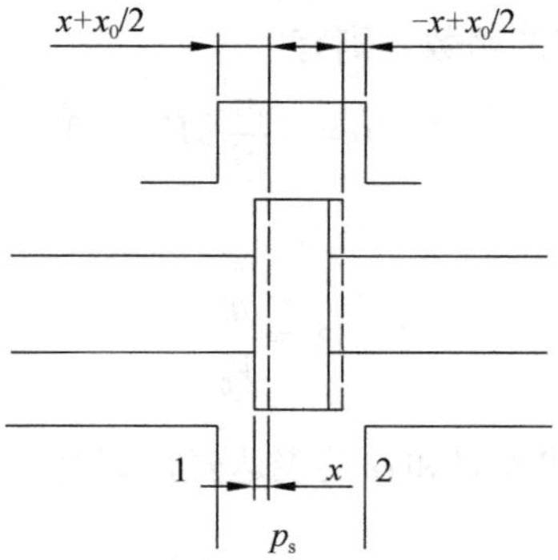

图 2-23　扩大的滑阀通油口面积示意图

根据液压流体力学中的孔口流量公式，可得通过滑阀通油口的流量为

$$
\begin{aligned}
q_1 &= C_d A_1 \sqrt{\frac{2}{\rho}(p_s - p_1)} = C_d k \sqrt{\frac{2}{\rho}} \sqrt{p_s - p_1} \left(\frac{x_0}{2} + x\right) \\
q_2 &= C_d A_2 \sqrt{\frac{2}{\rho}(p_s - p_2)} = C_d k \sqrt{\frac{2}{\rho}} \sqrt{p_s - p_2} \left(\frac{x_0}{2} - x\right) \\
q_3 &= C_d A_3 \sqrt{\frac{2}{\rho}(p_2 - p_0)} = C_d k \sqrt{\frac{2}{\rho}} \sqrt{p_2 - p_0} \left(\frac{x_0}{2} + x\right) = C_d k \sqrt{\frac{2}{\rho}} \sqrt{p_2} \left(\frac{x_0}{2} + x\right) \\
q_4 &= C_d A_4 \sqrt{\frac{2}{\rho}(p_1 - p_0)} = C_d k \sqrt{\frac{2}{\rho}} \sqrt{p_1 - p_0} \left(\frac{x_0}{2} - x\right) = C_d k \sqrt{\frac{2}{\rho}} \sqrt{p_1} \left(\frac{x_0}{2} - x\right)
\end{aligned}
\tag{2.54}
$$

通往动力活塞左边的流量为

$$
q = q_1 - q_4 = C_d k \sqrt{2/\rho} \sqrt{p_s - p_1} \left(\frac{x_0}{2} + x\right) - C_d k \sqrt{2/\rho} \sqrt{p_1} \left(\frac{x_0}{2} - x\right) \tag{2.55}
$$

动力活塞右边流出的流量与通往动力活塞左边的流量是同一流量，其计算公式如下：

$$
q = q_3 - q_2 = C_d k \sqrt{2/\rho} \sqrt{p_2} \left(\frac{x_0}{2} + x\right) - C_d k \sqrt{2/\rho} \sqrt{p_s - p_2} \left(\frac{x_0}{2} - x\right)
$$

观察式（2.54）和图 2-23，因为阀是对称的，所以有 $q_1 = q_3$ 和 $q_2 = q_4$。以 $q_1 = q_3$ 为例，根据式（2.54）可得

$$
p_s - p_1 = p_2
$$

即

$$
p_s = p_1 + p_2
$$

假设动力活塞两侧的压力差为 Δp，即

$$
\Delta p = p_1 - p_2
$$

则得

$$
p_1 = \frac{p_s + \Delta p}{2}, p_2 = \frac{p_s - \Delta p}{2} \tag{2.56}
$$

将式（2.55）中的 p_1 用式（2.56）代替，则可改写为

$$
q = C_d k \sqrt{2/\rho} \sqrt{\frac{p_s - \Delta p}{2}} \left(\frac{x_0}{2} + x\right) - C_d k \sqrt{2/\rho} \sqrt{\frac{p_s + \Delta p}{2}} \left(\frac{x_0}{2} - x\right) = f(x, \Delta p)
$$

用下一节介绍的线性化方法，则上式围绕点 $x=\bar{x}$，$\Delta p=\Delta\bar{p}$，$q=\bar{q}$ 的线性化方程为

$$q-\bar{q}=a\left(x-\bar{x}\right)+b\left(\Delta p-\Delta\bar{p}\right) \tag{2.57}$$

其中，$\bar{q}=f(\bar{x},\Delta\bar{p})$。

$$a=\left.\frac{\partial f}{\partial x}\right|_{x=\bar{x},\Delta p=\Delta\bar{p}}=C_{\mathrm{d}}k\sqrt{2/\rho}\sqrt{\frac{p_{\mathrm{s}}-\Delta\bar{p}}{2}}+C_{\mathrm{d}}k\sqrt{2/\rho}\sqrt{\frac{p_{\mathrm{s}}+\Delta\bar{p}}{2}}$$

$$b=\left.\frac{\partial f}{\partial \Delta p}\right|_{x=\bar{x},\Delta p=\Delta\bar{p}}=-\left[\frac{C_{\mathrm{d}}k\sqrt{2/\rho}}{2\sqrt{2}\sqrt{p_{\mathrm{s}}-\Delta p}}\left(\frac{x_0}{2}+\bar{x}\right)+\frac{C_{\mathrm{d}}k\sqrt{2/\rho}}{2\sqrt{2}\sqrt{p_{\mathrm{s}}+\Delta p}}\left(\frac{x_0}{2}-\bar{x}\right)\right]<0$$

因为标准工作点是在 $\bar{x}=0$，$\Delta\bar{p}=0$，$\bar{q}=0$ 的点上，所以在工作点附近，式（2.57）为

$$q=K_1x-K_2\Delta p \tag{2.58}$$

其中

$$K_1=2C_{\mathrm{d}}k\sqrt{2/\rho}\sqrt{\frac{p_{\mathrm{s}}}{2}}>0$$

$$K_2=2C_{\mathrm{d}}k\sqrt{2/\rho}\frac{x_0}{4\sqrt{2}\sqrt{p_{\mathrm{s}}}}>0$$

这两式为滑阀在原点附近的线性化数学模型。

由图 2-22 可以看出，油液的流量 q 乘以 $\mathrm{d}t$ 等于动力活塞的位移 $\mathrm{d}y$ 乘以活塞面积 A 再乘以油液的密度 ρ，即

$$A\rho\mathrm{d}y=q\mathrm{d}t$$

将上式中的 q 代入式（2.58）中，整理得

$$\Delta p=\frac{1}{K_2}\left(K_1x-A\rho\frac{\mathrm{d}y}{\mathrm{d}t}\right)$$

则活塞产生的力为

$$F=\Delta pA=\frac{A}{K_2}\left(K_1x-A\rho\frac{\mathrm{d}y}{\mathrm{d}t}\right)$$

则在用活塞拖动质量为 m 的负载的情况下，可以得到力的平衡方程

$$m\ddot{y}+b\dot{y}=\frac{A}{K_2}\left(K_1x-A\rho\dot{y}\right)$$

即

$$m\ddot{y}+\left(b+\frac{A^2\rho}{K_2}\right)\dot{y}=\frac{AK_1}{K_2}x$$

有了上面的理论公式，就可以推导该系统的状态方程了。

设输入变量为

$$u=x$$

输出变量为液压缸位移即

$$y=y$$

设系统的状态变量为

$$x_1 = y$$
$$x_2 = \dot{y}$$

则有

$$\dot{x}_1 = x_2$$
$$\dot{x}_2 = -\frac{b + \dfrac{A^2\rho}{K_2}}{m} x_2 + \frac{AK_1}{mK_2} u$$

将其整理成矩阵形式为

$$\begin{bmatrix} \dot{x}_1 \\ \dot{x}_2 \end{bmatrix} = \begin{bmatrix} 0 & 1 \\ 0 & -\dfrac{b + \dfrac{A^2\rho}{K_2}}{m} \end{bmatrix} \begin{bmatrix} x_1 \\ x_2 \end{bmatrix} + \begin{bmatrix} 0 \\ \dfrac{AK_1}{mK_2} \end{bmatrix} u$$

2.7 根据系统微分方程建立状态空间表达式

除可以根据物理定律列写系统的状态空间表达式外，很多时候我们已经得到了系统的微分方程。这时，可以利用一些方法直接将这些微分方程转化为状态空间表达式，本节将介绍与这些方法相关的内容。

2.7.1 微分方程中不含输入函数导数项

当微分方程中不含输入函数导数项时，用相变量法求系统状态空间表达式。相变量法，是指将系统变量或其导数作为状态变量的方法。如果已知系统的微分方程或其传递函数，就可以很容易地得到相变量。

当输入函数中不含导数项时，系统微分方程的形式为

$$y^{(n)} + a_1 y^{(n-1)} + \cdots + a_{n-1}\dot{y} + a_n y = bu$$

根据微分方程理论，若已知 $y(0), \dot{y}(0), \cdots, y(0)^{(n-1)}$ 及 $t \geqslant 0$ 时的输入变量 $u(t)$，则系统在 $t \geqslant 0$ 时的行为就是唯一确定的。因此，选取 $x_1 = y, x_2 = \dot{y}, \cdots, x_n = y^{(n-1)}$ 作为状态变量，上式可表示为

$$\dot{x}_1 = x_2$$
$$\dot{x}_2 = x_3$$
$$\vdots$$
$$\dot{x}_{n-1} = x_n$$
$$\dot{x}_n = -a_n x_1 - a_{n-1} x_2 - \cdots - a_2 x_{n-1} - a_1 x_n + bu$$

将其写成向量矩阵形式为

$$\dot{\boldsymbol{x}} = \boldsymbol{Ax} + \boldsymbol{Bu}$$

其中

$$\boldsymbol{x}=[x_1,\cdots,x_n]^{\mathrm{T}},\quad \boldsymbol{A}=\begin{bmatrix} 0 & 1 & 0 & \cdots & 0 \\ 0 & 0 & 1 & \cdots & 0 \\ \vdots & \vdots & \vdots & & \vdots \\ 0 & 0 & 0 & \cdots & 1 \\ -a_n & -a_{n-1} & -a_{n-2} & \cdots & -a_1 \end{bmatrix},\quad \boldsymbol{B}=[0\ \ 0\ \ \cdots\ \ 0\ \ b]^{\mathrm{T}}$$

矩阵 $\boldsymbol{A}$ 具有上述形式时，称为友矩阵。友矩阵的特点是主对角线上方的元素均为 1；最后一行的元素可取任意值；而其余元素均为零。这种形式的状态空间表达式为可控标准型，我们在后面的章节还会对这个概念进行详细讲解。

输出方程为

$$y=x_1=[1\ \ 0\ \ 0\ \ \cdots\ \ 0]\begin{bmatrix} x_1 \\ x_2 \\ \vdots \\ x_{n-1} \\ x_n \end{bmatrix}$$

或

$$y=\boldsymbol{C}\boldsymbol{x}$$

其中，$\boldsymbol{C}=[1\ \ 0\ \ 0\ \ \cdots\ \ 0]$。

【例 2-12】 设系统微分方程为 $\dddot{y}+6\ddot{y}+11\dot{y}+6y=u$，试用相变量法列写该系统状态空间表达式。

解：选取状态变量为

$$\begin{gathered} x_1=y \\ x_2=\dot{y}=\dot{x}_1 \\ x_3=\ddot{y}=\dot{x}_2 \end{gathered}$$

由微分方程得

$$\begin{gathered} \dot{x}_1=x_2 \\ \dot{x}_2=x_3 \\ \dot{x}_3=-6x_1-11x_2-6x_3+u \\ y=x_1 \end{gathered}$$

或

$$\begin{bmatrix} \dot{x}_1 \\ \dot{x}_2 \\ \dot{x}_3 \end{bmatrix}=\begin{bmatrix} 0 & 1 & 0 \\ 0 & 0 & 1 \\ -6 & -11 & -6 \end{bmatrix}\begin{bmatrix} x_1 \\ x_2 \\ x_3 \end{bmatrix}+\begin{bmatrix} 0 \\ 0 \\ 1 \end{bmatrix}u$$

$$y=[1\ \ 0\ \ 0]\begin{bmatrix} x_1 \\ x_2 \\ x_3 \end{bmatrix}$$

2.7.2 微分方程中包含输入函数导数项

输入函数中包含导数项的系统微分方程的形式为

$$y^{(n)}+a_1y^{(n-1)}+\cdots+a_{n-1}\dot{y}+a_ny=b_0u^{(n)}+b_1u^{(n-1)}+\cdots+b_{n-1}\dot{u}+b_nu \tag{2.59}$$

一般选用输出变量 y 、输入变量 u 及它们的各阶导数组成状态变量。

1. 方法一

（1）选取如下一组状态变量：

$$\begin{cases} x_1=y-\beta_0u \\ x_2=\dot{y}-\beta_0\dot{u}-\beta_1u \\ x_3=\ddot{y}-\beta_0\ddot{u}-\beta_1\dot{u}-\beta_2u \\ \qquad\vdots \\ x_n=y^{(n-1)}-\beta_0u^{(n-1)}-\beta_1u^{(n-2)}-\cdots-\beta_{n-1}u \\ x_{n+1}=y^{(n)}-\beta_0u^{(n)}-\beta_1u^{(n-1)}-\cdots-\beta_{n-1}\dot{u}-\beta_nu \end{cases} \tag{2.60}$$

其中，系数 $\beta_0,\cdots,\beta_n$ 待定，其判定方法如下所示。

将 $a_n,a_{n-1},\cdots,a_1$ 分别乘以式（2.60）中相应方程的两端，并移项，得

$$\begin{cases} a_ny=a_nx_1+a_n\beta_0u \\ a_{n-1}\dot{y}=a_{n-1}x_2+a_{n-1}\beta_0\dot{u}+a_{n-1}\beta_1u \\ a_{n-2}\ddot{y}=a_{n-2}x_3+a_{n-2}\beta_0\ddot{u}+a_{n-2}\beta_1\dot{u}+a_{n-2}\beta_2u \\ \qquad\vdots \\ a_1y^{(n-1)}=a_1x_n+a_1\beta_0u^{(n-1)}+\cdots+a_1\beta_{n-2}\dot{u}+a_1\beta_{n-1}u \\ y^{(n)}=x_{n+1}+\beta_0u^{(n)}+\beta_1u^{(n-1)}+\cdots+\beta_{n-1}\dot{u}+\beta_nu \end{cases} \tag{2.61}$$

上述各方程左端相加等于线性微分方程（2.59）的左端，因此上述各方程右端相加也等于线性微分方程（2.59）的右端，即

$$\begin{aligned}&\{x_{n+1}+a_1x_n+\cdots+a_{n-1}x_2+a_nx_1\}+\{\beta_0u^{(n)}+(\beta_1+a_1\beta_0)u^{(n-1)}+(\beta_2+a_1\beta_1+a_2\beta_0)u^{(n-2)}+\cdots+\\&(\beta_{n-1}+a_1\beta_{n-2}+\cdots+a_{n-2}\beta_1+a_{n-1}\beta_0)u+(\beta_n+a_1\beta_{n-1}+\cdots+a_{n-1}\beta_1+a_n\beta_0)u\}\\&=b_0u^{(n)}+b_1u^{(n-1)}+\cdots+b_{n-1}\dot{u}+b_nu\end{aligned}$$

等式两边 $u^k(k=0,\cdots,n)$ 的系数相等，所以

$$\begin{cases} \beta_0=b_0 \\ \beta_1=b_1-a_1\beta_0 \\ \beta_2=b_2-a_1\beta_1-a_2\beta_0 \\ \qquad\vdots \\ \beta_n=b_n-a_1\beta_{n-1}-\cdots-a_{n-1}\beta_1-a_n\beta_0 \end{cases}$$

（2）导出状态变量的一阶微分方程组和输出关系式。

对式（2.60）求导，并且因上式中的 $\{x_{n+1}+a_1x_n+\cdots+a_{n-1}x_2+a_nx_1\}=0$ ，可得

$$\begin{cases} \dot{x}_1=\dot{y}-\beta_0\dot{u}=x_2+\beta_1u \\ \dot{x}_2=\ddot{y}-\beta_0\ddot{u}-\beta_1\dot{u}=x_3+\beta_2u \\ \qquad\vdots \\ \dot{x}_{n-1}=x_n+\beta_{n-1}u \\ \dot{x}_n=x_{n+1}+\beta_nu=-a_nx_1-a_{n-1}x_2-\cdots-a_1x_n+\beta_nu \end{cases}$$

$$y=x_1+\beta_0u$$

（3）将上式转化为向量形式。

状态方程为

$$\begin{bmatrix}\dot{x}_1\\ \dot{x}_2\\ \vdots\\ \dot{x}_n\end{bmatrix}=\begin{bmatrix}0 & 1 & 0 & \cdots & 0\\ 0 & 0 & 1 & \cdots & 0\\ \vdots & \vdots & \vdots & & \vdots\\ -a_n & -a_{n-1} & -a_{n-2} & \cdots & -a_1\end{bmatrix}\begin{bmatrix}x_1\\ x_2\\ \vdots\\ x_n\end{bmatrix}+\begin{bmatrix}\beta_1\\ \beta_2\\ \vdots\\ \beta_n\end{bmatrix}u$$

输出方程为

$$y=[1\quad 0\quad \cdots\quad 0]\begin{bmatrix}x_1\\ x_2\\ \cdots\\ x_n\end{bmatrix}+[\beta_0]u$$

【例 2-13】 已知系统的微分方程为

$$\dddot{y}+6\ddot{y}+11\dot{y}+6y=\dddot{u}+8\ddot{u}+17\dot{u}+8u$$

试列写该系统状态空间表达式。

解： 由微分方程中各项的系数 $a_1=6$，$a_2=11$，$a_3=6$，$b_0=1$，$b_1=8$，$b_2=17$，$b_3=8$，可得

$$\beta_0=b_0=1$$

$$\beta_1=b_1-a_1\beta_0=8-6\times1=2$$

$$\beta_2=b_2-a_1\beta_1-a_2\beta_0=17-6\times2-11\times1=-6$$

$$\beta_3=b_3-a_1\beta_2-a_2\beta_1-a_3\beta_0=16$$

因此，状态空间表达式为

$$\begin{bmatrix}\dot{x}_1\\ \dot{x}_2\\ \dot{x}_3\end{bmatrix}=\begin{bmatrix}0 & 1 & 0\\ 0 & 0 & 1\\ -6 & -11 & -6\end{bmatrix}\begin{bmatrix}x_1\\ x_2\\ x_3\end{bmatrix}+\begin{bmatrix}2\\ -6\\ 16\end{bmatrix}u$$

$$y=[1\quad 0\quad 0]\begin{bmatrix}x_1\\ x_2\\ x_3\end{bmatrix}+u$$

对于这种情况，输入变量和输出变量具有如下关系式：

$$\begin{aligned}&y^{(n)}+a_1y^{(n-1)}+a_2y^{(n-2)}+\cdots+a_{n-1}\dot{y}+a_ny\\ &=b_0u^{(m)}+b_1u^{(m-1)}+\cdots+b_{m-1}\dot{u}+b_mu\end{aligned}$$

2．方法二

为便于讨论，引入算子符号 $p=\dfrac{\mathrm{d}}{\mathrm{d}t}$，进而可以把式（2.59）表示为如下形式：

$$y=\frac{b_0p^m+b_1p^{m-1}+\cdots+b_{m-1}p+b_m}{p^n+a_1p^{n-1}+\cdots+a_{n-1}p+a_n}u \tag{2.62}$$

当 $m<n$ 时，先将式（2.62）进一步写为

$$\begin{cases}\tilde{y}=\dfrac{1}{p^n+a_1p^{n-1}+\cdots+a_{n-1}p+a_n}u\\ y=\left(b_0p^m+b_1p^{m-1}+\cdots+b_{m-1}p+b_m\right)\tilde{y}\end{cases}$$

或将其表示为

$$\begin{cases}\tilde{y}^{(n)}+a_1\tilde{y}^{(n-1)}+a_2\tilde{y}^{(n-2)}+\cdots+a_{n-1}\tilde{y}^{(1)}+a_n\tilde{y}=u\\ y=b_0\tilde{y}^{(m)}+b_1\tilde{y}^{(m-1)}+\cdots+b_{m-1}\tilde{y}^{(1)}+b_m\tilde{y}\end{cases}$$

对上式若选取状态变量组为

$$x_1=\tilde{y},x_2=\tilde{y}^{(1)},\cdots,x_n=\tilde{y}^{(n-1)}$$

则可得系统状态方程为

$$\begin{cases}\dot{x}_1=\tilde{y}^{(1)}=x_2\\ \dot{x}_2=\tilde{y}^{(2)}=x_3\\ \qquad\vdots\\ \dot{x}_{n-1}=\tilde{y}^{(n-1)}=x_n\\ \dot{x}_n=-a_nx_1-a_{n-1}x_2-\cdots-a_1x_n+u\end{cases}$$

输出方程为

$$y=b_mx_1+b_{m-1}x_2+\cdots+b_0x_{m+1}$$

则状态空间描述为

$$\dot{\boldsymbol{x}}=\boldsymbol{A}\boldsymbol{x}+\boldsymbol{B}u=\begin{bmatrix}0&1&\cdots&0\\ \vdots&\vdots&&\vdots\\ 0&0&\cdots&1\\ -a_n&-a_{n-1}&\cdots&-a_1\end{bmatrix}\boldsymbol{x}+\begin{bmatrix}0\\0\\0\\1\end{bmatrix}u \tag{2.63}$$

$$y=\boldsymbol{C}\boldsymbol{x}=[b_m,\cdots,b_0,0,\cdots,0]\boldsymbol{x}$$

【例 2-14】 设系统的微分方程为

$$\dddot{y}+2\ddot{y}+5\dot{y}+y=\ddot{u}+\dot{u}+3u$$

试求该系统状态空间表达式。

解： 采用方法二，根据式（2.63）可直接得到该系统的状态空间表达式为

$$\begin{bmatrix}\dot{x}_1\\ \dot{x}_2\\ \dot{x}_3\end{bmatrix}=\begin{bmatrix}0&1&0\\ 0&0&1\\ -1&-5&-2\end{bmatrix}\begin{bmatrix}x_1\\ x_2\\ x_3\end{bmatrix}+\begin{bmatrix}0\\0\\1\end{bmatrix}u$$

$$y=\begin{bmatrix}3&1&1\end{bmatrix}\begin{bmatrix}x_1\\ x_2\\ x_3\end{bmatrix}$$

2.8 状态空间表达式的图形表示法

系统的物理模型的数学表示方法不仅有本书前文介绍的状态空间表达式，还有图形表示法。在使用仿真软件建立系统的仿真模型时，经常会使用图形表示法。图形表示法又称为系统

状态变量图法。因此，学习现代控制理论也需要学习状态空间表达式的图形表示法。

2.8.1 图形表示法的基本元素

状态空间表达式的图形表示法主要由三种图形符号组成，分别是：①比例符号；②相加符号；③积分器。

比例环节图形符号，如图 2-24 所示。

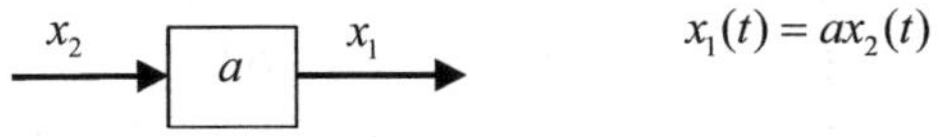

图 2-24 比例环节图形符号

相加环节图形符号，如图 2-25 所示。

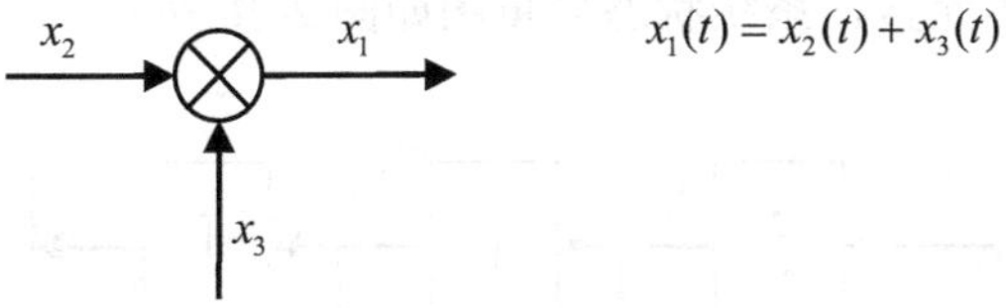

图 2-25 相加点环节图形符号

积分环节图形符号，如图 2-26 所示。

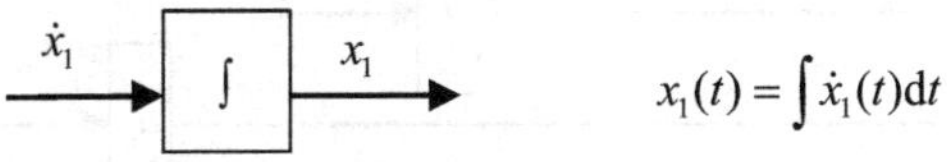

图 2-26 积分环节图形符号

我们在前面已经介绍了标准状态空间表达式：

$$\dot{\boldsymbol{x}}=\boldsymbol{Ax}+\boldsymbol{Bu}$$

$$\boldsymbol{y}=\boldsymbol{Cx}+\boldsymbol{Du}$$

其状态空间表达式的系统方块图，如图 2-27 所示。

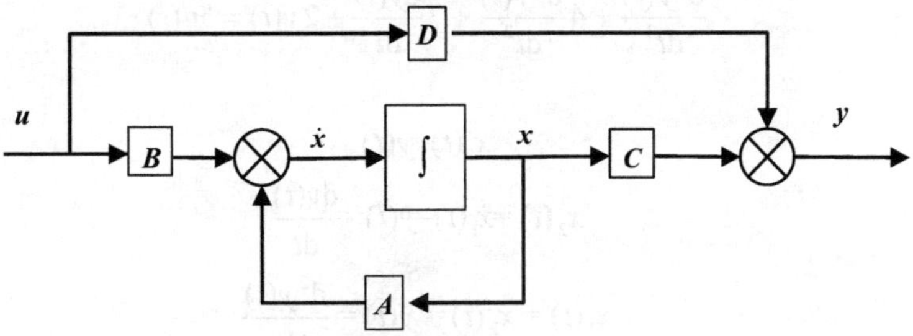

图 2-27 系统方块图

图 2-27 中粗箭头表示输入变量、输出变量和状态变量是多维的（如无特殊说明，本书后面的图形不再用粗实线表示多维）。每个积分器的输出变量为一个独立的状态变量。

一般来说，*n* 阶系统就有 *n* 个积分器，选每个积分器的输出变量作为状态变量，并将其标注在图上，即可得到系统的状态变量图，根据状态变量图的连接情况，即可写出系统的状态空间表达式。

系统的状态空间表达式为

$$\begin{cases}\dot{\boldsymbol{x}} = \boldsymbol{A}\boldsymbol{x} + \boldsymbol{B}u \\ y = \boldsymbol{C}\boldsymbol{x}\end{cases} \tag{2.64}$$

如果有

$$\boldsymbol{A} = \begin{bmatrix} 0 & 1 & 0 & \cdots & 0 \\ 0 & 0 & 1 & \cdots & 0 \\ \vdots & \vdots & \vdots & & \vdots \\ 0 & 0 & 0 & \cdots & 1 \\ -a_n & -a_{n-1} & -a_{n-2} & \cdots & -a_1 \end{bmatrix},\quad \boldsymbol{B} = \begin{bmatrix} 0 \\ 0 \\ \vdots \\ 0 \\ b \end{bmatrix},\quad \boldsymbol{C} = [1\ \ 0\ \ \cdots\ \ 0\ \ 0]$$

根据图形表示的基本元素，系统状态变量图如图 2-28 所示。

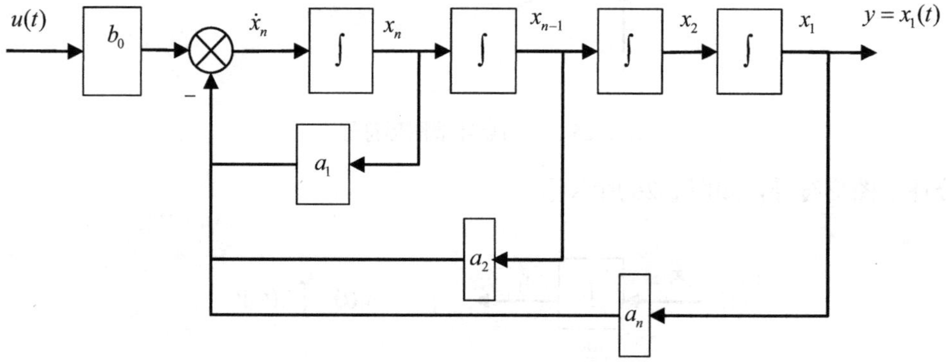

图 2-28　系统状态变量图

如果得出系统状态变量图后，就很容易得出系统的标准状态空间表达式了。

【例 2-15】 用相变量方法建立如下微分方程所表示的状态空间模型，并绘制出其状态变量图。

$$\frac{\mathrm{d}^3 y(t)}{\mathrm{d}t^3} + 4\frac{\mathrm{d}^2 y(t)}{\mathrm{d}t^2} + 7\frac{\mathrm{d}y(t)}{\mathrm{d}t} + 2y(t) = 5u(t)$$

解：

$$x_1(t)=y(t)$$

$$x_2(t)=\dot{x}_1(t)=\dot{y}(t)=\frac{\mathrm{d}y(t)}{\mathrm{d}t}$$

$$x_3(t)=\dot{x}_2(t)=\ddot{y}(t)=\frac{\mathrm{d}^2 y(t)}{\mathrm{d}t}$$

因此

$$\dot{x}_1(t)=x_2(t)$$

$$\dot{x}_2(t)=x_3(t)$$

$$\dot{x}_3(t)=-2x_1(t)-7x_2(t)-4x_3(t)+5u(t)$$

将其写成矩阵方程的形式为

$$\dot{\boldsymbol{x}} = \boldsymbol{A}\boldsymbol{x} + \boldsymbol{B}u$$

其中

$$\boldsymbol{A}=\begin{bmatrix} 0 & 1 & 0 \\ 0 & 0 & 1 \\ -2 & -7 & -4 \end{bmatrix} \text{和}\ \boldsymbol{B}=\begin{bmatrix} 0 \\ 0 \\ 5 \end{bmatrix}$$

输出变量为

$$y = x_1$$

将其写成矩阵方程的形式为

$$y = \boldsymbol{C}\boldsymbol{x} + \boldsymbol{D}u$$

$$\boldsymbol{C}=[1 \quad 0 \quad 0],\ \boldsymbol{D}=\boldsymbol{0}$$

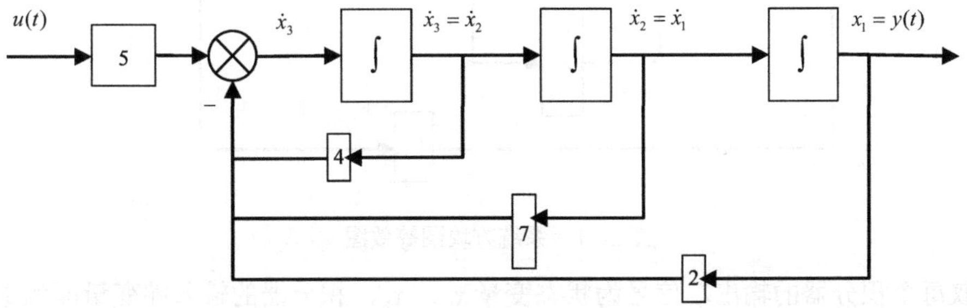

图 2-29　系统状态变量图

2.8.2　由控制系统的方块图求系统状态方程

基于传递函数的方块图被广泛应用于描述单输入单输出线性定常系统。当线性系统以方块图的形式给出时，可直接根据方块图建立其状态空间表达式，这需要先将方块图化为状态变量图。

由控制系统的方块图求系统状态方程的一般步骤如下。

第一步：在系统方块图的基础上，将各环节通过等效变换分解，使整个系统方块图只有标准积分器（$1/s$）、比例器（K）及其综合器（加法器）。这三种基本环节通过串联、并联和反馈三种形式组成整个控制系统，而且标准积分器（$1/s$）只能在系统的前向通道出现。

第二步：系统等效方块图中的标准积分器（$1/s$）的数目就是该系统具有的独立状态变量的数目。将上述调整过的方块图中的每个标准积分器（$1/s$）的输出变量作为一个独立的状态变量，那么积分器的输入端就是状态变量的一阶导数。

第三步：根据调整过的方块图中各信号的关系，写出每个状态变量的一阶导数的表达式，得到各变量的一阶微分方程，从而求得系统的状态方程。最后根据需要指定输出变量，即可根据方块图写出系统的输出方程。

【例 2-16】 控制系统方块图如图 2-30 所示，试求出其状态空间表达式。

解： 该系统主要由一个一阶惯性环节和一个积分器组成，对于一阶惯性环节，可以通过等效变换将其转化为一个前向通道为标准积分器的反馈系统。

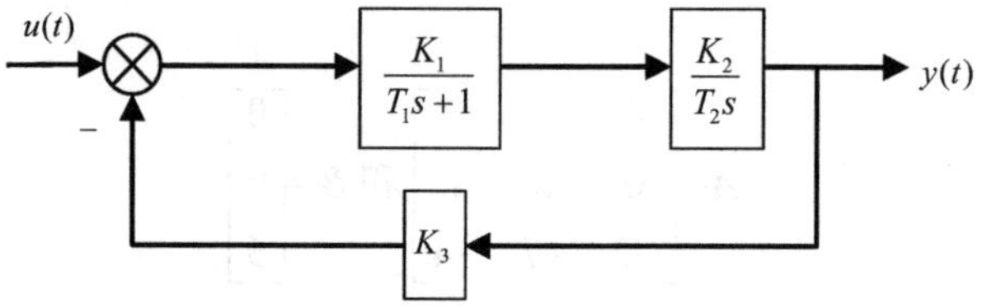

图 2-30　控制系统方块图

图 2-30 所示的方块图经等效变换后如图 2-31 所示。

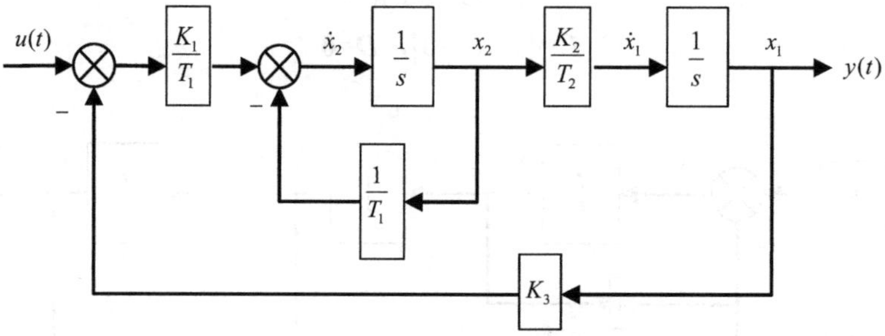

图 2-31　系统方块图等效图

我们取每个积分器的输出端信号为状态变量 x_1、 x_2，积分器的输入端变量即为 $\dot{x}_1$、 $\dot{x}_2$。从图 2-31 可得系统状态方程为

$$\begin{cases}\dot{x}_1=\dfrac{K_2}{T_2}x_2\\ \dot{x}_2=-\dfrac{1}{T_1}x_2+\dfrac{K_1}{T_1}(u-K_3x_1)=-\dfrac{K_1K_3}{T_1}x_1-\dfrac{1}{T_1}x_2+\dfrac{K_1}{T_1}u\end{cases}$$

取 y 为系统输出变量，输出方程为

$$y=x_1$$

写成矢量形式，得到系统状态空间表达式为

$$\begin{cases}\dot{\boldsymbol{x}}=\begin{bmatrix}0 & \dfrac{K_2}{T_2}\\ -\dfrac{K_1K_3}{T_1} & -\dfrac{1}{T_1}\end{bmatrix}\boldsymbol{x}+\begin{bmatrix}0\\ \dfrac{K_1}{U_1}\end{bmatrix}u\\ y=\begin{bmatrix}1 & 0\end{bmatrix}\boldsymbol{x}\end{cases}$$

2.9　根据系统的传递函数建立状态空间表达式

如果已知控制系统的传递函数（频域描述）为

$$G(s)=\frac{Y(s)}{U(s)}=\frac{b_ms^m+\cdots+b_1s+b_0}{s^n+a_{n-1}s^{n-1}+\cdots+a_1s+a_0} \tag{2.65}$$

则称由传递函数求其状态空间表达式的过程为系统的实现问题。本节介绍与此相关的内容。

系统的实现一般有直接法、零极点法和并联法，下文我们将分别对其进行介绍。

2.9.1 直接法

直接法即将传递函数的分母重新组合成一种新的形式。例如：

$$\frac{1}{s+a}=\frac{\frac{1}{s}}{1+\frac{a}{s}}=\frac{G}{1+GH}$$

其中，$G=\frac{1}{s}$为积分器，$H=a$。该反馈为负反馈，所以可以用图 2-32 来模拟。

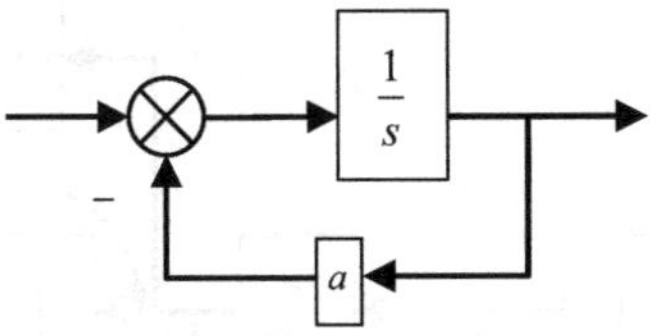

图 2-32　负反馈系统方块图

如果将图 2-32 所示系统嵌套，则其方块图如图 2-33 所示。

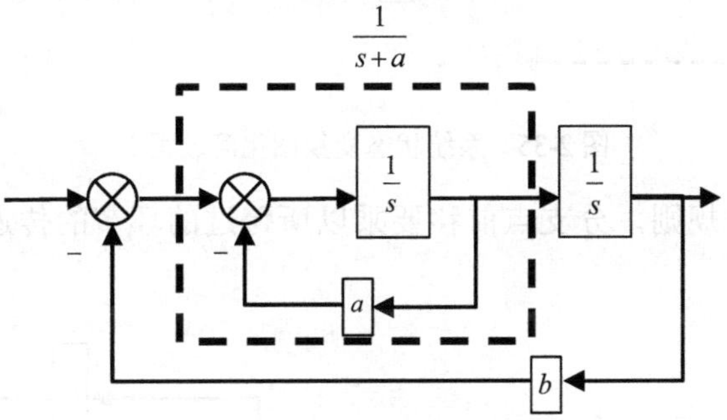

图 2-33　嵌套系统方块图

该系统的传递函数变为

$$G=\frac{\frac{1}{s+a}\frac{1}{s}}{1+\frac{1}{s+a}\frac{1}{s}b}=\frac{1}{s(s+a)+b}=\frac{1}{sX+b}$$

其中，$X=s+a$，如果继续迭代，则有

$$G=\frac{1}{sY+c}$$

其中，$Y=sX+b$，则传递函数的分母为

$$s^3+as^2+bs+c=[(s+a)s+b]s+c$$

如果传递函数的分子是b_1s+b_0，则可以直接绘制系统的方块图，如图 2-34 所示。

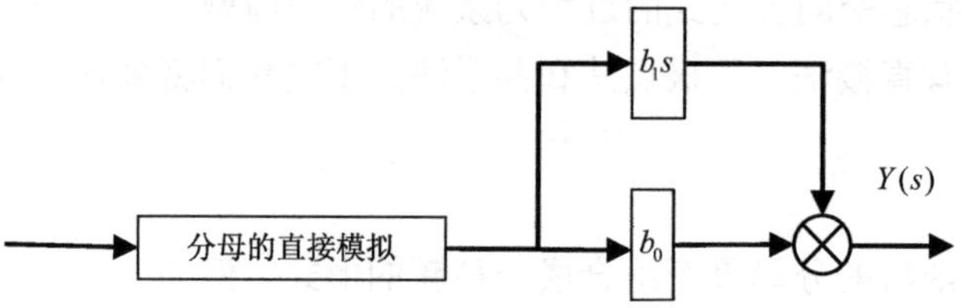

图 2-34　直接绘制系统的方块图

但因为在方块图中 s 代表微分，状态空间表达式的图形表示法中只含有积分器，所以把分支点向前移动一个积分器，并将 $1/s$ 用积分符号取代，得到系统状态变量图化简过程 1（见图 2-35）。

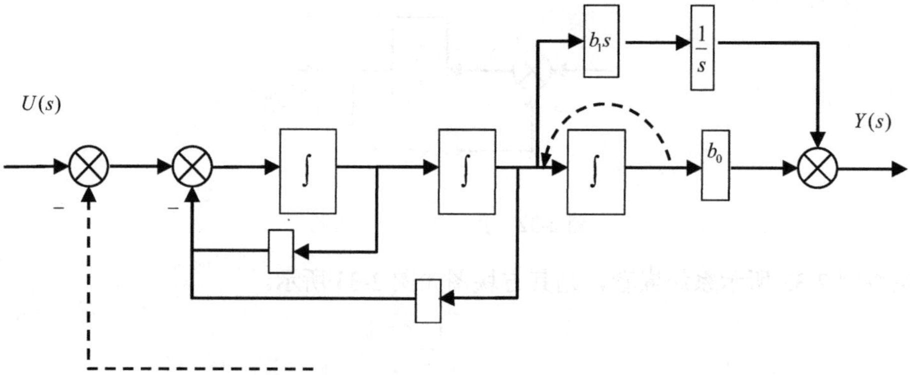

图 2-35　系统状态变量图化简过程 1

根据方块图的简化规则，分支点前移要乘以所跨过的环节的传递函数，即最终变成了图 2-36 的形式

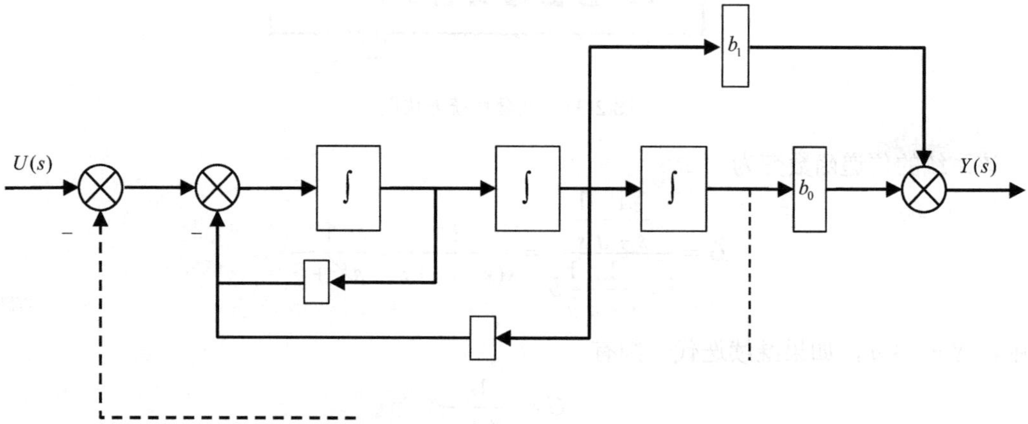

图 2-36　系统状态变量图化简过程 2

【例 2-17】 已知系统的传递函数为

$$\frac{Y(s)}{U(s)}=\frac{5s^2+6s+8}{s^3+3s^2+7s+9}$$

试采用直接分解法求系统的状态空间表达式。

解：将传递函数的分母分解为

$$s^3+3s^2+7s+9=([s+3]s+7)s+9$$

方块图简化过程，如图 2-37 所示。

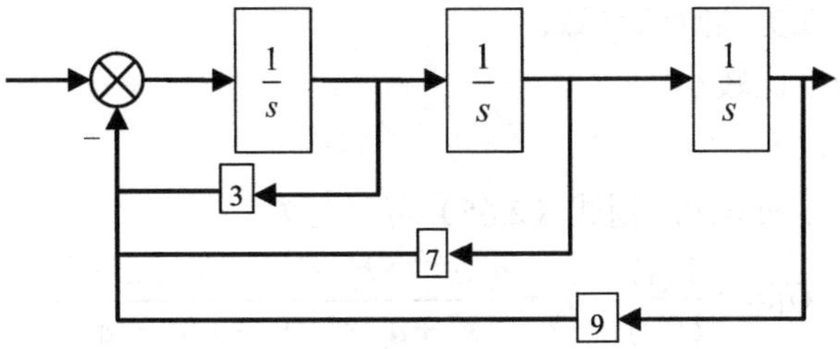

图 2-37　方块图化简过程

系统完整的状态变量图，如图 2-38 所示。

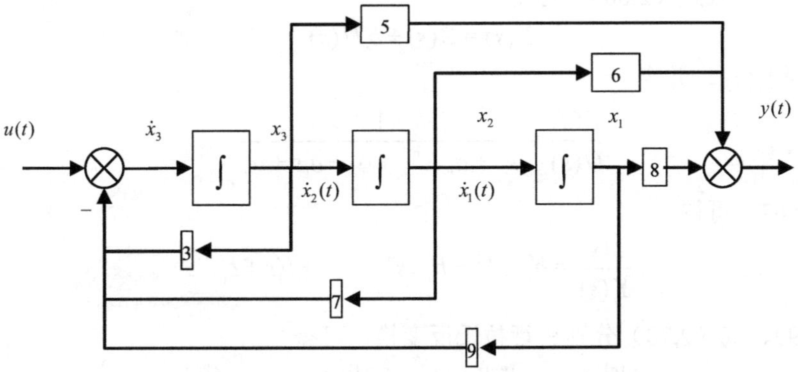

图 2-38　系统完整的状态变量图

将每个积分器的输出变量作为一个状态变量，则有

$$\dot{x}_1=x_2，\dot{x}_2=x_3，\dot{x}_3=-9x_1-7x_2-3x_3+u$$

由系统的传递函数可知 $y=8x_1+6x_2+5x_3$。将其写成状态空间表达式的形式为

$$\begin{bmatrix}\dot{x}_1\\ \dot{x}_2\\ \dot{x}_3\end{bmatrix}=\begin{bmatrix}0 & 1 & 0\\ 0 & 0 & 1\\ -9 & -7 & -3\end{bmatrix}\begin{bmatrix}x_1\\ x_2\\ x_3\end{bmatrix}+\begin{bmatrix}1\\ 0\\ 0\end{bmatrix}u$$

$$y=\begin{bmatrix}8 & 6 & 5\end{bmatrix}\begin{bmatrix}x_1\\ x_2\\ x_3\end{bmatrix}$$

上述方法的优点如下。

（1）方法简单，很容易实现；

（2）不需要物理变量，适合数学建模；

（3）可以很容易地建立传递函数和时域之间的联系；

（4）在很多情况下，仅凭观察就能得到矩阵 $\boldsymbol{A}$、$\boldsymbol{B}$、$\boldsymbol{C}$、$\boldsymbol{D}$。

上述方法的局限如下。

（1）由于相变量不是物理变量，失去了物理意义；

（2）不适合测量；

（3）从控制的观点看不合适；

（4）很难得到二阶或更高阶的导数；

（5）对系统分析帮助比较小。

另一种直接法如下。

为不失一般性，假设 $m=n$，则式（2.65）可以写为

$$G(s)=\frac{Y(s)}{U(s)}=b_n+\frac{b'_{n-1}s^{n-1}+b'_{n-2}s^{n-2}+\cdots+b'_1s+b'_0}{s^n+a_{n-1}s^{n-1}+\cdots+a_1s+a_0} \tag{2.66}$$

其中，$b'_i=b_i-b_na_i(i=0,1\cdots,n-1)$。令

$$\frac{Z(s)}{U(s)}=\frac{b'_{n-1}s^{n-1}+b'_{n-2}s^{n-2}+\cdots+b'_1s+b'_0}{s^n+a_{n-1}s^{n-1}+\cdots+a_1s+a_0} \tag{2.67}$$

将式（2.67）代入式（2.66），可得

$$Y(s)=Z(s)+b_nU(s) \tag{2.68}$$

引入新变量 $Y_1(s)$，并令

$$\frac{Y_1(s)}{U(s)}=\frac{1}{s^n+a_{n-1}s^{n-1}+\cdots+a_1s+a_0} \tag{2.69}$$

则由式（2.67）可得

$$\frac{Z(s)}{Y_1(s)}=b'_{n-2}s^{n-1}+b'_{n-2}s^{n-2}+\cdots+b'_1s+b'_0 \tag{2.70}$$

将式（2.69）、式（2.70）分别进行拉氏反变换，可得

$$y_1^{(n)}+a_{n-1}y_1^{(n-1)}+\cdots+a_1y_1^{(1)}+a_0y_1=u(t) \tag{2.71}$$

$$z(t)=b'_{n-1}y_1^{(n-1)}+b'_{n-2}y_1^{(n-2)}+\cdots+b'_1y_1^{(1)}+b'_0y_1 \tag{2.72}$$

选择状态变量如下：

$$\begin{cases} x_1=y_1 \\ x_2=y_1^{(1)}=\dot{x}_1 \\ x_3=y_1^{(2)}=\dot{x}_2 \\ \quad\vdots \\ x_n=y_1^{(n-1)}=\dot{x}_{n-1} \end{cases}$$

即

$$\begin{cases} \dot{x}_1=x_2 \\ \dot{x}_2=x_3 \\ \dot{x}_3=x_4 \\ \quad\vdots \\ \dot{x}_n=y_1^{(n)} \end{cases}$$

则 $\dot{x}_n$ 为

$$
\begin{aligned}
\dot{x}_n &= y_1^{(n)} = -a_0 y_1 - a_1 y_1^{(1)} - \cdots - a_{n-1} y_1^{(n-1)} + u(t) \\
&= -a_0 x_1 - a_1 x_2 - \cdots - a_{n-1} x_n + u(t)
\end{aligned}
$$

得到的系统状态方程为

$$
\begin{cases}
\dot{x}_1 = x_2 \\
\dot{x}_2 = x_3 \\
\dot{x}_3 = x_4 \\
\quad \vdots \\
\dot{x}_{n-1} = x_n \\
\dot{x}_n = -a_0 x_1 - a_1 x_2 - \cdots - a_{n-1} x_n + u(t)
\end{cases}
\tag{2.73}
$$

对式（2.68）进行拉氏反变换，并代入式（2.72），可得系统的输出函数 y，即

$$
y = z + b_n u = b_0' x_1 + b_1' x_2 + \cdots + b_{n-1}' x_n + b_n u \tag{2.74}
$$

将式（2.73）和式（2.74）写成矢量形式，得到系统的动态方程为

$$
\begin{cases}
\dot{\boldsymbol{x}} = \begin{bmatrix} 0 & 1 & 0 & \cdots & 0 \\ 0 & 0 & 1 & \cdots & 0 \\ \vdots & \vdots & \vdots & & \vdots \\ 0 & 0 & 0 & \cdots & 1 \\ -a_0 & -a_1 & -a_2 & \cdots & -a_{n-1} \end{bmatrix} \boldsymbol{x} + \begin{bmatrix} 0 \\ 0 \\ \vdots \\ 0 \\ 1 \end{bmatrix} u \\
y = \begin{bmatrix} b_0' & b_1' & b_2' & \cdots & b_{n-1}' \end{bmatrix} \boldsymbol{x} + b_n u
\end{cases}
\tag{2.75}
$$

式（2.75）代表的系统实现的状态变量图如图 2-39 所示。这种系统的实现称作可控型（I 型）实现，关于可控型实现将在后续章节介绍。

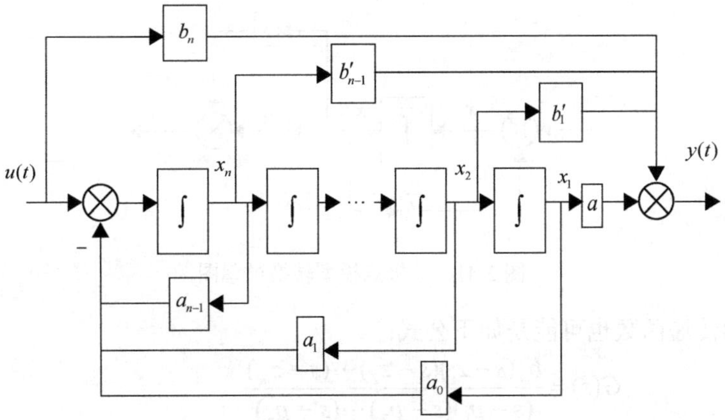

图 2-39　传递函数的直接法实现的状态变量图

可以看出，式（2.75）中的矩阵的特征多项式的系数 $a_{n-1}, a_{n-2}, \cdots, a_1, a_0$ 与矩阵的最后一行元素有对应关系，在数学上把式（2.75）所示形式的矩阵称为“底”友矩阵。

$$
\boldsymbol{A} = \begin{bmatrix} -a_0 & 1 & 0 & \cdots & 0 \\ -a_1 & 0 & 1 & \cdots & 0 \\ \vdots & \vdots & \vdots & & \vdots \\ -a_{n-2} & 0 & 0 & \cdots & 1 \\ -a_{n-1} & 0 & 0 & \cdots & 0 \end{bmatrix}
$$

上式被称为“左”友矩阵，类似的还有“顶”友矩阵、“右”友矩阵。

当式（2.66）中 $m<n$ 时，$b_n=0$，$b_i'=b_i(i=0,1,\cdots,m)$，这时式（2.75）可以直接根据传递函数的分子、分母多项式系数写出。当式（2.66）中 $m=0$，即系统没有零点时，上述实现方法中系统状态变量就是输出变量的各阶导数 $y^{(0)}, y^{(1)}, \cdots, y^{(n-1)}$。

2.9.2　零极点法

零极点法又称串联法。已知零极点模型为

$$\frac{s+a}{s+b} \tag{2.76}$$

零极点模型变换步骤如图 2-40 所示。

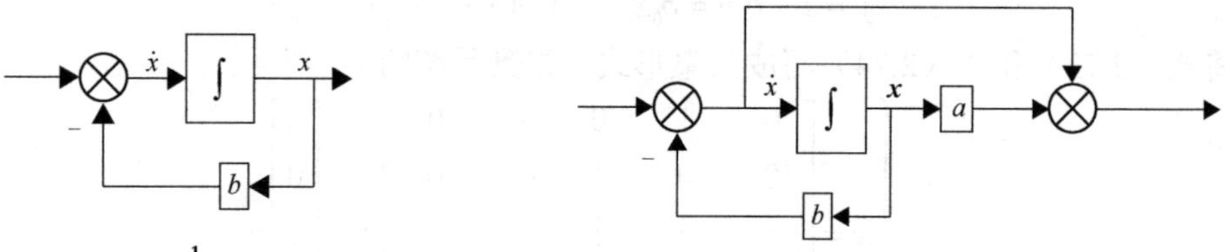

（a）$\frac{1}{s+b}$　　（b）$\frac{s+a}{s+b}$

图 2-40　零极点模型变换步骤

将图 2-40（b）中的积分环节前的分支点后移，即可得式（2.76）。零极点模型转换过程图如图 2-41 所示。

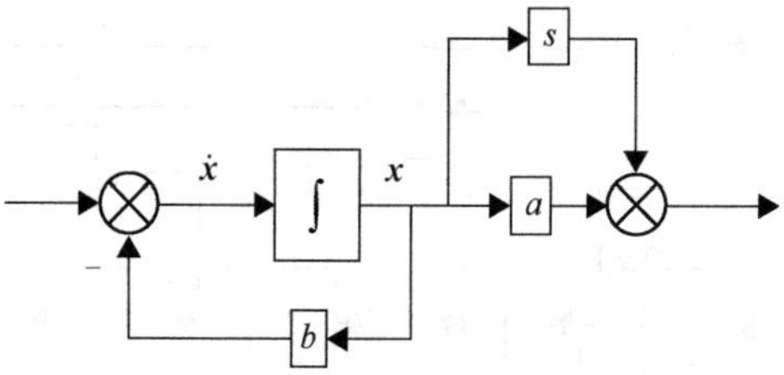

图 2-41　零极点模型转换过程图

串联实现的传递函数也可能是如下公式：

$$\begin{aligned} G(s) &= \frac{b_m(s-z_1)(s-z_2)\cdots(s-z_m)}{(s-p_1)(s-p_2)\cdots(s-p_n)} \\ &= \frac{s-z_1}{s-p_1}\bullet\cdots\bullet\frac{s-z_m}{s-p_m}\bullet\frac{b_m}{s-p_{m+1}}\bullet\cdots\bullet\frac{1}{s-p_n} \end{aligned} \tag{2.77}$$

式（2.77）代表的方块图如图 2-42 所示。

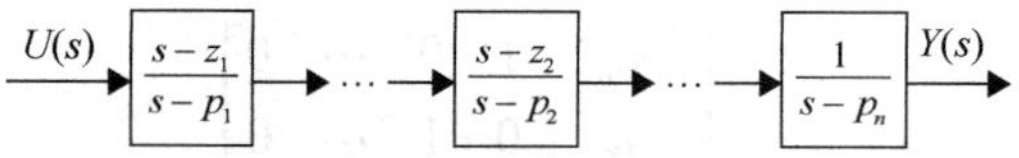

图 2-42　传递函数的串联实现方块图

对于式（2.77）中的第 1 项，可以整理为下式：

$$\frac{s-z_1}{s-p_1}=1+\frac{p_1-z_1}{s-p_1}=1+(p_1-z_1)\frac{\frac{1}{s}}{1-p_1\frac{1}{s}}$$

其余项也可以按类似方法进行整理，则式（2.77）可以转化为图 2-43 所示方块图。

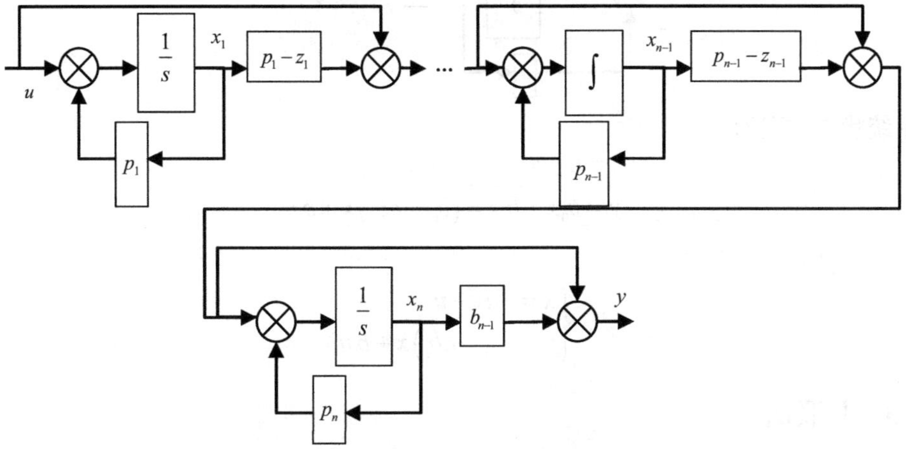

图 2-43　有重根的传递函数的串联实现方块图

【例 2-18】已知某电网络系统原理图如图 2-44 所示。试求：（1）用零极点模型表示的状态变量图；（2）图 2-44 对应的状态空间表达式。

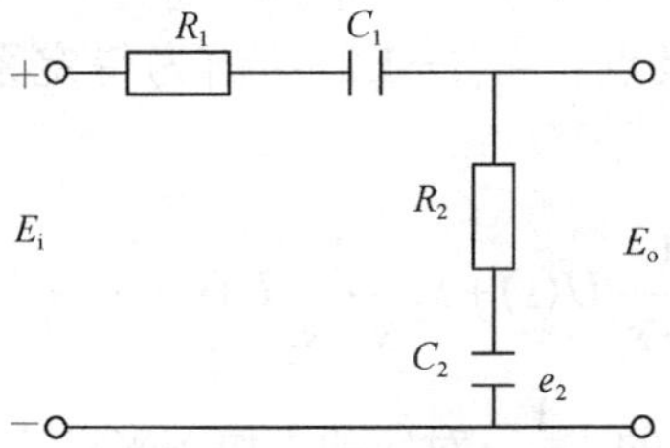

图 2-44　电网络系统原理图

解：把图 2-44 中的电阻和电容当成一个整体来考虑，则有

$$\frac{E_o}{E_i}=\frac{Z_2}{Z_1+Z_2}，\ Z_1=R_1+\frac{1}{C_1 s}，\ Z_2=R_2+\frac{1}{C_2 s}$$

则

$$\frac{E_o}{E_i}=\frac{R_2+\frac{1}{C_2 s}}{R_1+\frac{1}{C_1 s}+R_2+\frac{1}{C_2 s}}=\frac{C_1C_2R_2 s+C_1}{C_1C_2(R_1+R_2)s+C_1+C_2}$$

进一步整理为

$$\frac{E_o}{E_i}=\frac{\frac{R_2}{R_1+R_2}s+\frac{1}{C_2(R_1+R_2)}}{s+\frac{C_1+C_2}{C_1C_2(R_1+R_2)}}=\frac{b_1 s+b_0}{s+a}$$

根据图 2-40 有下图。

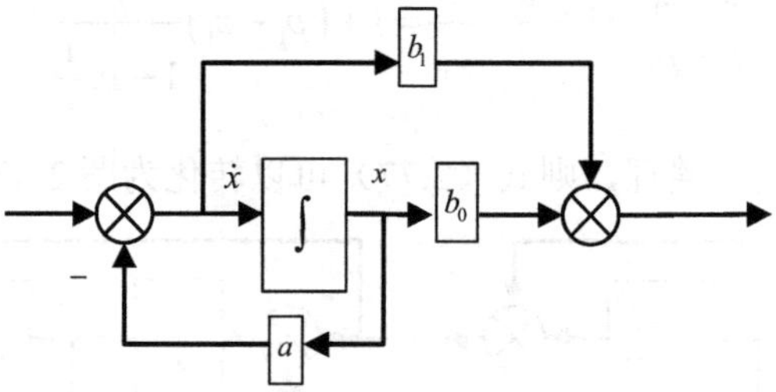

可得该系统状态方程为

$$\dot{x} = u - ax = -ax + u$$
$$y = b_0 x + b_1 \dot{x} = \left(b_0 - ab_1\right)x + b_1 u$$

即

$$\begin{cases} \dot{x} = -ax + u \\ y = \left(b_0 - ab_1\right)x + b_1 u \end{cases}$$

2.9.3 并联法

1．控制系统传递函数的极点为两两相异

式（2.65）可化为部分分式的形式：

$$G(s) = \frac{Y(s)}{U(s)} = \frac{k_1}{s - s_1} + \frac{k_2}{s - s_2} + \cdots + \frac{k_n}{s - s_n}$$

其中，$s_1, \cdots, s_n$ 为两两相异的极点；$k_i\left(i = 1, 2, \cdots, n\right)$ 为待定系数，且 $k_i = \lim\limits_{s \to s_i} G(s)(s - s_i)$，所以有

$$Y(s) = k_1 \frac{1}{s - s_1} U(s) + k_2 \frac{1}{s - s_2} U(s) + \cdots + k_n \frac{1}{s - s_n} U(s)$$

其中每一项都可以用图 2-45 中的 $\dfrac{1}{s + a_1}$ 对应的方块图来描述，传递函数的并联实现结构等效图如图 2-45 所示。

根据图 2-45，我们可以按如下方法选择状态变量。

令 $z_i(s) = \dfrac{1}{s - s_i} U(s)$，$i = 1, \cdots, n$ 为状态变量的拉氏变换式，由此可得

$$\begin{cases} z_1(s) = \dfrac{1}{s - s_1} U(s) \\ z_2(s) = \dfrac{1}{s - s_2} U(s) \\ \quad \vdots \\ z_{n-1}(s) = \dfrac{1}{s - s_{n-1}} U(s) \\ z_n(s) = \dfrac{1}{s - s_n} U(s) \end{cases}$$

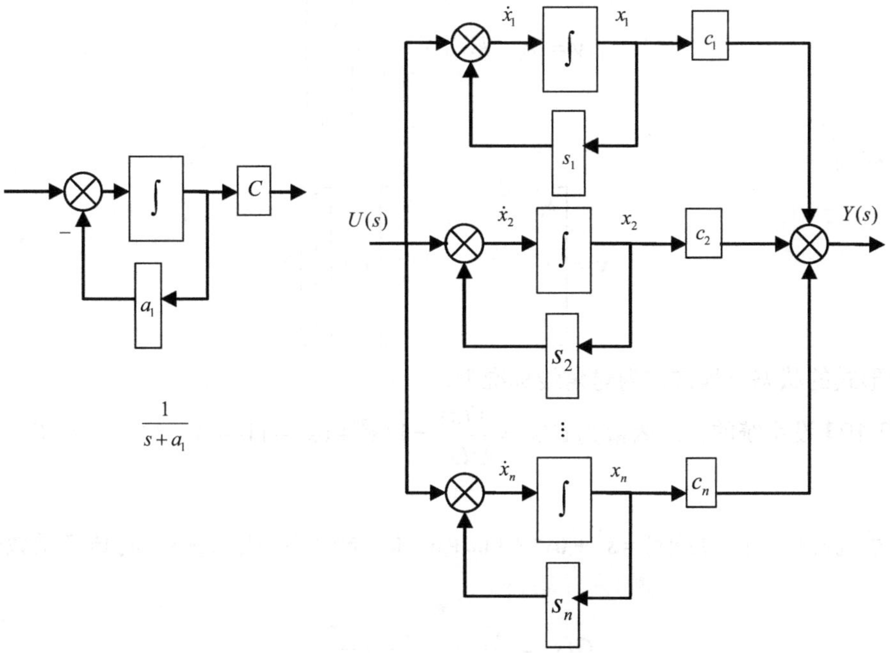

图 2-45　传递函数的并联实现结构等效图

将上式转化为状态变量的一阶方程组：

$$\begin{cases} sz_1(s) = s_1 z_1(s) + U(s) \\ sz_2(s) = s_2 z_2(s) + U(s) \\ \quad\vdots \\ sz_n(s) = s_n z_n(s) + U(s) \end{cases}$$

及

$$Y(s) = k_1 z_1(s) + k_2 z_2(s) + \cdots + k_n z_n(s)$$

对上面各式进行拉氏反变换得

$$\begin{cases} \dot{x}_1 = s_1 x_1 + u \\ \dot{x}_2 = s_2 x_2 + u \\ \quad\vdots \\ \dot{x}_{n-1} = s_{n-1} x_{n-1} + u \\ \dot{x}_n = s_n x_n + u \end{cases}$$

$$y = k_1 x_1 + k_2 x_2 + \cdots + k_n x_n$$

将其整理成矩阵的形式为

$$\begin{bmatrix} \dot{x}_1 \\ \dot{x}_2 \\ \vdots \\ \dot{x}_n \end{bmatrix} = \begin{bmatrix} s_1 & & & \\ & s_2 & & \\ & & \ddots & \\ & & & s_n \end{bmatrix} \begin{bmatrix} x_1 \\ x_2 \\ \vdots \\ x_n \end{bmatrix} + \begin{bmatrix} 1 \\ 1 \\ \vdots \\ 1 \end{bmatrix} u$$

$$y=\begin{bmatrix}k_1 & k_2 & \cdots & k_n\end{bmatrix}\begin{bmatrix}x_1\\x_2\\\vdots\\x_n\end{bmatrix}$$

即状态方程为

$$\dot{\boldsymbol{x}}=\begin{bmatrix}s_1 & & & \\ & s_2 & & \\ & & \ddots & \\ & & & s_n\end{bmatrix}\boldsymbol{x}+\begin{bmatrix}1\\1\\\vdots\\1\end{bmatrix}u$$

这种形式的状态方程被称为对角线标准型。

【例 2-19】 设系统的传递函数为 $G(s)=\dfrac{Y(s)}{U(s)}=1/s^3+6s^2+11s+6$，试求该系统状态空间表达式。

解：系统特征方程为 $D(s)=s^3+6s^2+11s+6=0$，极点为 $-1,-2,-3$，将传递函数分解成部分分式：

$$G(s)=\frac{c_1}{s+1}+\frac{c_2}{s+2}+\frac{c_3}{s+3}$$

其中，$c_1=\lim\limits_{s\to-1}G(s)(s+1)=\dfrac{1}{2}$，$c_2=\lim\limits_{s\to-2}G(s)(s+2)=-1$，$c_3=\lim\limits_{s\to-3}G(s)(s+3)=\dfrac{1}{2}$。

因此，该系统状态空间表达式为

$$\begin{bmatrix}\dot{x}_1\\\dot{x}_2\\\dot{x}_3\end{bmatrix}=\begin{bmatrix}-1 & 0 & 0\\0 & -2 & 0\\0 & 0 & -3\end{bmatrix}\begin{bmatrix}x_1\\x_2\\x_3\end{bmatrix}+\begin{bmatrix}1\\1\\1\end{bmatrix}u$$

$$y=\begin{bmatrix}\frac{1}{2} & -1 & \frac{1}{2}\end{bmatrix}\begin{bmatrix}x_1\\x_2\\x_3\end{bmatrix}$$

【例 2-20】 将下列传递函数整理成对角线标准型，并绘制出其并联形式表示的状态变量图。

$$\frac{s^2+4}{(s+1)(s+2)(s+3)}$$

解：系统传递函数可以整理为

$$\frac{s^2+4}{(s+1)(s+2)(s+3)}=\frac{2.5}{s+1}-\frac{8}{s+2}+\frac{6.5}{s+3}$$

系统的状态空间表达式为

$$\dot{\boldsymbol{x}}=\boldsymbol{A}\boldsymbol{x}+\boldsymbol{B}u$$

$$y=\boldsymbol{C}\boldsymbol{x}+\boldsymbol{D}u$$

$$\boldsymbol{A}=\begin{bmatrix}-1 & 0 & 0\\0 & -2 & 0\\0 & 0 & -3\end{bmatrix},\ \boldsymbol{B}=\begin{bmatrix}1\\1\\1\end{bmatrix}$$

$$\boldsymbol{C}=\begin{bmatrix}2.5 & -8 & 6.5\end{bmatrix},\boldsymbol{D}=\boldsymbol{0}$$

系统状态变量图如图 2-46 所示。

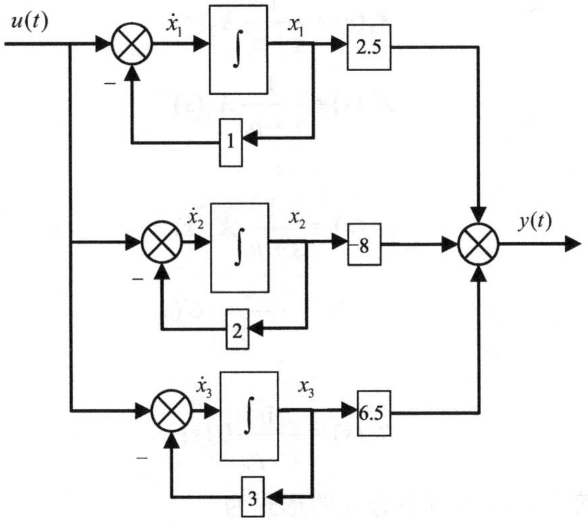

图 2-46　系统状态变量图

2．控制系统传递函数的极点为重根

假设 p_1 为 r 重极点，其余 $p_i\left(i=r+1,r+2,\cdots,n\right)$ 为单极点，系统传递函数部分分式展开式为

$$G(s)=\frac{c_{11}}{\left(s+p_1\right)^r}+\frac{c_{12}}{\left(s+p_1\right)^{r-1}}+\cdots+\frac{c_{1r}}{s+p_1}+\frac{c_{r+1}}{s+p_{r+1}}+\cdots+\frac{c_n}{s+p_n}$$

对于 r 重极点，$c_{1j}\left(j=1,\cdots,r\right)$ 按下式计算：

$$c_{1j}=\lim_{s\to -p_1}\frac{1}{(j-1)!}\frac{\mathrm{d}^{(j-1)}}{\mathrm{d}s^{(j-1)}}\left[(s+p_1)^r G(s)\right]$$

对于单极点 $p_i\left(i=r+1,\cdots,n\right)$ 则有

$$c_i=\lim_{s\to -p_i}(s+p_i)G(s)$$

选择系统状态变量并对其进行拉氏变换为

$$X_1(s)=\frac{1}{\left(s+p_1\right)^r}U(s)$$

$$X_2(s)=\frac{1}{\left(s+p_1\right)^{r-1}}U(s)$$

$$\vdots$$

$$X_r(s)=\frac{1}{s+p_1}U(s)$$

$$X_{r+1}(s)=\frac{1}{s+p_{r+1}}U(s)$$

$$\vdots$$

$$X_n(s)=\frac{1}{s+p_n}U(s)$$

进一步可以整理为

$$
\begin{aligned}
X_1(s) &= \frac{1}{s+p_1} X_2(s) \\
X_2(s) &= \frac{1}{s+p_1} X_3(s) \\
&\vdots \\
X_r(s) &= \frac{1}{s+p_1} X_r(s) \\
X_{r+1}(s) &= \frac{1}{s+p_{r+1}} U(s) \\
&\vdots \\
X_n(s) &= \frac{1}{s+p_n} U(s)
\end{aligned}
$$

对上式取拉氏反变换，写成状态方程的形式为

$$
\begin{cases}
\dot{x}_1 = -p_1 x_1 + x_2 \\
\dot{x}_2 = -p_1 x_2 + x_3 \\
\qquad \vdots \\
\dot{x}_{r-1} = -p_1 x_{r-1} + x_r \\
\dot{x}_r = -p_1 x_r + u \\
\dot{x}_{r+1} = -p_{r+1} x_{r+1} + u \\
\qquad \vdots \\
\dot{x}_n = -p_n x_n + u
\end{cases}
$$

输出方程的拉氏变换式为

$$
Y(s) = c_{11}X_1(s) + c_{12}X_2(s) + \cdots + c_{1r}X_r(s) + c_{r+1}X_{r+1}(s) + \cdots + c_n X_n(s)
$$

由拉氏反变换得系统输出方程为

$$
y = c_{11}x_1 + c_{12}x_2 + \cdots + c_{1r}x_r + c_{r+1}x_{r+1} + \cdots + c_n x_n
$$

综上所述，系统的状态空间表达式为

$$
\begin{bmatrix} \dot{x}_1 \\ \dot{x}_2 \\ \vdots \\ \dot{x}_{r+1} \\ \dot{x}_r \\ \dot{x}_{r+1} \\ \vdots \\ \dot{x}_n \end{bmatrix}
=
\begin{bmatrix}
-p_1 & 1 & & & & & & \\
 & -p_1 & 1 & & & & & \\
 & & \ddots & \ddots & & & & \\
 & & & -p_1 & 1 & & & \\
 & & & & -p_1 & & & \\
 & & & & & -p_{r+1} & & \\
 & & & & & & \ddots & \\
 & & & & & & & -p_n
\end{bmatrix}
\begin{bmatrix} x_1 \\ x_2 \\ \vdots \\ x_{r-1} \\ x_r \\ x_{r+1} \\ \vdots \\ x_n \end{bmatrix}
+
\begin{bmatrix} 0 \\ 0 \\ \vdots \\ 0 \\ 1 \\ 1 \\ \vdots \\ 1 \end{bmatrix} u
$$

$$y=\begin{bmatrix} c_{11} & c_{12} & \cdots & c_{1(r-1)} & c_{1r} & c_{r+1} & \cdots & c_n \end{bmatrix}\begin{bmatrix} x_1 \\ x_2 \\ \vdots \\ x_r \\ x_{r+1} \\ \vdots \\ x_n \end{bmatrix}$$

【例 2-21】已知系统传递函数为$G(s)=5/\left(s^3+4s^2+5s+2\right)$，试用部分分式法求其状态空间表达式。

解：系统的特征方程为

$$D(s)=s^3+4s^2+5s+2=\left(s+1\right)^2\left(s+2\right)=0$$

$G(s)$的部分分式为

$$G(s)=\frac{c_{11}}{(s+1)^2}+\frac{c_{12}}{s+1}+\frac{c_2}{s+2}$$

其中

$$c_{11}=\lim_{s\to -1}G(s)(s+1)^2=5$$

$$c_{12}=\lim_{s\to -1}\frac{\mathrm{d}}{\mathrm{d}s}[G(s)(s+1)^2]=-5$$

$$c_2=\lim_{s\to -2}G(s)(s+2)=5$$

则该系统的状态空间表达式为

$$\begin{bmatrix} \dot{x}_1 \\ \dot{x}_2 \\ \dot{x}_3 \end{bmatrix}=\begin{bmatrix} -1 & 1 & 0 \\ 0 & -1 & 0 \\ 0 & 0 & -2 \end{bmatrix}\begin{bmatrix} x_1 \\ x_2 \\ x_3 \end{bmatrix}+\begin{bmatrix} 0 \\ 1 \\ 1 \end{bmatrix}u$$

$$y=\begin{bmatrix} 5 & -5 & 5 \end{bmatrix}\begin{bmatrix} x_1 \\ x_2 \\ x_3 \end{bmatrix}$$

【例 2-22】某系统传递函数如下，求该系统并联实现的状态空间表达式。

$$G(s)=\frac{4s^2+10s+5}{s^3+5s^2+8s+4}$$

解：传递函数的分母可分解为$\left(s+2\right)^2\left(s+1\right)$，所以：

$$G(s)=\frac{4s^2+10s+5}{(s+2)^2(s+1)}=\frac{c_{11}}{s+2}+\frac{c_{12}}{(s+2)^2}+\frac{c_3}{s+1}$$

其中

$$c_{12}=\lim_{x\to -2}(s+2)^2G(s)=-1$$

$$c_{11}=\frac{1}{(2-1)!}\lim_{s\to -2}\frac{\mathrm{d}^{(2-1)}}{\mathrm{d}s^{(2-1)}}[(s+2)^2G(s)]=\lim_{s\to -2}\frac{\mathrm{d}}{\mathrm{d}s}\left[\frac{4s^2+10s+5}{(s+1)}\right]=5$$

$$c_3 = \lim_{s \to -1}(s+1)G(s) = \lim_{s \to -1}\frac{4s^2+10s+5}{(s+2)^2} = -1$$

所以系统并联实现的状态空间表达式为

$$\begin{cases} \dot{\boldsymbol{x}} = \begin{bmatrix} -2 & 1 & 0 \\ 0 & -2 & 0 \\ 0 & 0 & -1 \end{bmatrix}\boldsymbol{x} + \begin{bmatrix} 0 \\ 1 \\ 1 \end{bmatrix}u \\ y = [-1 \quad 5 \quad -1]\boldsymbol{x} \end{cases}$$

实际上，c_{11}、c_{12}和c_3也可以用待定系数法来求，而且将极限法和待定系数法结合，可以大大减少计算量。例如，该例中c_{12}和c_3可以通过极限法简单求得，而c_{11}可以通过待定系数法求得，即

$$\begin{aligned} G(s) &= \frac{c_{11}}{s+2} + \frac{-1}{(s+2)^2} + \frac{-1}{s+1} \\ &= \frac{(c_{11}-1)s^2 + (3c_{11}-5)s + 2c_{11} - 5}{(s+2)^2(s+1)} \\ &= \frac{4s^2+10s+5}{s^3+5s^2+8s+4} \end{aligned}$$

利用对应项相等，即可求得c_{11}的值。

2.10 系统状态空间表达式与传递函数阵

2.10.1 由状态空间模型求传递函数阵

上文已经介绍了单输入单输出系统根据传递函数求系统的状态空间模型，下文将介绍怎样根据已知的状态空间模型求系统的传递函数。

已知多输入多输出线性定常系统的状态空间模型为

$$\begin{cases} \dot{\boldsymbol{x}} = \boldsymbol{Ax} + \boldsymbol{Bu} \\ \boldsymbol{y} = \boldsymbol{Cx} + \boldsymbol{Du} \end{cases}$$

其中，$\boldsymbol{x}$为n维状态向量；$\boldsymbol{u}$为r维输入向量；$\boldsymbol{y}$为m维输出向量。

对上式取拉氏变换，有

$$\begin{cases} s\boldsymbol{X}(s) - \boldsymbol{x}(0) = \boldsymbol{AX}(s) + \boldsymbol{BU}(s) \\ \boldsymbol{Y}(s) = \boldsymbol{CX}(s) + \boldsymbol{DU}(s) \end{cases} \tag{2.78}$$

其中，$\boldsymbol{X}(s)$、$\boldsymbol{U}(s)$、$\boldsymbol{Y}(s)$分别为状态向量$\boldsymbol{x}(t)$、输入向量$\boldsymbol{u}(t)$和输出向量$\boldsymbol{y}(t)$的拉氏变换；$\boldsymbol{x}(0)$为状态向量$\boldsymbol{x}(t)$在$t=0$时刻的初始状态值。

由于传递函数阵描述的是系统输入到输出间的动态传递关系，与系统的状态变量初始条件无关，因此令$\boldsymbol{x}(0)=\boldsymbol{0}$，于是状态方程的拉氏变换可表示为

$$s\boldsymbol{X}(s) = \boldsymbol{AX}(s) + \boldsymbol{BU}(s)$$

或

$$\boldsymbol{X}(s) = (s\boldsymbol{I} - \boldsymbol{A})^{-1}\boldsymbol{BU}(s)$$

将上式代入式（2.78），则有

$$\boldsymbol{Y}(s)=[\boldsymbol{C}(s\boldsymbol{I}-\boldsymbol{A})^{-1}\boldsymbol{B}+\boldsymbol{D}]\boldsymbol{U}(s)$$

因此，该线性定常系统的传递函数阵为

$$\boldsymbol{G}(\mathrm{s})=\boldsymbol{C}(s\boldsymbol{I}-\boldsymbol{A})^{-1}\boldsymbol{B}+\boldsymbol{D}$$

对于输入与输出间无直接关联（即 $\boldsymbol{D}=\mathbf{0}$ ）的系统，则有

$$\boldsymbol{G}(s)=\boldsymbol{C}(s\boldsymbol{I}-\boldsymbol{A})^{-1}\boldsymbol{B}$$

对于单输入单输出系统，则传递函数可以写为

$$G(s)=\boldsymbol{c}\left(s\boldsymbol{I}-\boldsymbol{A}\right)^{-1}\boldsymbol{B}+d=\boldsymbol{c}\frac{\operatorname{adj}\left(s\boldsymbol{I}-\boldsymbol{A}\right)}{\left|s\boldsymbol{I}-\boldsymbol{A}\right|}\boldsymbol{B}+d$$

经典控制理论中的传递函数为

$$G(s)=\frac{Y\left(s\right)}{U\left(s\right)}=\frac{b_0s^n+b_1s^{n-1}+\cdots+b_{n-1}s+b_n}{s^n+a_1s^{n-1}+\cdots+a_{n-1}s+a_n}$$

将上两式进行比较，可以看出，当系统的传递函数无零极点对消时有：

（1）系统矩阵 $\boldsymbol{A}$ 的特征多项式等于传递函数的分母多项式；

（2）传递函数的极点就是矩阵 $\boldsymbol{A}$ 的特征值。

下文将对“系统矩阵 $\boldsymbol{A}$ 的特征多项式等于传递函数的分母多项式”进行证明。

设 n 阶线性系统的传递函数为

$$G(s)=\frac{Y(s)}{U(s)}=\frac{b_1s^{n-1}+\cdots+b_{n-1}s+b_n}{s^n+a_1s^{n-1}+\cdots+a_{n-1}s+a_n}$$

引入一个中间变量 $z(t)$ （其拉氏变换为 $Z(s)$ ），则以上传递函数可写为

$$\begin{aligned}G(s)&=\frac{Y(s)}{U(s)}=\frac{Y(s)}{Z(s)}\frac{Z(s)}{U(s)}\\&=(b_1s^{n-1}+\cdots+b_{n-1}s+b_n)\frac{1}{s^n+a_1s^{n-1}+\cdots+a_{n-1}s+a_n}\end{aligned}$$

令

$$\frac{Z(s)}{U(s)}=\frac{1}{s^n+a_1s^{n-1}+\cdots+a_{n-1}s+a_n}$$

则

$$\frac{Y(s)}{Z(s)}=b_1s^{n-1}+\cdots+b_{n-1}s+b_n$$

其微分方程为

$$\begin{aligned}&z^{(n)}+a_1z^{(n-1)}+\cdots+a^{n-1}\dot{z}+a_nz=u\\&y=b_1z^{(n-1)}+\cdots+b_{n-1}\dot{z}+b_nz\end{aligned}$$

上式表示的系统可认为输入函数中不含导数项，因此可选取状态变量为

$$\begin{cases}x_1=z\\x_2=\dot{z}\\\quad\vdots\\x_n=z^{(n-1)}\end{cases}$$

则有

$$
\begin{cases}
\dot{x}_1 = x_2 \\
\dot{x}_2 = x_3 \\
\quad \vdots \\
\dot{x}_n = -a_n x_1 - a_{n-1} x_2 - \cdots - a_1 x_n + u
\end{cases}
$$

输出方程为

$$
y = b_n x_1 + b_{n-1} x_2 + \cdots + b_2 x_{n-1} + b_1 x_n
$$

将其写成向量矩阵形式，即系统的状态空间表达式为

$$
\begin{cases}
\dot{\boldsymbol{x}} = \boldsymbol{Ax} + \boldsymbol{b}u \\
y = \boldsymbol{cx}
\end{cases}
$$

其中

$$
\boldsymbol{A} = \begin{bmatrix} 0 & 1 & 0 & \cdots & 0 \\ 0 & 0 & 1 & \cdots & 0 \\ \vdots & \vdots & \vdots & & \vdots \\ 0 & 0 & 0 & \cdots & 1 \\ -a_n & -a_{n-1} & -a_{n-2} & \cdots & -a_1 \end{bmatrix}, \quad \boldsymbol{b} = \begin{bmatrix} 0 \\ 0 \\ \vdots \\ 0 \\ 1 \end{bmatrix}
$$

$$
\boldsymbol{c} = \begin{bmatrix} b_n & b_{n-1} & b_{n-2} & \cdots & b_1 \end{bmatrix}
$$

可见，系统的状态空间表达式和其传递函数的分子和分母系数之间有一一对应的关系。“传递函数的极点就是矩阵 $\boldsymbol{A}$ 的特征值”的概念我们将在下文介绍。

【例 2-23】试用拉氏反变换法，求如下系统的传递函数。

$$
\begin{cases}
\dot{\boldsymbol{x}} = \begin{bmatrix} -5 & -1 \\ 3 & -1 \end{bmatrix} \boldsymbol{x} + \begin{bmatrix} 2 \\ 5 \end{bmatrix} u \\
y = \begin{bmatrix} 1 & 2 \end{bmatrix} \boldsymbol{x}
\end{cases}
$$

解：

$$
\boldsymbol{G}(s) = \boldsymbol{C}(s\boldsymbol{I} - \boldsymbol{A})^{-1}\boldsymbol{B} = \begin{bmatrix} 1 & 2 \end{bmatrix} \begin{bmatrix} s+5 & 1 \\ -3 & s+1 \end{bmatrix}^{-1} \begin{bmatrix} 2 \\ 5 \end{bmatrix}
$$

$$
= \frac{\begin{bmatrix} 1 & 2 \end{bmatrix}}{(s+2)(s+4)} \begin{bmatrix} s+1 & -1 \\ 3 & s+5 \end{bmatrix} \begin{bmatrix} 2 \\ 5 \end{bmatrix} = \frac{12s+59}{(s+2)(s+4)}
$$

本题涉及矩阵求逆，利用矩阵求逆的公式求解比较方便。

2.10.2 组合系统的状态空间模型和传递函数阵

许多复杂的生产过程与设备的系统结构可以等效为多个子系统的组合结构，这些组合结构可以由并联、串联和反馈三种基本组合连接的形式来表示。下面讨论由这三种基本组合连接形式构成的状态空间模型和传递函数阵。

1. 并联连接

并联连接组合系统状态变量图如图 2-47 所示。

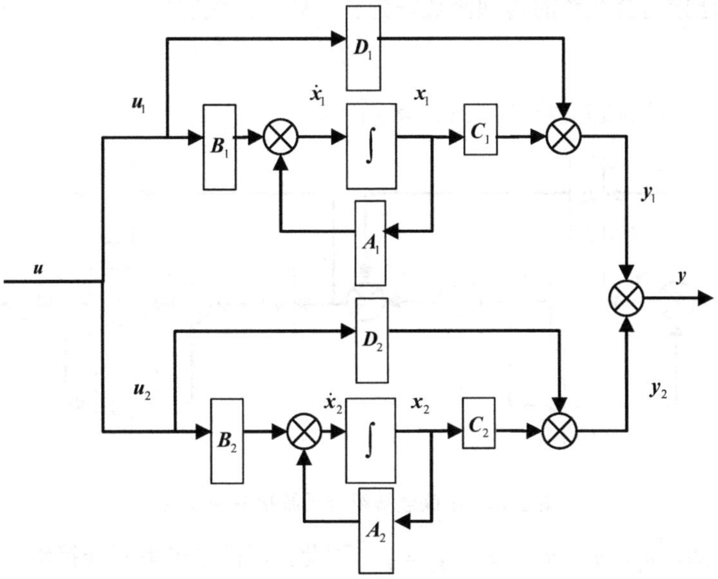

图 2-47　并联连接组合系统状态变量图

与图 2-47 所示的并联连接组合系统相对应的两个子系统的传递函数阵为

$$\boldsymbol{G}_1(s)=\boldsymbol{C}_1(s\boldsymbol{I}-\boldsymbol{A}_1)^{-1}\boldsymbol{B}_1+\boldsymbol{D}_1$$

$$\boldsymbol{G}_2(s)=\boldsymbol{C}_2(s\boldsymbol{I}-\boldsymbol{A}_2)^{-1}\boldsymbol{B}_2+\boldsymbol{D}_2$$

其对应的状态空间模型分别为

$$\begin{cases}\dot{\boldsymbol{x}}_1=\boldsymbol{A}_1\boldsymbol{x}_1+\boldsymbol{B}_1\boldsymbol{u}_1\\ \boldsymbol{y}_1=\boldsymbol{C}_1\boldsymbol{x}_1+\boldsymbol{D}_1\boldsymbol{u}_1\end{cases}$$

$$\begin{cases}\dot{\boldsymbol{x}}_2=\boldsymbol{A}_2\boldsymbol{x}_2+\boldsymbol{B}_2\boldsymbol{u}_2\\ \boldsymbol{y}_2=\boldsymbol{C}_2\boldsymbol{x}_2+\boldsymbol{D}_2\boldsymbol{u}_2\end{cases}$$

由图 2-47 可知，$\boldsymbol{u}_1=\boldsymbol{u}_2=\boldsymbol{u}$，$\boldsymbol{y}_1+\boldsymbol{y}_2=\boldsymbol{y}$。因此，推导出并联连接组合系统的状态空间模型为

$$\begin{bmatrix}\dot{\boldsymbol{x}}_1\\ \dot{\boldsymbol{x}}_2\end{bmatrix}=\begin{bmatrix}\boldsymbol{A}_1 & \boldsymbol{0}\\ \boldsymbol{0} & \boldsymbol{A}_2\end{bmatrix}\begin{bmatrix}\boldsymbol{x}_1\\ \boldsymbol{x}_2\end{bmatrix}+\begin{bmatrix}\boldsymbol{B}_1\\ \boldsymbol{B}_2\end{bmatrix}\boldsymbol{u}$$

$$\boldsymbol{y}=\boldsymbol{C}_1\boldsymbol{x}_1+\boldsymbol{D}_1\boldsymbol{u}_1+\boldsymbol{C}_2\boldsymbol{x}_2+\boldsymbol{D}_2\boldsymbol{u}_2=[\boldsymbol{C}_1\quad \boldsymbol{C}_2]\begin{bmatrix}\boldsymbol{x}_1\\ \boldsymbol{x}_2\end{bmatrix}+(\boldsymbol{D}_1+\boldsymbol{D}_2)\boldsymbol{u}$$

由上述状态空间模型可知，并联连接组合系统的状态变量的维数为子系统的状态变量的维数之和。根据组合系统的状态空间模型可求得组合系统的传递函数阵为

$$\begin{aligned}\boldsymbol{G}(s)&=[\boldsymbol{C}_1\quad \boldsymbol{C}_2]\left[s\boldsymbol{I}-\begin{bmatrix}\boldsymbol{A}_1 & \boldsymbol{0}\\ \boldsymbol{0} & \boldsymbol{A}_2\end{bmatrix}\right]^{-1}\begin{bmatrix}\boldsymbol{B}_1\\ \boldsymbol{B}_2\end{bmatrix}+(\boldsymbol{D}_1+\boldsymbol{D}_2)\\ &=[\boldsymbol{C}_1\quad \boldsymbol{C}_2]\begin{bmatrix}(s\boldsymbol{I}-\boldsymbol{A}_1)^{-1} & \boldsymbol{0}\\ \boldsymbol{0} & (s\boldsymbol{I}-\boldsymbol{A}_2)^{-1}\end{bmatrix}\begin{bmatrix}\boldsymbol{B}_1\\ \boldsymbol{B}_2\end{bmatrix}+(\boldsymbol{D}_1+\boldsymbol{D}_2)\\ &=[\boldsymbol{C}_1(s\boldsymbol{I}-\boldsymbol{A}_1)^{-1}\boldsymbol{B}_1+\boldsymbol{D}_1]+[\boldsymbol{C}_2((s\boldsymbol{I}-\boldsymbol{A}_2)^{-1}\boldsymbol{B}_2+\boldsymbol{D}_2]\\ &=\boldsymbol{G}_1(s)+\boldsymbol{G}_2(s)\end{aligned}$$

因此，并联连接组合系统的传递函数阵为各并联子系统的传递函数阵之和。

2. 串联连接

串联连接组合系统状态变量图如图 2-48 所示。

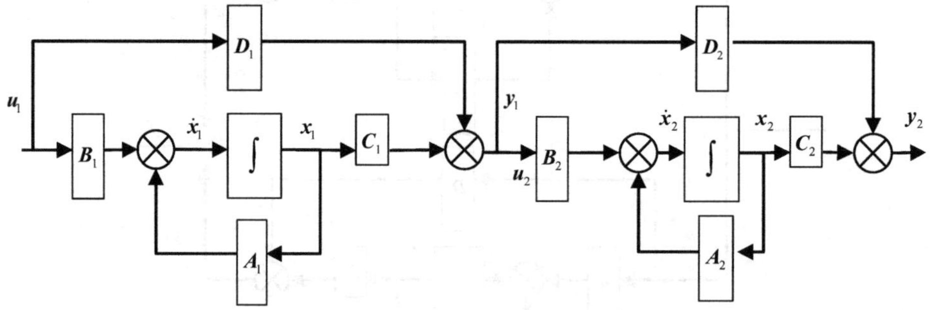

图 2-48　串联连接组合系统状态变量图

从图 2-48 可知，$u_1 = u$、$u_2 = y_1$、$y_2 = y$，因此，可推导出串联连接组合系统的状态空间模型为

$$\dot{x}_1 = A_1 x_1 + B_1 u_1 = A_1 x_1 + B_1 u$$

$$\dot{x}_2 = A_2 x_2 + B_2 u_2 = A_2 x_2 + B_2 y_1 = A_2 x_2 + B_2(C_1 x_1 + D_1 u_1)$$

$$= B_2 C_1 x_1 + A_2 x_2 + B_2 D_1 u$$

$$y = y_2 = C_2 x_2 + D_2 u_2 = C_2 x_2 + D_2(C_1 x_1 + D_1 u_1)$$

$$= D_2 C_1 x_1 + C_2 x_2 + D_2 D_1 u$$

则有

$$\begin{cases} \begin{bmatrix} \dot{x}_1 \\ \dot{x}_2 \end{bmatrix} = \begin{bmatrix} A_1 & 0 \\ B_2 C_1 & A_2 \end{bmatrix} \begin{bmatrix} x_1 \\ x_2 \end{bmatrix} + \begin{bmatrix} B_1 \\ B_2 D_1 \end{bmatrix} u \\ y = \begin{bmatrix} D_2 C_1 & C_2 \end{bmatrix} \begin{bmatrix} x_1 \\ x_2 \end{bmatrix} + D_2 D_1 u \end{cases}$$

由串联连接组合系统的状态空间模型可求得组合系统的传递函数阵为

$$G(s) = \begin{bmatrix} D_2 C_1 & C_2 \end{bmatrix} \begin{bmatrix} sI - \begin{bmatrix} A_1 & 0 \\ B_2 C_1 & A_2 \end{bmatrix} \end{bmatrix}^{-1} \begin{bmatrix} B_1 \\ B_2 D_1 \end{bmatrix} + D_2 D_1$$

$$= \begin{bmatrix} D_2 C_1 & C_2 \end{bmatrix} \begin{bmatrix} (sI - A_2)^{-1} & 0 \\ (sI - A_2)^{-1} B_2 C_1 (sI - A_1)^{-1} & (sI - A_2)^{-1} \end{bmatrix} \begin{bmatrix} B_1 \\ B_2 D_1 \end{bmatrix} + D_2 D_1$$

$$= D_2 C_1 (sI - A_1)^{-1} B_1 + C_2 (sI - A_2)^{-1} B_2 C_1 (sI - A_1)^{-1} B_1 + C_2 (sI - A_2)^{-1} B_2 D_1 + D_2 D_1 \quad (2.79)$$

$$= [C_2 (sI - A_2)^{-1} + B_2 + D_2][C_1 (sI - A_1)^{-1} B_1 + D_1]$$

$$= G_2(s) G_1(s)$$

因此，串联连接组合系统的传递函数阵为串联系统各子系统的传递函数阵的顺序乘积。应当注意，由于矩阵不满足乘法交换律，故在式（2.79）中 $G_1(s)$ 和 $G_2(s)$ 的位置不能颠倒，它们的顺序与它们在系统中串联连接的顺序一致。

3．反馈连接

反馈连接组合系统状态变量图，如图 2-49 所示。

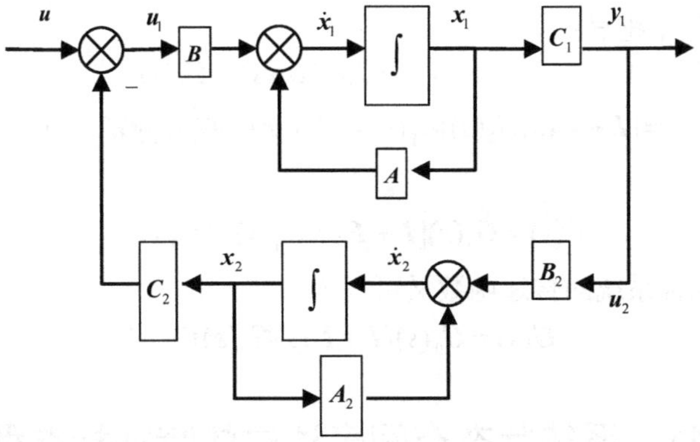

图 2-49　反馈连接组合系统状态变量图

设与图 2-49 所示的反馈连接组合系统的两个子系统相对应的传递函数阵为

$$\boldsymbol{G}_0(s)=\boldsymbol{C}_1(s\boldsymbol{I}-\boldsymbol{A}_1)^{-1}\boldsymbol{B}_1$$
$$\boldsymbol{F}(s)=\boldsymbol{C}_2(s\boldsymbol{I}-\boldsymbol{A}_2)^{-1}\boldsymbol{B}_2$$

则其对应的状态空间模型分别为

$$\begin{cases}\dot{\boldsymbol{x}}_1=\boldsymbol{A}_1\boldsymbol{x}_1+\boldsymbol{B}_1\boldsymbol{u}_1\\ \boldsymbol{y}_1=\boldsymbol{C}_1\boldsymbol{x}_1\end{cases}$$
$$\begin{cases}\dot{\boldsymbol{x}}_2=\boldsymbol{A}_2\boldsymbol{x}_2+\boldsymbol{B}_2\boldsymbol{u}_2\\ \boldsymbol{y}_2=\boldsymbol{C}_2\boldsymbol{x}_2\end{cases}$$

由图 2-49 可知，$\boldsymbol{u}_1=\boldsymbol{u}-\boldsymbol{y}_2$，$\boldsymbol{u}_2=\boldsymbol{y}_1=\boldsymbol{y}$，因此，可推导出反馈连接组合系统的状态空间模型为

$$\dot{\boldsymbol{x}}_1=\boldsymbol{A}_1\boldsymbol{x}_1+\boldsymbol{B}_1\boldsymbol{u}_1=\boldsymbol{A}_1\boldsymbol{x}_1+\boldsymbol{B}_1(\boldsymbol{u}-\boldsymbol{y}_2)=\boldsymbol{A}_1\boldsymbol{x}_1-\boldsymbol{B}_1\boldsymbol{C}_2\boldsymbol{x}_2+\boldsymbol{B}_1\boldsymbol{u}$$
$$\dot{\boldsymbol{x}}_2=\boldsymbol{A}_2\boldsymbol{x}_2+\boldsymbol{B}_2\boldsymbol{u}_2=\boldsymbol{A}_2\boldsymbol{x}_2+\boldsymbol{B}_2\boldsymbol{y}_1=\boldsymbol{A}_2\boldsymbol{x}_2+\boldsymbol{B}_2\boldsymbol{C}_1\boldsymbol{x}_1$$
$$\boldsymbol{y}=\boldsymbol{y}_1=\boldsymbol{C}_1\boldsymbol{x}_1$$

则有

$$\begin{cases}\begin{bmatrix}\dot{\boldsymbol{x}}_1\\ \dot{\boldsymbol{x}}_2\end{bmatrix}=\begin{bmatrix}\boldsymbol{A}_1 & -\boldsymbol{B}_1\boldsymbol{C}_2\\ \boldsymbol{B}_2\boldsymbol{C}_1 & \boldsymbol{A}_2\end{bmatrix}\begin{bmatrix}\boldsymbol{x}_1\\ \boldsymbol{x}_2\end{bmatrix}+\begin{bmatrix}\boldsymbol{B}_1\\ \boldsymbol{0}\end{bmatrix}\boldsymbol{u}\\ \boldsymbol{y}=[\boldsymbol{C}_1\quad \boldsymbol{0}]\begin{bmatrix}\boldsymbol{x}_1\\ \boldsymbol{x}_2\end{bmatrix}\end{cases}$$

因此，反馈连接组合系统的状态变量的维数为子系统的状态变量的维数之和。

由图 2-49 可知：

$$\boldsymbol{Y}(s)=\boldsymbol{G}_0(s)\boldsymbol{U}_1(s)=\boldsymbol{G}_0(s)[\boldsymbol{U}(s)-\boldsymbol{Y}_2(s)]=\boldsymbol{G}_0(s)[\boldsymbol{U}(s)-\boldsymbol{F}(s)\boldsymbol{Y}(s)]$$

则有

$$[\boldsymbol{I}+\boldsymbol{G}_0(s)\boldsymbol{F}(s)]\boldsymbol{Y}(s)=\boldsymbol{G}_0(s)\boldsymbol{U}(s)$$

或

$$\boldsymbol{Y}(s)=[\boldsymbol{I}+\boldsymbol{G}_0(s)\boldsymbol{F}(s)]^{-1}\boldsymbol{G}_0(s)\boldsymbol{U}(s)$$

由此可得反馈连接组合系统的传递函数为

$$\boldsymbol{G}(s)=[\boldsymbol{I}+\boldsymbol{G}_0(s)\boldsymbol{F}(s)]^{-1}\boldsymbol{G}_0(s)$$

由图 2-49 还可做如下推导：

$$\begin{aligned}\boldsymbol{U}(s)&=\boldsymbol{Y}_2(s)+\boldsymbol{U}_1(s)=\boldsymbol{F}(s)\boldsymbol{G}_0(s)\boldsymbol{U}_1(s)+\boldsymbol{U}_1(s)\\&=[\boldsymbol{I}+\boldsymbol{F}(s)\boldsymbol{G}_0(s)]\boldsymbol{U}_1(s)=[\boldsymbol{I}+\boldsymbol{F}(s)\boldsymbol{G}_0(s)]\boldsymbol{G}_0^{-1}(s)\boldsymbol{Y}(s)\end{aligned}$$

故

$$\boldsymbol{Y}(s)=\boldsymbol{G}_0(s)[\boldsymbol{I}+\boldsymbol{F}(s)\boldsymbol{G}_0(s)]^{-1}\boldsymbol{U}(s)$$

因此，反馈连接组合系统的传递函数又可写为

$$\boldsymbol{G}(s)=\boldsymbol{G}_0(s)[\boldsymbol{I}+\boldsymbol{F}(s)\boldsymbol{G}_0(s)]^{-1}$$

2.11 系统状态空间表达式的特征标准型

在建立系统的状态空间模型时，状态变量的选择并不是唯一的，因而可以得到不同形式的状态空间表达式。不同状态变量之间有什么关系？不同状态空间表达式之间是否可以相互转化？能否得到状态空间表达式的标准型？这些相关问题将在本节得到解答。

2.11.1 系统状态的线性变换

设描述同一个状态空间的两个 n 维的状态变量分别为

$$\boldsymbol{x}=\begin{bmatrix}x_1 & x_2 & \cdots & x_n\end{bmatrix}^{\mathrm{T}},\quad \tilde{\boldsymbol{x}}=\begin{bmatrix}\tilde{x}_1 & \tilde{x}_2 & \cdots & \tilde{x}_n\end{bmatrix}^{\mathrm{T}}$$

由线性代数知识可知，$\boldsymbol{x}$ 和 $\tilde{\boldsymbol{x}}$ 之间存在如下变换关系 $\boldsymbol{x}=\boldsymbol{P}\tilde{\boldsymbol{x}}$，$\tilde{\boldsymbol{x}}=\boldsymbol{P}^{-1}\boldsymbol{x}$，其中

$$\boldsymbol{P}=\begin{bmatrix}p_{11} & p_{12} & \cdots & p_{1n}\\ p_{21} & p_{22} & \cdots & p_{2n}\\ \vdots & \vdots & & \vdots\\ p_{n1} & p_{n2} & \cdots & p_{nn}\end{bmatrix}\quad（\boldsymbol{P}\in\boldsymbol{R}^{n\times n}，n\times n\text{ 维的非奇异变换矩阵}）$$

由此可得如下线性方程组：

$$\begin{cases}x_1=p_{11}\tilde{x}_1+p_{12}\tilde{x}_2+\cdots+p_{1n}\tilde{x}_n\\ x_2=p_{21}\tilde{x}_1+p_{22}\tilde{x}_2+\cdots+p_{2n}\tilde{x}_n\\ \qquad\vdots\\ x_n=p_{n1}\tilde{x}_1+p_{n2}\tilde{x}_2+\cdots+p_{nn}\tilde{x}_n\end{cases}$$

$\tilde{x}_1,\cdots,\tilde{x}_n$ 的线性组合是 $x_1,\cdots,x_n$，这种组合具有唯一对应的关系。

我们将状态变量向量 $\boldsymbol{x}$ 与 $\tilde{\boldsymbol{x}}$ 之间的变换称为状态的线性变换（$\boldsymbol{P}$ 是非奇异的）。

设状态变量向量 $\boldsymbol{x}$ 下的状态空间模型为

$$\begin{cases}\dot{\boldsymbol{x}}=\boldsymbol{A}\boldsymbol{x}+\boldsymbol{B}\boldsymbol{u}\\ \boldsymbol{y}=\boldsymbol{C}\boldsymbol{x}+\boldsymbol{D}\boldsymbol{u}\end{cases}$$

通过非奇异线性变换 $\boldsymbol{x}=\boldsymbol{P}\tilde{\boldsymbol{x}}$ 或 $\tilde{\boldsymbol{x}}=\boldsymbol{P}^{-1}\boldsymbol{x}$，上式可变换为

$$\begin{cases}\dot{\tilde{\boldsymbol{x}}} = \boldsymbol{P}^{-1}\boldsymbol{A}\boldsymbol{P}\tilde{\boldsymbol{x}} + \boldsymbol{P}^{-1}\boldsymbol{B}\boldsymbol{u} \\ \boldsymbol{y} = \boldsymbol{C}\boldsymbol{P}\tilde{\boldsymbol{x}} + \boldsymbol{D}\boldsymbol{u}\end{cases} \text{或} \begin{cases}\dot{\tilde{\boldsymbol{x}}} = \tilde{\boldsymbol{A}}\tilde{\boldsymbol{x}} + \tilde{\boldsymbol{B}}\boldsymbol{u} \\ \boldsymbol{y} = \tilde{\boldsymbol{C}}\tilde{\boldsymbol{x}} + \tilde{\boldsymbol{D}}\boldsymbol{u}\end{cases}$$

其中

$$\tilde{\boldsymbol{A}} = \boldsymbol{P}^{-1}\boldsymbol{A}\boldsymbol{P}，\quad \tilde{\boldsymbol{B}} = \boldsymbol{P}^{-1}\boldsymbol{B}，\quad \tilde{\boldsymbol{C}} = \boldsymbol{C}\boldsymbol{P}，\quad \tilde{\boldsymbol{D}} = \boldsymbol{D}$$

系统的初始化条件也必须进行相应变换：

$$\tilde{\boldsymbol{x}}(t_0) = \boldsymbol{P}^{-1}\boldsymbol{x}(t_0)$$

【例 2-24】已知状态空间模型为$\begin{cases}\dot{\boldsymbol{x}} = \begin{bmatrix}0 & 1 & 0 \\ 0 & 0 & 1 \\ -6 & -11 & -6\end{bmatrix}\boldsymbol{x} + \begin{bmatrix}0 \\ 0 \\ 6\end{bmatrix}u \\ y = \begin{bmatrix}1 & 0 & 0\end{bmatrix}\boldsymbol{x}\end{cases}$，取线性变换为$\boldsymbol{P} = \begin{bmatrix}1 & 1 & 1 \\ -1 & -2 & -3 \\ 1 & 4 & 9\end{bmatrix}$，求变换后的状态空间表达式。

解：线性变换 $\boldsymbol{P}$ 的逆矩阵为

$$\boldsymbol{P}^{-1} = \begin{bmatrix}3 & 2.5 & 0.5 \\ -3 & -4 & -1 \\ 1 & 1.5 & 0.5\end{bmatrix}$$

则有 $\tilde{\boldsymbol{A}} = \boldsymbol{P}^{-1}\boldsymbol{A}\boldsymbol{P} = \begin{bmatrix}-1 & 0 & 0 \\ 0 & -2 & 0 \\ 0 & 0 & -3\end{bmatrix}$，$\tilde{\boldsymbol{B}} = \boldsymbol{P}^{-1}\boldsymbol{B} = \begin{bmatrix}3 \\ -6 \\ 3\end{bmatrix}$，$\tilde{\boldsymbol{C}} = \boldsymbol{C}\boldsymbol{P} = \begin{bmatrix}1 & 1 & 1\end{bmatrix}$。

在新的状态变量 $\tilde{\boldsymbol{x}}$ 下的状态空间模型为

$$\begin{cases}\tilde{\boldsymbol{x}} = \begin{bmatrix}-1 & 0 & 0 \\ 0 & 2 & 0 \\ 0 & 0 & -3\end{bmatrix}\tilde{\boldsymbol{x}} + \begin{bmatrix}3 \\ -6 \\ 3\end{bmatrix}u \\ y = \begin{bmatrix}1 & 1 & 1\end{bmatrix}\tilde{\boldsymbol{x}}\end{cases}$$

可以用 MATLAB 软件验证上述计算过程，其代码如下：

```
%线性变换测试
A=[0 1 0;0 0 1;-6 -11 -6];
B=[0;0;6];
C=[1 0 0];
D=0;
P=[1 1 1;-1 -2 -3;1 4 9];
[A2 B2 C2 D2]=ss2ss(A,B,C,D,inv(P)) %相当于 x~=P^-1*x
```

在 MATLAB 环境中运行上述程序，可以得到本例结果。从结果可以看出，MATLAB 的线性变换相当于将变换矩阵左乘到原状态变量上，得到新的状态变量。

2.11.2 系统的特征值和特征向量

设 $\boldsymbol{V}$ 为 n 维非零向量，$\boldsymbol{A}$ 为 $n\times n$ 矩阵。若方程组 $\boldsymbol{A}\boldsymbol{V} = \lambda\boldsymbol{V}$ 成立，则称 λ 为矩阵 $\boldsymbol{A}$ 的特征值，$\boldsymbol{V}$ 为特征向量。

$\boldsymbol{A}\boldsymbol{V} = \lambda\boldsymbol{V}$ 可写为 $(\lambda\boldsymbol{I} - \boldsymbol{A})\boldsymbol{V} = \boldsymbol{0}$，由代数方程理论可知，$\boldsymbol{V}$ 有非零解的充要条件为

$|\lambda \boldsymbol{I}-\boldsymbol{A}|=0$，在这种情况下，称上式为矩阵 $\boldsymbol{A}$ 的特征方程。$|\lambda \boldsymbol{I}-\boldsymbol{A}|$ 为矩阵 $\boldsymbol{A}$ 的特征多项式。$|\lambda \boldsymbol{I}-\boldsymbol{A}|$ 可展开为

$$|\lambda \boldsymbol{I}-\boldsymbol{A}|=\lambda^n+a_1\lambda^{n-1}+\cdots+a_{n-1}\lambda+a_n$$

其中，$a_i\left(i=1,2,\cdots,n\right)$ 为特征多项式系数。

特征方程的根 λ_i 称为系统的特征值。

特征向量的定义：设 λ_i 是系统的一个特征值，若存在一个 n 维非零向量 $\boldsymbol{P}_i$，满足 $\boldsymbol{A}\boldsymbol{P}_i=\lambda_i\boldsymbol{P}_i$，或 $\left(\lambda_i\boldsymbol{I}-\boldsymbol{A}\right)\boldsymbol{P}_i=\boldsymbol{0}$，则称 $\boldsymbol{P}_i$ 为对应于特征值 λ_i 的特征向量。

另外一种求特征向量的方法如下，特征向量可以通过矩阵 $\left(\lambda_i\boldsymbol{I}-\boldsymbol{A}\right)$ 的任意行的代数余子式求得，即

$$\boldsymbol{M}_i=\lambda_i\text{的特征向量}=\begin{bmatrix}C_{k1}\\C_{k2}\\\vdots\\C_{kn}\end{bmatrix},\ k=1,2,\cdots,n$$

其中，C_{ki} 为矩阵 $\left(\lambda_i\boldsymbol{I}-\boldsymbol{A}\right)$ 第 k 行的代数余子式。

【例 2-25】 系统矩阵为 $\boldsymbol{A}=\begin{bmatrix}0&1\\-2&-3\end{bmatrix}$，试求其特征值和特征向量。

解：系统的特征方程为 $|\lambda\boldsymbol{I}-\boldsymbol{A}|=\begin{vmatrix}\lambda&-1\\2&\lambda+3\end{vmatrix}=\lambda^2+3\lambda+2=0$。

系统的特征值 $\lambda_1=-1$，$\lambda_2=-2$，相应于 λ_1、λ_2 的特征向量为 $\boldsymbol{P}_1$、$\boldsymbol{P}_2$。设这两个特征向量分别为二维特征向量，则 $\boldsymbol{P}_1=\begin{bmatrix}p_{11}\\p_{21}\end{bmatrix},\boldsymbol{P}_2=\begin{bmatrix}p_{12}\\p_{22}\end{bmatrix}$，由 $\left(\lambda_i\boldsymbol{I}-\boldsymbol{A}\right)\boldsymbol{P}_i=\boldsymbol{0}$，可得

$$\begin{bmatrix}-1&-1\\2&2\end{bmatrix}\begin{bmatrix}p_{11}\\p_{21}\end{bmatrix}=\boldsymbol{0},\quad \begin{bmatrix}-2&-1\\2&1\end{bmatrix}\begin{bmatrix}p_{12}\\p_{22}\end{bmatrix}=\boldsymbol{0}$$

则有 $p_{11}=-p_{21}$，$2p_{12}=-p_{22}$。

取 $p_{11}=1$，则 $p_{21}=-1$；取 $p_{12}=1$，则 $p_{22}=-2$，对应于 $\lambda_1=-1$、$\lambda_2=-2$ 的特征向量分别为

$$\boldsymbol{P}_1=\begin{bmatrix}p_{11}\\p_{21}\end{bmatrix}=\begin{bmatrix}1\\-1\end{bmatrix},\quad \boldsymbol{P}_2=\begin{bmatrix}p_{12}\\p_{22}\end{bmatrix}=\begin{bmatrix}1\\-2\end{bmatrix}$$

【例 2-26】 求下式的特征值、特征向量、特征多项式。

$$\boldsymbol{A}=\begin{bmatrix}0&2&0\\4&0&1\\-48&-34&-9\end{bmatrix}$$

解：特征方程为

$$|\lambda\boldsymbol{I}-\boldsymbol{A}|=0$$

则有

$$\begin{vmatrix}\lambda&-2&0\\-4&\lambda&-1\\48&34&\lambda+9\end{vmatrix}=0$$

即

$$\lambda^3+9\lambda^2+26\lambda+24=0$$

上面的多项式是3阶多项式，可以使用猜根的方法进行计算，最先可以猜出$\lambda=-2$，用该多项式除以$\lambda+2$，得$\lambda^2+7\lambda+12$，然后将其分解得到$\lambda_2=-3$，$\lambda_3=-4$。

因为$\lambda_1=-2$，则有$[\lambda_i \boldsymbol{I}-\boldsymbol{A}]=\begin{bmatrix}-2 & -2 & 0\\ -4 & -2 & -1\\ 48 & 34 & 7\end{bmatrix}$。设特征向量为$\boldsymbol{M}_1=\begin{bmatrix}C_{11}\\ C_{12}\\ C_{13}\end{bmatrix}$，其中$C_{11}$、$C_{12}$、$C_{13}$为辅助因子。则有$\boldsymbol{M}_1=\begin{bmatrix}20\\ -20\\ -40\end{bmatrix}=\begin{bmatrix}1\\ -1\\ -2\end{bmatrix}$（共同系数可被排除）。因为$\lambda_2=-3$，则有$\lambda_i \boldsymbol{I}-\boldsymbol{A}=\begin{bmatrix}-3 & -2 & 0\\ -4 & -3 & -1\\ 48 & 34 & 6\end{bmatrix}$；因为$\lambda_3=-4$，则有$[\lambda_i \boldsymbol{I}-\boldsymbol{A}]=\begin{bmatrix}-4 & -2 & 0\\ -4 & -4 & -1\\ 48 & 34 & 5\end{bmatrix}$。则有

$$\boldsymbol{M}_2=\begin{bmatrix}C_{11}\\ C_{12}\\ C_{13}\end{bmatrix}=\begin{bmatrix}16\\ -24\\ 8\end{bmatrix}=\begin{bmatrix}2\\ -3\\ 1\end{bmatrix}$$

$$\boldsymbol{M}_3=\begin{bmatrix}C_{11}\\ C_{12}\\ C_{13}\end{bmatrix}=\begin{bmatrix}14\\ -28\\ 56\end{bmatrix}=\begin{bmatrix}1\\ -2\\ 4\end{bmatrix}$$

则特征向量为

$$\boldsymbol{M}=\begin{bmatrix}1 & 2 & 1\\ -1 & -3 & -2\\ -2 & 1 & 4\end{bmatrix}$$

2.11.3 将状态方程化为对角线标准型

结论：对于线性定常系统，若系统的特征值$\lambda_1,\cdots,\lambda_n$互异，则必存在非奇异线性变换矩阵$\boldsymbol{P}$，经过$\boldsymbol{x}=\boldsymbol{P}\tilde{\boldsymbol{x}}$或$\tilde{\boldsymbol{x}}=\boldsymbol{P}^{-1}\boldsymbol{x}$的变换，可将状态方程化为对角线标准型，即

$$\dot{\tilde{\boldsymbol{x}}}=\begin{bmatrix}\lambda_1 & & & \\ & \lambda_2 & & \\ & & \ddots & \\ & & & \lambda_n\end{bmatrix}\tilde{\boldsymbol{x}}+\boldsymbol{B}\boldsymbol{u}$$

证明：对系统$\dot{\boldsymbol{x}}=\boldsymbol{A}\boldsymbol{x}+\boldsymbol{B}\boldsymbol{u}$进行$\boldsymbol{x}=\boldsymbol{P}\tilde{\boldsymbol{x}}$变换，得

$$\dot{\tilde{\boldsymbol{x}}}=\boldsymbol{P}^{-1}\boldsymbol{A}\boldsymbol{P}\tilde{\boldsymbol{x}}+\boldsymbol{P}^{-1}\boldsymbol{B}\boldsymbol{u}=\tilde{\boldsymbol{A}}\tilde{\boldsymbol{x}}+\tilde{\boldsymbol{B}}\boldsymbol{u}$$

设$\boldsymbol{P}_i$为系统矩阵$\boldsymbol{A}$的对应于特征值λ_i的特征向量，它应满足$\boldsymbol{A}\boldsymbol{P}_i=\lambda_i\boldsymbol{P}_i\ (i=1,\cdots,n)$，因此由上式的几个特征向量方程可构成$n\times n$矩阵。

$$[\boldsymbol{A}\boldsymbol{P}_1\quad \boldsymbol{A}\boldsymbol{P}_2\quad \cdots\quad \boldsymbol{A}\boldsymbol{P}_n]=[\lambda_1\boldsymbol{P}_1\quad \lambda_2\boldsymbol{P}_2\quad \cdots\quad \lambda_n\boldsymbol{P}_n]$$

$$\boldsymbol{A}[\boldsymbol{P}_1 \quad \boldsymbol{P}_2 \quad \cdots \quad \boldsymbol{P}_n]=[\boldsymbol{P}_1 \quad \boldsymbol{P}_2 \quad \cdots \quad \boldsymbol{P}_n]\begin{bmatrix} \lambda_1 & & & \\ & \lambda_2 & & \\ & & \ddots & \\ & & & \lambda_n \end{bmatrix}$$

即

$$\boldsymbol{AP}=\boldsymbol{P}\begin{bmatrix} \lambda_1 & & & \\ & \lambda_2 & & \\ & & \ddots & \\ & & & \lambda_n \end{bmatrix}$$

即

$$\boldsymbol{P}^{-1}\boldsymbol{AP}=\tilde{\boldsymbol{A}}=\begin{bmatrix} \lambda_1 & & & \\ & \lambda_2 & & \\ & & \ddots & \\ & & & \lambda_n \end{bmatrix}$$

上述证明过程交代了将状态方程转化为对角线标准型的方法。

【例 2-27】已知系统状态空间表达式如下：

$$\begin{cases} \dot{\boldsymbol{x}}=\begin{bmatrix} 0 & 1 \\ -2 & -3 \end{bmatrix}\boldsymbol{x}+\begin{bmatrix} 1 \\ 1 \end{bmatrix}u \\ y=[1 \quad 0]\boldsymbol{x} \end{cases}$$

试将其转化为对角线标准型。

解：系统的特征值为$|\lambda\boldsymbol{I}-\boldsymbol{A}|=\begin{vmatrix} \lambda & -1 \\ 2 & \lambda+3 \end{vmatrix}=0$，求得$\lambda_1=-1$，$\lambda_2=-2$。由此可见，特征值互异，可将矩阵$\boldsymbol{A}$转化为对角线标准型$\boldsymbol{\Lambda}$。

线性变换是以特征值的两个特征向量$\boldsymbol{P}_1$、$\boldsymbol{P}_2$为列向量构成的，即$\boldsymbol{P}=[\boldsymbol{P}_1 \quad \boldsymbol{P}_2]$。

在例 2-25 中已经求出$\boldsymbol{P}=\begin{bmatrix} 1 & 1 \\ -1 & -2 \end{bmatrix}$，逆矩阵为$\boldsymbol{P}^{-1}=\begin{bmatrix} 2 & 1 \\ -1 & -1 \end{bmatrix}$

则

$$\tilde{\boldsymbol{A}}=\boldsymbol{P}^{-1}\boldsymbol{AP}=\begin{bmatrix} -1 & 0 \\ 0 & -2 \end{bmatrix}$$

$$\tilde{\boldsymbol{B}}=\boldsymbol{P}^{-1}\boldsymbol{B}=\begin{bmatrix} 3 \\ -2 \end{bmatrix}，\quad \tilde{\boldsymbol{C}}=\boldsymbol{CP}=[1 \quad 1]$$

变换后的状态空间表达式为

$$\begin{cases} \dot{\tilde{\boldsymbol{x}}}=\begin{bmatrix} -1 & 0 \\ 0 & -2 \end{bmatrix}\tilde{\boldsymbol{x}}+\begin{bmatrix} 3 \\ 2 \end{bmatrix}\boldsymbol{u} \\ \boldsymbol{y}=[1 \quad 1]\tilde{\boldsymbol{x}} \end{cases}$$

【例 2-28】已知某系统的状态空间表达式为

$$\begin{cases}\dot{\boldsymbol{x}}=\begin{bmatrix}0&1&0\\0&0&1\\-6&-11&-6\end{bmatrix}\boldsymbol{x}+\begin{bmatrix}1\\0\\0\end{bmatrix}u\\ y=[1\quad 1\quad 0]\boldsymbol{x}\end{cases}$$

试将该系统的状态空间表达式转化为对角线标准型。

解：系统特征方程为

$$|\lambda \boldsymbol{I}-\boldsymbol{A}|=\begin{vmatrix}\lambda&-1&0\\0&\lambda&-1\\6&11&\lambda+6\end{vmatrix}=\lambda^3+6\lambda^2+11\lambda+6$$

$$=(\lambda+1)(\lambda+2)(\lambda+3)=0$$

解得

$$\lambda_1=-1,\quad \lambda_2=-2,\quad \lambda_3=-3$$

因为$\lambda_1=-1$，$\lambda_2=-2$，$\lambda_3=-3$是 3 个不等的特征根，且特征向量满足下列条件：

$$\boldsymbol{m}_i\lambda_i=\boldsymbol{A}\boldsymbol{m}_i,\quad i=1,2,3$$

所以对$\lambda_1=-1$，有

$$\begin{bmatrix}m_{11}\\m_{12}\\m_{13}\end{bmatrix}(-1)=\begin{bmatrix}0&1&0\\0&0&1\\-6&-11&-6\end{bmatrix}\begin{bmatrix}m_{11}\\m_{12}\\m_{13}\end{bmatrix}$$

令$m_{11}=k$，可解得

$$m_{11}=k$$
$$m_{12}=-k$$
$$m_{13}=k$$

取$k=1$，可求得λ_1对应的特征向量$\boldsymbol{m}_1$为

$$\boldsymbol{m}_1=\begin{bmatrix}1\\-1\\1\end{bmatrix}$$

同理可得

$$\boldsymbol{m}_2=\begin{bmatrix}1\\-2\\4\end{bmatrix},\quad \boldsymbol{m}_3=\begin{bmatrix}1\\-3\\9\end{bmatrix}$$

所以有

$$\boldsymbol{M}=\begin{bmatrix}\boldsymbol{m}_1&\boldsymbol{m}_2&\boldsymbol{m}_3\end{bmatrix}=\begin{bmatrix}1&1&1\\-1&-2&-3\\1&4&9\end{bmatrix}$$

$$\boldsymbol{M}^{-1}=\frac{\text{adj}\boldsymbol{M}}{|\boldsymbol{M}|}=\begin{bmatrix}3&2.5&0.5\\-3&-4&-1\\1&1.5&0.5\end{bmatrix}$$

$$B' = M^{-1}B = [3 \quad -3 \quad 1]^{\mathrm{T}}$$
$$C' = CM = [0 \quad -1 \quad -2]$$

则系统的对角线标准型为

$$\begin{cases} \dot{z} = \begin{bmatrix} -1 & 0 & 0 \\ 0 & -2 & 0 \\ 0 & 0 & -3 \end{bmatrix} z + \begin{bmatrix} 3 \\ -3 \\ 1 \end{bmatrix} u \\ y = [0 \quad -1 \quad -2] z \end{cases}$$

本节的最后，交代一下范德蒙矩阵的概念。如果系统矩阵 A 的形式如下：

$$A = \begin{bmatrix} 0 & 1 & 0 & \cdots & 0 \\ 0 & 0 & 1 & \cdots & 0 \\ \vdots & \vdots & \vdots & & \vdots \\ 0 & 0 & 0 & \cdots & 1 \\ -a_n & -a_{n-1} & -a_{n-2} & \cdots & -a_1 \end{bmatrix}$$

并且其特征值 $\lambda_1, \lambda_2, \cdots, \lambda_n$ 互异，则可将矩阵 A 转化为对角线标准型矩阵 Λ 的变换矩阵 P 。P 称为范德蒙矩阵，其形式为

$$P = \begin{bmatrix} 1 & 1 & \cdots & 1 \\ \lambda_1 & \lambda_2 & \cdots & \lambda_n \\ \lambda_1^2 & \lambda_2^2 & \cdots & \lambda_n^2 \\ \vdots & \vdots & & \vdots \\ \lambda_1^{n-1} & \lambda_2^{n-1} & \cdots & \lambda_{n-1}^{n-1} \end{bmatrix}$$

证明略。

2.12 习 题

习题 2-1 列写下图所示电网络系统的状态空间表达式。选取 U_{C_1} 和 U_{C_2} 为状态变量。

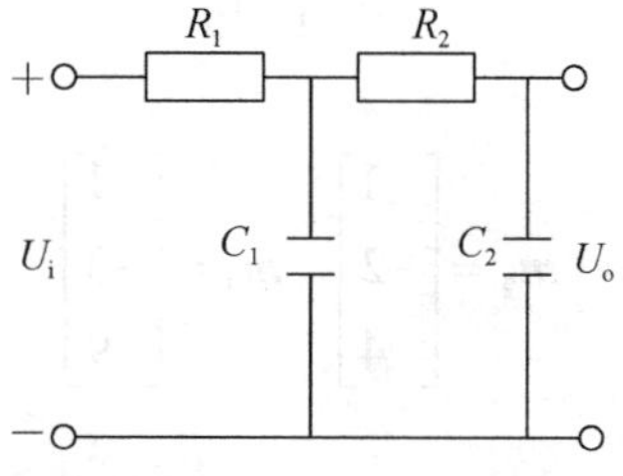

习题 2-2 列写如下图所示系统的状态空间表达式，其中 m_1 、m_2 为重物质量；K 为弹簧系数；B_1 、B_2 为阻尼；$f(t)$ 为外力。

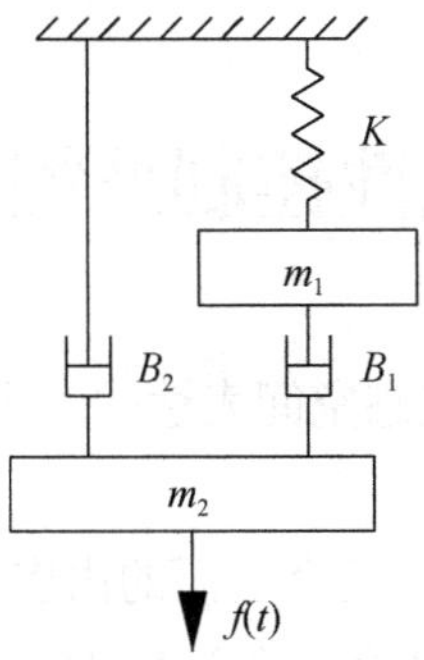

习题 2-3　已知系统的微分方程，求其状态空间表达式。

（1）$\dddot{y}+\ddot{y}+4\dot{y}+5y=3u$

（2）$2\dddot{y}+3\dot{y}=\ddot{u}-u$

（3）$\dddot{y}+2\ddot{y}+3\dot{y}+5y=5\dddot{u}+7u$

习题 2-4　求下列状态方程所定义系统的传递函数。

$$\begin{cases}\begin{bmatrix}\dot{x}_1\\ \dot{x}_2\end{bmatrix}=\begin{bmatrix}0 & 1\\ -25 & -4\end{bmatrix}\begin{bmatrix}x_1\\ x_2\end{bmatrix}+\begin{bmatrix}1 & 1\\ 0 & 1\end{bmatrix}\begin{bmatrix}u_1\\ u_2\end{bmatrix}\\ \begin{bmatrix}y_1\\ y_2\end{bmatrix}=\begin{bmatrix}1 & 0\\ 0 & 1\end{bmatrix}\begin{bmatrix}x_1\\ x_2\end{bmatrix}\end{cases}$$

习题 2-5　给定系统的输入输出微分方程为$\dddot{y}+4\ddot{y}+2\dot{y}+y=\ddot{u}+\dot{u}+3u$，试写出其状态空间表达式。

习题 2-6　将下列状态方程化为对角线标准型。

（1）$\begin{bmatrix}\dot{x}_1\\ \dot{x}_2\end{bmatrix}=\begin{bmatrix}-2 & 1\\ 1 & -2\end{bmatrix}\begin{bmatrix}x_1\\ x_2\end{bmatrix}+\begin{bmatrix}0\\ 1\end{bmatrix}u$　　（2）$\dot{\boldsymbol{x}}=\begin{bmatrix}0 & 1 & 0\\ 0 & 0 & 1\\ 2 & -5 & 4\end{bmatrix}\boldsymbol{x}+\begin{bmatrix}0\\ 0\\ 1\end{bmatrix}u$

习题 2-7　将下列状态方程化为对角线标准型。

（1）$\dot{\boldsymbol{x}}=\begin{bmatrix}0 & 1 & 0\\ 0 & 0 & 1\\ -24 & -26 & -9\end{bmatrix}\boldsymbol{x}+\begin{bmatrix}0\\ 0\\ 1\end{bmatrix}u$　　（2）$\begin{bmatrix}\dot{x}_1\\ \dot{x}_2\end{bmatrix}=\begin{bmatrix}0 & 1\\ -5 & -6\end{bmatrix}\begin{bmatrix}x_1\\ x_2\end{bmatrix}+\begin{bmatrix}0\\ 1\end{bmatrix}u$

（3）$\begin{bmatrix}\dot{x}_1\\ \dot{x}_2\\ \dot{x}_3\end{bmatrix}=\begin{bmatrix}0 & 1 & 0\\ 3 & 0 & 2\\ -12 & -7 & -6\end{bmatrix}\begin{bmatrix}x_1\\ x_2\\ x_3\end{bmatrix}+\begin{bmatrix}2 & 3\\ 1 & 5\\ 7 & 1\end{bmatrix}\begin{bmatrix}u_1\\ u_2\end{bmatrix}$

第3章　线性控制系统的时域分析

第 2 章介绍了如何建立系统的状态空间表达式，本章将介绍如何对建立的状态空间表达式进行分析。

对系统状态空间表达式的分析包括两个层面的内容：一个层面是定量分析；另一个层面是定性分析。定量分析，是指研究系统对给定输入信号的响应问题，即状态方程、输出方程的求解问题，这是本章要介绍的内容。定性分析，是指研究系统的结构性质，即可控性、能观性、稳定性，这是下两章要学习的内容。

3.1　线性定常齐次状态方程的解

我们先介绍齐次状态方程的概念。齐次状态方程，是指状态方程中不考虑输入项的作用满足方程解的齐次性。对于本书研究的状态空间方程来说，是指研究系统本身在无外力作用下的自由运动。

齐次状态方程的一般形式为

$$\dot{\boldsymbol{x}} = \boldsymbol{A}\boldsymbol{x} \tag{3.1}$$

所谓求齐次状态方程的解，就是求齐次状态方程满足初始状态 $\boldsymbol{x}(t_0)$ 的解。

我们先以标量方程求解为例进行讲解。标量常微分方程 $\dot{x} = ax(t)$ 在 $t_0 = 0$ 时的解为

$$x(t) = q_0 + q_1 t + q_2 t^2 + \cdots + q_k t^k + \cdots,\quad q_k \text{ 中的 } k = 1,2,\cdots \text{ 为待定系数} \tag{3.2}$$

将式（3.2）代入式（3.1）中，有

$$q_1 + 2q_2 t + \cdots + kq_k t^{k-1} + \cdots = a\left(q_0 + q_1 t + \cdots + q_k t^k + \cdots\right)$$

上式各项相等，有

$$q_1 = \frac{a}{1!}q_0, q_2 = \frac{a}{2}q_1 = \frac{a^2}{2!}q_0, \cdots, q_k = \frac{a}{k}q_{k-1} = \frac{a^k}{k!}q_0, \cdots$$

令 $t = 0$，代入式（3.2），可得 $q_0 = x(0)$，因此，$x(t)$ 的解可写为

$$x(t) = \left(1 + at + \frac{a^2}{2!}t^2 + \cdots + \frac{a^k}{k!}t^k + \cdots\right)x(0) = \mathrm{e}^{at}x(0)$$

将上述概念扩展，向量齐次状态方程的解应为

$$\boldsymbol{x}(t) = \boldsymbol{q}_0 + \boldsymbol{q}_1 t + \cdots + \boldsymbol{q}_k t^k + \cdots$$

其中，$\boldsymbol{q}_k\ (k = 1,\cdots)$ 为待定级数展开系数。同以上推导过程类似，$\boldsymbol{x}(t)$ 的解可写为

$$\boldsymbol{x}(t) = \left(\boldsymbol{I} + \boldsymbol{A}t + \frac{\boldsymbol{A}^2}{2!}t^2 + \cdots + \frac{\boldsymbol{A}^k}{k!}t^k + \cdots\right)\boldsymbol{x}_0$$

其中，$\boldsymbol{I} + \boldsymbol{A}t + \frac{\boldsymbol{A}^2}{2!}t^2 + \cdots + \frac{\boldsymbol{A}^k}{k!}t^k + \cdots$ 为矩阵指数函数，记为

$$\mathrm{e}^{\boldsymbol{A}t} \triangleq \boldsymbol{I} + \boldsymbol{A}t + \cdots + \frac{\boldsymbol{A}^k}{k!}t^k + \cdots$$

则向量齐次状态方程的解可写为

$$x(t)=e^{At}x(0)$$

若初始时刻$t_0\neq 0$，则齐次状态方程的解为

$$x(t)=e^{A(t-t_0)}x(t_0)$$

上述问题的实质是，初始状态$x(t_0)$从初始t_0时刻到t时刻内的转移。因此，将$e^{A(t-t_0)}$或e^{At}称为系统状态转移矩阵，记为

$$\Phi(t-t_0)=e^{A(t-t_0)}$$

或

$$\Phi(t)=e^{At}$$

齐次状态方程的解可表示为

$$x(t)=\Phi(t-t_0)x(t_0)$$

或

$$x(t)=\Phi(t)x(0)$$

3.2 状态转移矩阵

$n\times n$状态转移矩阵$\Phi(t-t_0)$满足：

$$\dot{\Phi}(t-t_0)=A\Phi(t-t_0)$$
$$\Phi(0)=I$$

3.2.1 状态转移矩阵的性质

状态转移矩阵的性质如下所示。

（1）$\Phi(0)=e^{A(0)}=I$；

（2）$\dot{\Phi}(t)=A\Phi(t)=\Phi(t)A$；

（3）$\Phi(t_1+t_2)=\Phi(t_1)\Phi(t_2)$；

（4）$[\Phi(t)]^{-1}=\Phi(-t)$（状态转移矩阵的逆意味着时间的逆转）；

（5）$\Phi(t_2-t_1)\Phi(t_1-t_0)=\Phi(t_2-t_0)$；

（6）$[\Phi(t)]^k=\Phi(kt)$；

（7）对于$n\times n$矩阵A和B，如果$AB=BA$，则$e^{(A+B)t}=e^{At}e^{Bt}$。

3.2.2 几个特殊的状态转移矩阵

（1）若矩阵A为对角线矩阵，即

$$A=\begin{bmatrix}\lambda_1 & 0 & \cdots & 0\\ 0 & \lambda_2 & \cdots & 0\\ \vdots & \vdots & & \vdots\\ 0 & 0 & \cdots & \lambda_n\end{bmatrix}，则\ \Phi=e^{At}=\begin{bmatrix}e^{\lambda_1 t} & & & \\ & e^{\lambda_2 t} & & \\ & & \ddots & \\ & & & e^{\lambda_n t}\end{bmatrix}$$

（2）若矩阵A通过非奇异变换矩阵P可转化为对角线标准型矩阵，即

$$P^{-1}AP = \Lambda，则 e^{At} = Pe^{\Lambda}P^{-1}$$

3.2.3　状态转移矩阵的计算

状态转移矩阵可以有多种计算方法。

1．根据定义求解

根据定义求解方法适合利用计算机编程求解，其求解公式如下：

$$e^{At} = I + At + \frac{A^2}{2!}t^2 + \cdots = \sum_{k=0}^{\infty}\frac{A^k}{k!}t^k$$

2．用拉氏反变换求解

用拉氏反变换法求状态转移矩阵的公式如下：

$$e^{At} = L^{-1}\left[(sI - A)^{-1}\right]$$

证明：线性定常齐次状态方程为

$$\dot{x} = Ax$$

对其两边取拉氏变换，得

$$sX(s) - x(0) = AX(s)$$

即

$$(sI - A)X(s) = x(0)$$

即

$$X(s) = (sI - A)^{-1}x(0)$$

对上式取拉氏反变换，可得齐次状态方程的解为

$$x(t) = L^{-1}\left[(sI - A)^{-1}\right]x(0)$$

对比下式

$$x(t) = \left(I + At + \frac{A^2}{2!}t^2 + \cdots + \frac{A^k}{k!}t^k + \cdots\right)x_0$$

可得

$$\Phi(t) = e^{At} = L^{-1}\left[(sI - A)^{-1}\right]$$

【例 3-1】 已知 $A=\begin{bmatrix} 0 & 1 \\ -2 & -3 \end{bmatrix}$，求其状态转移矩阵。

解：系统的特征方程为

$$sI - A = s\begin{bmatrix} 1 & 0 \\ 0 & 1 \end{bmatrix} - \begin{bmatrix} 0 & 1 \\ -2 & -3 \end{bmatrix} = \begin{bmatrix} s & -1 \\ 2 & s+3 \end{bmatrix}$$

因为有

$$\text{adj}[sI - A] = \begin{bmatrix} s+3 & -2 \\ 1 & s \end{bmatrix}^{\mathrm{T}} = \begin{bmatrix} s+3 & 1 \\ -2 & s \end{bmatrix}$$

$$|sI - A| = \begin{vmatrix} s & -1 \\ 2 & s+3 \end{vmatrix} = s^2 + 3s + 2 = (s+1)(s+2)$$

则有

$$[s\boldsymbol{I}-\boldsymbol{A}]^{-1}=\frac{\operatorname{adj}[s\boldsymbol{I}-\boldsymbol{A}]}{|s\boldsymbol{I}-\boldsymbol{A}|}=\frac{\begin{bmatrix} s+3 & 1 \\ -2 & s \end{bmatrix}}{(s+1)(s+2)}$$

所以有

$$\mathrm{e}^{\boldsymbol{A}t}=L^{-1}[s\boldsymbol{I}-\boldsymbol{A}]^{-1}=L^{-1}\begin{bmatrix} \dfrac{s+3}{(s+1)(s+2)} & \dfrac{1}{(s+1)(s+2)} \\ \dfrac{-2}{(s+1)(s+2)} & \dfrac{s}{(s+1)(s+2)} \end{bmatrix}$$

$$=L^{-1}\begin{bmatrix} \dfrac{2}{s+1}-\dfrac{1}{s+2} & \dfrac{1}{s+1}+\dfrac{-1}{s+2} \\ \dfrac{-2}{s+1}+\dfrac{2}{s+2} & \dfrac{-1}{s+1}+\dfrac{2}{s+2} \end{bmatrix}$$

则有

$$\mathrm{e}^{\boldsymbol{A}t}=\begin{bmatrix} 2\mathrm{e}^{-t}-\mathrm{e}^{-2t} & \mathrm{e}^{-t}-\mathrm{e}^{-2t} \\ -2\mathrm{e}^{-t}+2\mathrm{e}^{-2t} & -\mathrm{e}^{-t}+2\mathrm{e}^{-2t} \end{bmatrix}=\boldsymbol{\Phi}(t)$$

3．化矩阵 $\boldsymbol{A}$ 为对角线标准型法

当矩阵 $\boldsymbol{A}$ 通过非奇异变换矩阵 $\boldsymbol{P}$ 转化为对角线标准型时，即

$$\boldsymbol{P}^{-1}\boldsymbol{AP}=\boldsymbol{\Lambda} \text{或} \boldsymbol{P}^{-1}\boldsymbol{AP}=\boldsymbol{J}$$

则可通过 $\mathrm{e}^{\boldsymbol{A}t}=\boldsymbol{P}\mathrm{e}^{\boldsymbol{\Lambda}t}\boldsymbol{P}^{-1}$ 或 $\mathrm{e}^{\boldsymbol{A}t}=\boldsymbol{P}\mathrm{e}^{\boldsymbol{J}t}\boldsymbol{P}^{-1}$ 来计算矩阵指数 $\mathrm{e}^{\boldsymbol{A}t}$。

矩阵 $\boldsymbol{A}$ 的特征值互异时，态转移矩阵 $\boldsymbol{\Phi}(t)$ 为

$$\boldsymbol{\Phi}(t)=\mathrm{e}^{\boldsymbol{A}t}=\boldsymbol{P}\begin{bmatrix} \mathrm{e}^{\lambda_1 t} & & & \\ & \mathrm{e}^{\lambda_2 t} & & \\ & & \ddots & \\ & & & \mathrm{e}^{\lambda_n t} \end{bmatrix}\boldsymbol{P}^{-1}$$

其中，$\boldsymbol{P}$ 为化矩阵 $\boldsymbol{A}$ 为对角线标准型的变换矩阵。

【例 3-2】已知矩阵 $\boldsymbol{A}$ 为 $\boldsymbol{A}=\begin{bmatrix} 0 & 1 \\ -2 & -3 \end{bmatrix}$，试用化矩阵 $\boldsymbol{A}$ 为对角线标准型法求 $\mathrm{e}^{\boldsymbol{A}t}$。

解：矩阵 $\boldsymbol{A}$ 的特征方程为 $|\lambda\boldsymbol{I}-\boldsymbol{A}|=\begin{vmatrix} \lambda & -1 \\ 2 & \lambda+3 \end{vmatrix}=(\lambda+1)(\lambda+2)=0$。

求得特征值 $\lambda_1=-1$、$\lambda_2=-2$，设相应于 λ_1 和 λ_2 的特征向量为 $\boldsymbol{P}_1$ 和 $\boldsymbol{P}_2$。

$$\boldsymbol{P}_1=\begin{bmatrix} p_{11} \\ p_{21} \end{bmatrix},\ \boldsymbol{P}_2=\begin{bmatrix} p_{12} \\ p_{22} \end{bmatrix}$$

由 $(\lambda_i\boldsymbol{I}-A)\boldsymbol{P}_i=\boldsymbol{0}$，可得

$$\begin{bmatrix} -1 & -1 \\ 2 & 2 \end{bmatrix}\begin{bmatrix} p_{11} \\ p_{21} \end{bmatrix}=\boldsymbol{0},\quad \begin{bmatrix} -2 & -1 \\ 2 & 1 \end{bmatrix}\begin{bmatrix} p_{12} \\ p_{22} \end{bmatrix}=\boldsymbol{0}$$

令 $p_{11}=1$，则 $p_{21}=-1$；令 $p_{12}=1$，则 $p_{22}=-2$，则变换矩阵为

$$P=\begin{bmatrix}1 & 1\\ -1 & -2\end{bmatrix},\ P^{-1}=\begin{bmatrix}2 & -1\\ -1 & -1\end{bmatrix}$$

则矩阵指数为

$$e^{At}=Pe^{\Lambda t}P^{-1}=P\begin{bmatrix}e^{-t} & 0\\ 0 & e^{-2t}\end{bmatrix}P^{-1}=\begin{bmatrix}2e^{-t}-e^{-2t} & e^{-t}-e^{-2t}\\ -2e^{-t}+2e^{-2t} & e^{-t}+2e^{-2t}\end{bmatrix}$$

4．将 e^{At} 化为 A 的有限多项式法

1）凯莱-哈密尔顿（Cayley-Hamilton）定理

考虑 $n\times n$ 矩阵 A 及其特征方程：

$$f(\lambda)=|\lambda I-A|=\lambda^n+a_1\lambda^{n-1}+\cdots+a_{n-1}\lambda+a_n=0$$

凯莱-哈密尔顿定理指出，矩阵 A 满足其自身的特征方程，即

$$f(A)=A^n+a_1A^{n-1}+\cdots+a_{n-1}A+a_nI=0$$

根据凯莱-哈密尔顿定理有

$$A^n=-a_1A^{n-1}-\cdots-a_{n-1}A-a_nI$$

该式表明 A^n 可以表示成 $A^{n-1},A^{n-2},\cdots,A,I$ 的线性组合，则

$$\begin{aligned}A^{n+1}&=AA^n=A\left(-a_1A^{n-1}-a_2A^{n-2}-\cdots-a_{n-1}A-a_nI\right)\\&=-a_1A^n-a_2A^{n-1}-\cdots-a_{n-1}A^2-a_nA\\&=-a_1\left(-a_1A^{n-1}-a_2A^{n-2}-\cdots-a_{n-1}A-a_nI\right)-a_2A^{n-1}-\cdots-a_{n-1}A^2-a_nA\\&=\left(a_1^2-a_2\right)A^{n-1}+\left(a_1a_2-a_3\right)A^{n-2}+\cdots+\left(a_1a_{n-1}-a_n\right)A+a_1a_nI\end{aligned}$$

上式表明 A^{n+1} 也可由 $A^{n-1},A^{n-2},\cdots,A,I$ 的线性组合来表示。依次类推，$A^{n+2},A^{n+3},\cdots$ 均可由 $A^{n-1},A^{n-2},\cdots,A,I$ 的线性组合表示。

2）化 e^{At} 为 A 的有限多项式

根据矩阵指数函数 e^{At} 的定义：

$$e^{At}=I+At+\frac{1}{2!}A_2t^2+\cdots+\frac{1}{k!}A^kt^k+\cdots$$

可知 e^{At} 为无穷项之和，因 $A^n,A^{n+1},\cdots$ 均可由 $A^{n-1},A^{n-2},\cdots,A,I$ 的线性组合表示，所以矩阵指数函数 e^{At} 可表示为

$$e^{At}=\alpha_0(t)I+\alpha_1(t)A+\alpha_2(t)A^2+\cdots+\alpha_{n-1}(t)A^{n-1}\tag{3.3}$$

3）$\alpha_0(t),\alpha_1(t),\alpha_2(t),\cdots,\alpha_{n-1}(t)$ 的计算

（1）A 的特征值互异时。

根据凯莱-哈密尔顿定理，矩阵 A 满足其自身的特征方程，特征值 λ 也满足特征方程，即 $f(\lambda)=0$，并且 e^{At} 可表示为矩阵 A 的有限项，$e^{\lambda t}$ 同样可以表示为 λ 的有限项，且 e^{At} 满足式(3.3)，即

$$\begin{cases}e^{\lambda_1 t}=\alpha_0(t)+\alpha_1(t)\lambda_1+\alpha_2(t)\lambda_1^2+\cdots+\alpha_{n-1}(t)\lambda_1^{n-1}\\ e^{\lambda_2 t}=\alpha_0(t)+\alpha_1(t)\lambda_1+\alpha_2(t)\lambda_2^2+\cdots+\alpha_{n-1}(t)\lambda_2^{n-1}\\ \quad\vdots\\ e^{\lambda_n t}=\alpha_0(t)+\alpha_1(t)\lambda_n+\alpha_2(t)\lambda_n^2+\cdots+\alpha_{n-1}(t)\lambda_n^{n-1}\end{cases}\tag{3.4}$$

解方程组（3.4），即可求出各个系数 $\alpha_k(t)(k=0,1,2,\cdots,n-1)$ 。则式（3.4）也可写为

$$\begin{bmatrix}\alpha_0(t)\\ \alpha_1(t)\\ \vdots\\ \alpha_{n-1}(t)\end{bmatrix}=\begin{bmatrix}1 & \lambda_1 & \lambda_1^2 & \cdots & \lambda_1^{n-1}\\ 1 & \lambda_2 & \lambda_2^2 & \cdots & \lambda_2^{n-1}\\ \vdots & \vdots & \vdots & & \vdots\\ 1 & \lambda_n & \lambda_n^2 & \cdots & \lambda_n^{n-1}\end{bmatrix}^{-1}\begin{bmatrix}e^{\lambda_1 t}\\ e^{\lambda_2 t}\\ \vdots\\ e^{\lambda_n t}\end{bmatrix}$$

（2）$\boldsymbol{A}$ 有重特征值时。

设矩阵 $\boldsymbol{A}$ 有 m 个重特征值为 λ_1，其余特征值互异。λ_1 满足下式：

$$e^{\lambda_1 t}=\alpha_0(t)+\alpha_1(t)\lambda_1+\alpha_2(t)\lambda_1^2+\cdots+\alpha_{n-1}(t)\lambda_1^{n-1}$$

将上式依次对 λ_1 求导 $m-1$ 次，得

$$\begin{cases}te^{\lambda_1 t}=\alpha_1(t)+2\alpha_2(t)\lambda_1+\cdots+(n-1)\alpha_{n-1}(t)\lambda_1^{n-2}\\ t^2e^{\lambda_1 t}=2\alpha_2(t)+2\times3\alpha_3(t)\lambda_1+\cdots+(n-1)(n-2)\alpha_{n-1}(t)\lambda_1^{n-3}\\ \qquad\vdots\\ t^{m-1}e^{\lambda_1 t}=\dfrac{(m-1)!}{0!}\alpha_{m-1}(t)+\dfrac{m!}{1!}\alpha_m(t)\lambda_1+\cdots+\dfrac{(n-1)!}{(n-m)!}\alpha_{n-1}(t)\lambda_1^{n-m}\end{cases}$$

再将其余 $n-m$ 个单特征值考虑在内，即

$$\begin{cases}e^{\lambda_1 t}=\alpha_0(t)+\alpha_1(t)\lambda_1+\cdots+\alpha_{n-1}(t)\lambda_1^{n-1}\\ te^{\lambda_1 t}=\alpha_1(t)+2\alpha_2(t)\lambda_1+\cdots+(n-1)\alpha_{n-1}(t)\lambda_1^{n-2}\\ \qquad\vdots\\ t^{m-1}e^{\lambda_1 t}=\dfrac{(m-1)!}{0!}\alpha_{m-1}(t)+\dfrac{m!}{1!}\alpha_m(t)\lambda_1+\cdots+\dfrac{(n-1)!}{(n-m)!}\alpha_{n-1}(t)\lambda_1^{n-m}\\ e^{\lambda_{m+1} t}=\alpha_0(t)+\alpha_1(t)\lambda_{m+1}+\alpha_2(t)\lambda_{m+1}^2+\cdots+\alpha_{n-1}(t)\lambda_{m+1}^{n-1}\\ \qquad\vdots\\ e^{\lambda_n t}=\alpha_0(t)+\alpha_1(t)\lambda_n+\alpha_2(t)\lambda_n^2+\cdots+\alpha_{n-1}(t)\lambda_n^{n-1}\end{cases}$$

解上述方程组，即可得出系数 $\alpha_0(t),\alpha_1(t),\alpha_2(t),\cdots,\alpha_{n-1}(t)$ 。

【例 3-3】 考虑如下矩阵 $\boldsymbol{A}$：

$$\boldsymbol{A}=\begin{bmatrix}0 & 1\\ 0 & -2\end{bmatrix}$$

试用化 $e^{\boldsymbol{A}t}$ 为 $\boldsymbol{A}$ 的有限多项式法计算 $e^{\boldsymbol{A}t}$ 。

解： 矩阵 $\boldsymbol{A}$ 的特征方程为

$$\det(\lambda\boldsymbol{I}-\boldsymbol{A})=\lambda(\lambda+2)=0$$

解得互异特征值为 $\lambda_1=0$、$\lambda_2=-2$ 。

由下式：

$$e^{\lambda_1 t}=\alpha_0(t)+\alpha_1(t)\lambda_1$$
$$e^{\lambda_2 t}=\alpha_0(t)+\alpha_1(t)\lambda_2$$

确定待定时间函数 $\alpha_0(t)$ 和 $\alpha_1(t)$ 。

由于 $\lambda_1=0$、$\lambda_2=-2$，则上述两式变为

$$\alpha_0(t)=1$$
$$\alpha_0(t)-2\alpha_1(t)=e^{-2t}$$

求解此方程组，可得

$$\alpha_0(t)=1 , \quad \alpha_1(t)=\frac{1}{2}(1-\mathrm{e}^{-2t})$$

因此有

$$\mathrm{e}^{\boldsymbol{A}t}=\alpha_0(t)\boldsymbol{I}+\alpha_1(t)\boldsymbol{A}=\boldsymbol{I}+\frac{1}{2}(1-\mathrm{e}^{-2t})\boldsymbol{A}=\begin{bmatrix}1 & \frac{1}{2}(1-\mathrm{e}^{-2t})\\ 0 & \mathrm{e}^{-2t}\end{bmatrix}$$

【例 3-4】求 $\boldsymbol{A}=\begin{bmatrix}0 & 1\\ -2 & -3\end{bmatrix}$ 时的矩阵指数 $\mathrm{e}^{\boldsymbol{A}t}$。

解：根据定义来求解有

$$\mathrm{e}^{\boldsymbol{A}t}=\boldsymbol{I}+\boldsymbol{A}t+\frac{\boldsymbol{A}^2}{2!}+\cdots=\begin{bmatrix}1 & 0\\ 0 & 1\end{bmatrix}+\begin{bmatrix}0 & 1\\ -2 & -3\end{bmatrix}t+\begin{bmatrix}0 & 1\\ -2 & -3\end{bmatrix}^2 t^2+\cdots$$

用根据拉氏反变换法求解有

$$\mathrm{e}^{\boldsymbol{A}t}=L^{-1}\left[(s\boldsymbol{I}-\boldsymbol{A})^{-1}\right]$$

$$s\boldsymbol{I}-\boldsymbol{A}=\begin{bmatrix}s & -1\\ 2 & s+3\end{bmatrix}, \quad |s\boldsymbol{I}-\boldsymbol{A}|=\begin{vmatrix}s & -1\\ 2 & s+3\end{vmatrix}=(s+2)(s+1)$$

$$(s\boldsymbol{I}-\boldsymbol{A})^{-1}=\frac{\mathrm{adj}(s\boldsymbol{I}-\boldsymbol{A})}{|s\boldsymbol{I}-\boldsymbol{A}|}=\frac{1}{(s+2)(s+1)}\begin{bmatrix}s+3 & 1\\ -2 & s\end{bmatrix}=\begin{bmatrix}\frac{s+3}{(s+2)(s+1)} & \frac{1}{(s+2)(s+1)}\\ \frac{-2}{(s+2)(s+1)} & \frac{s}{(s+2)(s+1)}\end{bmatrix}$$

故 $\mathrm{e}^{\boldsymbol{A}t}=L^{-1}\left[\left(s\boldsymbol{I}-\boldsymbol{A}\right)^{-1}\right]=\begin{bmatrix}2\mathrm{e}^{-t}-\mathrm{e}^{-2t} & \mathrm{e}^{-t}-\mathrm{e}^{-2t}\\ -2\mathrm{e}^{t}+2\mathrm{e}^{-t} & -\mathrm{e}^{-t}+2\mathrm{e}^{-2t}\end{bmatrix}$

根据化矩阵 $\boldsymbol{A}$ 为有限多项式法求解有

$$\mathrm{e}^{\boldsymbol{A}t}=\alpha_0(t)\boldsymbol{I}+\alpha_1(t)\boldsymbol{A}$$

其中，$\begin{bmatrix}\alpha_0(t)\\ \alpha_1(t)\end{bmatrix}=\begin{bmatrix}1 & \lambda_1\\ 1 & \lambda_2\end{bmatrix}^{-1}\begin{bmatrix}\mathrm{e}^{\lambda_1 t}\\ \mathrm{e}^{\lambda_2 t}\end{bmatrix}$。

因为 $|\lambda\boldsymbol{I}-\boldsymbol{A}|=\begin{vmatrix}\lambda & -1\\ 2 & \lambda+3\end{vmatrix}=\lambda^2+3\lambda+2=(\lambda+1)(\lambda+2)$，$\lambda_1=-1$，$\lambda_2=-2$。

则有

$$\begin{vmatrix}1 & \lambda_1\\ 1 & \lambda_2\end{vmatrix}=\begin{vmatrix}1 & -1\\ 1 & -2\end{vmatrix}=-1 , \quad \begin{bmatrix}1 & \lambda_1\\ 1 & \lambda_2\end{bmatrix}^{-1}=\frac{1}{-1}\begin{bmatrix}-2 & 1\\ -1 & 1\end{bmatrix}=\begin{bmatrix}2 & -1\\ 1 & -1\end{bmatrix}$$

$$\begin{bmatrix}\alpha_0(t)\\ \alpha_1(t)\end{bmatrix}=\begin{bmatrix}2 & -1\\ 1 & -1\end{bmatrix}\begin{bmatrix}\mathrm{e}^{-t}\\ \mathrm{e}^{-2t}\end{bmatrix}=\begin{bmatrix}2\mathrm{e}^{-t}-\mathrm{e}^{-2t}\\ \mathrm{e}^{-t}-\mathrm{e}^{-2t}\end{bmatrix}$$

故有

$$\mathrm{e}^{\boldsymbol{A}t}=\left(2\mathrm{e}^{-t}-\mathrm{e}^{-2t}\right)\begin{bmatrix}1 & 0\\ 0 & 1\end{bmatrix}+\left(\mathrm{e}^{-t}-\mathrm{e}^{-2t}\right)\begin{bmatrix}0 & 1\\ -2 & -3\end{bmatrix}=\begin{bmatrix}2\mathrm{e}^{-t}-\mathrm{e}^{-2t} & \mathrm{e}^{-t}-\mathrm{e}^{-2t}\\ -2\mathrm{e}^{-t}+2\mathrm{e}^{-2t} & -\mathrm{e}^{-t}+2\mathrm{e}^{-2t}\end{bmatrix}$$

3.3 线性定常非齐次状态方程的解

线性定常控制系统在控制作用下的运动被称为受控运动，其数学表征为非齐次状态方程。结论：若非齐次状态方程 $\dot{\boldsymbol{x}}=\boldsymbol{A}\boldsymbol{x}+\boldsymbol{B}\boldsymbol{u}$， $\boldsymbol{x}(t_0)=\boldsymbol{x}_0$ 的解存在，则必具有如下形式。

$$t_0=0\text{，}\quad \boldsymbol{x}(t)=\boldsymbol{\Phi}(t)\boldsymbol{x}_0+\int_0^t\boldsymbol{\Phi}(t-\tau)\boldsymbol{B}\boldsymbol{u}(\tau)\mathrm{d}\tau$$

$$t_0\neq 0\text{，}\quad \boldsymbol{x}(t)=\boldsymbol{\Phi}(t-t_0)\boldsymbol{x}_0+\int_{t_0}^t\boldsymbol{\Phi}(t-\tau)\boldsymbol{B}\boldsymbol{u}(\tau)\mathrm{d}\tau$$

对上述结论的证明如下所示。

证明：对于线性定常系统，在输入信号的作用下，其状态方程为

$$\dot{\boldsymbol{x}}=\boldsymbol{A}\boldsymbol{x}+\boldsymbol{B}\boldsymbol{u} \tag{3.5}$$

式（3.5）被称为非齐次状态方程，该系统的运动为受控运动。

对式（3.5）两边取拉氏变换，可得

$$s\boldsymbol{X}(s)-\boldsymbol{x}(0)=\boldsymbol{A}\boldsymbol{X}(s)+\boldsymbol{B}\boldsymbol{U}(s)$$

即

$$(s\boldsymbol{I}-\boldsymbol{A})\boldsymbol{X}(s)=\boldsymbol{x}(0)+\boldsymbol{B}\boldsymbol{U}(s) \tag{3.6}$$

式（3.6）两端同时乘 $(s\boldsymbol{I}-\boldsymbol{A})^{-1}$，得

$$\boldsymbol{X}(s)=(s\boldsymbol{I}-\boldsymbol{A})^{-1}\boldsymbol{x}(0)+(s\boldsymbol{I}-\boldsymbol{A})^{-1}\boldsymbol{B}\boldsymbol{U}(s) \tag{3.7}$$

对式（3.7）取拉氏反变换，并利用卷积分公式，可得

$$\begin{aligned}\boldsymbol{x}(t)&=L^{-1}[(s\boldsymbol{I}-\boldsymbol{A})^{-1}]\boldsymbol{x}(0)+L^{-1}[(s\boldsymbol{I}-\boldsymbol{A})^{-1}\boldsymbol{B}\boldsymbol{U}(s)]\\&=\boldsymbol{\Phi}(t)\boldsymbol{x}(0)+\int_0^t\boldsymbol{\Phi}(t-\tau)\boldsymbol{B}\boldsymbol{u}(\tau)\mathrm{d}\tau\end{aligned} \tag{3.8}$$

从式（3.8）可看出，非齐次状态方程的解由两部分组成，第一部分为系统初始状态的转移项，即系统的自由运动项；第二部分为控制信号作用下的受控项，即系统的受控运动项。系统两部分的构成说明非齐次状态方程的响应满足线性系统的叠加原理。适当选择输入变量 $\boldsymbol{u}(t)$，可使系统状态在状态空间中获得满足要求的最佳轨线。

【例 3-5】已知系统状态方程 $\dot{\boldsymbol{x}}=\begin{bmatrix}0&1\\-2&-3\end{bmatrix}\boldsymbol{x}+\begin{bmatrix}0\\1\end{bmatrix}u$， $\boldsymbol{x}_0=\begin{bmatrix}1\\2\end{bmatrix}$，求该系统在单位阶跃输入下状态方程的解。

解：在例 3-4 中，已求出状态转移矩阵 $\boldsymbol{\Phi}(t)$ 为 $\boldsymbol{\Phi}(t)=\begin{bmatrix}2\mathrm{e}^{-t}-\mathrm{e}^{-2t} & \mathrm{e}^{-t}-\mathrm{e}^{-2t}\\-2\mathrm{e}^{-t}+2\mathrm{e}^{-2t} & -\mathrm{e}^{-t}+2\mathrm{e}^{-2t}\end{bmatrix}$，则系统在阶跃输入 $u(t)=1(t)$ 下的解为

$$\begin{aligned}\boldsymbol{x}(t)&=\boldsymbol{\Phi}(t)\boldsymbol{x}_0+\int_0^t\boldsymbol{\Phi}(t-\tau)\boldsymbol{B}\boldsymbol{u}(\tau)\mathrm{d}\tau\\&=\begin{bmatrix}2\mathrm{e}^{-t}-\mathrm{e}^{-2t} & \mathrm{e}^{-t}-\mathrm{e}^{-2t}\\-2\mathrm{e}^{-t}+2\mathrm{e}^{-2t} & -\mathrm{e}^{-t}+2\mathrm{e}^{-2t}\end{bmatrix}\begin{bmatrix}1\\2\end{bmatrix}+\int_0^t\begin{bmatrix}2\mathrm{e}^{-(t-\tau)}-\mathrm{e}^{-2(t-\tau)} & \mathrm{e}^{-(t-\tau)}-\mathrm{e}^{-2(t-\tau)}\\-2\mathrm{e}^{-(t-\tau)}+2\mathrm{e}^{-2(t-\tau)} & -\mathrm{e}^{-(t-\tau)}+2\mathrm{e}^{-2(t-\tau)}\end{bmatrix}\begin{bmatrix}0\\1\end{bmatrix}\mathrm{d}\tau\\&=\begin{bmatrix}4\mathrm{e}^{-t}-3\mathrm{e}^{-2t}\\-4\mathrm{e}^{-t}+6\mathrm{e}^{-2t}\end{bmatrix}+\int_0^t\begin{bmatrix}\mathrm{e}^{-(t-\tau)}-\mathrm{e}^{-2(t-\tau)}\\-\mathrm{e}^{-(t-\tau)}+2\mathrm{e}^{-2(t-\tau)}\end{bmatrix}\mathrm{d}\tau\end{aligned}$$

$$=\begin{bmatrix}\dfrac{1}{2}+3\mathrm{e}^{-t}-\dfrac{5}{2}\mathrm{e}^{-2t}\\ -3\mathrm{e}^{-t}+5\mathrm{e}^{-2t}\end{bmatrix}$$

为了与经典控制理论相对应，下面讨论系统在典型输入信号（即单位脉冲函数、单位阶跃函数和单位斜坡函数）作用下，系统的状态解和输出解。

1．单位脉冲响应

当输入为单位脉冲函数 $u(t)=\delta(t)$ 时，系统的响应称为单位脉冲响应，记为 $H(t)$ 。

单位脉冲函数 $\delta(t)$ 可表示为

$$\begin{cases}\delta(t)=\begin{cases}0, & t\neq 0\\ \infty, & t=0\end{cases}\\ \int_{0^-}^{0^+}\delta(t)\mathrm{d}t=1\end{cases}$$

则系统状态方程的解为

$$\begin{aligned}\boldsymbol{x}(t)&=\boldsymbol{\Phi}(t)\boldsymbol{x}(0)+\int_0^t\boldsymbol{\Phi}(t-\tau)\boldsymbol{Bu}(\tau)\mathrm{d}\tau\\&=\boldsymbol{\Phi}(t)\boldsymbol{x}(0)+\int_{0^-}^{0^+}\boldsymbol{\Phi}(t-\tau)\boldsymbol{B}\delta(\tau)\mathrm{d}\tau\\&=\boldsymbol{\Phi}(t)\boldsymbol{x}(0)+\boldsymbol{\Phi}(t)\boldsymbol{B}\end{aligned}\tag{3.9}$$

又因为根据状态转移矩阵的性质有

$$\int_{0^-}^{0^+}\boldsymbol{\Phi}(t-\tau)\boldsymbol{B}\delta(\tau)\mathrm{d}\tau=\int_{0^-}^{0^+}\boldsymbol{\Phi}(t)\boldsymbol{\Phi}(-\tau)\boldsymbol{B}\delta(\tau)\mathrm{d}\tau=\boldsymbol{\Phi}(t)\int_{0^-}^{0^+}\boldsymbol{\Phi}(-\tau)\delta(\tau)\mathrm{d}\tau\boldsymbol{B}$$

再根据脉冲函数的性质，参考古典控制理论有 $\int_{-\infty}^{+\infty}\delta(t)f(t)\mathrm{d}t=f(0)$ ，所以式（3.9）最终为

$$\boldsymbol{\Phi}(t)\int_{0^-}^{0^+}\boldsymbol{\Phi}(-\tau)\delta(\tau)\mathrm{d}\tau\boldsymbol{B}=\boldsymbol{\Phi}(t)\boldsymbol{\Phi}(0)^{-1}\boldsymbol{B}=\boldsymbol{\Phi}(t)\boldsymbol{I}^{-1}\boldsymbol{B}=\boldsymbol{\Phi}(t)\boldsymbol{B}$$

此时系统的输出响应为

$$\begin{aligned}\boldsymbol{y}(t)&=\boldsymbol{Cx}(t)\\&=\boldsymbol{C\Phi}(t)\boldsymbol{x}(0)+\boldsymbol{C\Phi}(t)\boldsymbol{B}\end{aligned}$$

当 $t_0=0$、$\boldsymbol{x}(0)=\boldsymbol{0}$ 时，系统单位脉冲响应为

$$\boldsymbol{H}(t)=\boldsymbol{C\Phi}(t)\boldsymbol{B}$$

显然，该式是系统传递函数阵的拉氏反变换即

$$\boldsymbol{H}(t)=L^{-1}[\boldsymbol{C}(s\boldsymbol{I}-\boldsymbol{A})^{-1}\boldsymbol{B}]$$

或

$$\boldsymbol{G}(s)=\boldsymbol{C}(s\boldsymbol{I}-\boldsymbol{A})^{-1}\boldsymbol{B}=L[\boldsymbol{H}(t)]$$

2．单位阶跃响应

当输入单位阶跃函数 $u(t)=1(t)(t\geqslant 0)$ 时，系统的响应称为单位阶跃响应。

在单位阶跃函数的作用下，非齐次状态方程的解为

$$
\begin{aligned}
\boldsymbol{x}(t) &= \boldsymbol{\Phi}(t)\boldsymbol{x}(0) + \int_0^t \boldsymbol{\Phi}(t-\tau)\boldsymbol{B}\boldsymbol{u}(\tau)\mathrm{d}\tau \\
&= \boldsymbol{\Phi}(t)\boldsymbol{x}(0) + \int_0^t \boldsymbol{\Phi}(t-\tau)\boldsymbol{B}\mathrm{d}\tau \\
&= \boldsymbol{\Phi}(t)\boldsymbol{x}(0) - \boldsymbol{A}^{-1}[\boldsymbol{I} - \boldsymbol{\Phi}(t)]\boldsymbol{B}
\end{aligned} \tag{3.10}
$$

式（3.10）的推导可以采用如下方法：

$$
\begin{aligned}
\int_0^t \boldsymbol{\Phi}(t-\tau)\boldsymbol{B}\mathrm{d}\tau &= \int_0^t \mathrm{e}^{\boldsymbol{A}(t-\tau)}\mathrm{d}\tau\boldsymbol{B} = \mathrm{e}^{\boldsymbol{A}t}\int_0^t \mathrm{e}^{-\boldsymbol{A}\tau}\mathrm{d}\tau\boldsymbol{B} \\
&= \mathrm{e}^{\boldsymbol{A}t}\frac{-1}{\boldsymbol{A}}\mathrm{e}^{-\boldsymbol{A}\tau}\Big|_0^t\boldsymbol{B} = \mathrm{e}^{\boldsymbol{A}t}\left(-\frac{1}{\boldsymbol{A}}\right)\left(\mathrm{e}^{-\boldsymbol{A}t} - \boldsymbol{I}\right)\boldsymbol{B} = -\boldsymbol{A}^{-1}[\boldsymbol{I} - \boldsymbol{\Phi}(t)]\boldsymbol{B}
\end{aligned}
$$

上式的推导要用到状态转移矩阵的性质 $\dot{\boldsymbol{\Phi}}(t) = \boldsymbol{A}\boldsymbol{\Phi}(t) = \boldsymbol{\Phi}(t)\boldsymbol{A}$，可进行如下证明。

证明：因为 $\boldsymbol{\Phi}(t) = \boldsymbol{I} + \boldsymbol{A}t + \dfrac{\boldsymbol{A}^2}{2!}t^2 + \cdots = \sum\limits_{k=0}^{\infty}\dfrac{\boldsymbol{A}^k}{k!}t^k$，对 $\boldsymbol{\Phi}(t)$ 求导，为

$$
\begin{aligned}
\dot{\boldsymbol{\Phi}}(t) &= \boldsymbol{A} + \boldsymbol{A}^2 t + \frac{1}{2!}\boldsymbol{A}^3 t^2 + \cdots + \frac{1}{(i-1)!}\boldsymbol{A}^i t^{i-1} + \cdots \\
&= \boldsymbol{A}\left[\boldsymbol{I} + \boldsymbol{A}t + \frac{\boldsymbol{A}^2}{2!}t^2 + \cdots\right] \\
&= \boldsymbol{A}\boldsymbol{\Phi}(t) = \boldsymbol{\Phi}(t)\boldsymbol{A}
\end{aligned}
$$

两侧同时乘以 $\boldsymbol{A}^{-1}$，即

$$
\boldsymbol{\Phi}(t)\boldsymbol{A}^{-1} = \boldsymbol{A}^{-1}\boldsymbol{\Phi}(t)
$$

系统的输出响应，即单位阶跃响应为

$$
\begin{aligned}
\boldsymbol{y}(t) &= \boldsymbol{C}\boldsymbol{x}(t) \\
&= \boldsymbol{C}\boldsymbol{\Phi}(t)\boldsymbol{x}(0) + \boldsymbol{C}\boldsymbol{A}^{-1}[\boldsymbol{\Phi}(t) - \boldsymbol{I}]\boldsymbol{B}
\end{aligned}
$$

3. 单位斜坡响应

当输入为单位斜坡函数 $u(t) = t\,(t \geqslant 0)$ 时，系统的响应称为单位斜坡响应。

在单位斜坡函数的作用下，系统状态方程的解为

$$
\begin{aligned}
\boldsymbol{x}(t) &= \boldsymbol{\Phi}(t)\boldsymbol{x}(0) + \int_0^t \boldsymbol{\Phi}(t-\tau)\boldsymbol{B}\tau\mathrm{d}\tau \\
&= \boldsymbol{\Phi}(t)\boldsymbol{x}(0) + [\boldsymbol{A}^{-2}\boldsymbol{\Phi}(t) - \boldsymbol{A}^{-2} - \boldsymbol{A}^{-1}t]\boldsymbol{B}
\end{aligned}
$$

系统的单位斜坡响应为

$$
\begin{aligned}
\boldsymbol{y}(t) &= \boldsymbol{C}\boldsymbol{x}(t) \\
&= \boldsymbol{C}\boldsymbol{\Phi}(t)\boldsymbol{x}(0) + \boldsymbol{C}[\boldsymbol{A}^{-2}\boldsymbol{\Phi}(t) - \boldsymbol{A}^{-2} - \boldsymbol{A}^{-1}t]\boldsymbol{B}
\end{aligned}
$$

3.4 线性时变系统状态方程的解

严格说来，一般控制系统都是时变系统，系统中某些参数是随时间的变化而变化的。例如，温度上升会导致电阻阻值变化，故电阻应为时变电阻 $R(t)$；火箭燃料的消耗会使火箭的质量 m 发生变化 $m(t)$；等等。这说明系统参数都是时间的函数，即时变系统。当参数时变较小，且满足工程允许的精度时，可忽略不计，即将时变参数看成常数，将时变系统近似为定常系统。线性时变系统比线性定常系统更具普遍性，更接近实际系统。

线性时变系统的状态空间表达式为

$$\begin{cases}\dot{\boldsymbol{x}}(t)=\boldsymbol{A}(t)\boldsymbol{x}(t)+\boldsymbol{B}(t)\boldsymbol{u}(t)\\ \boldsymbol{y}(t)=\boldsymbol{C}(t)\boldsymbol{x}(t)+\boldsymbol{D}(t)\boldsymbol{u}(t)\end{cases}$$

3.4.1 线性时变齐次状态方程的解

若 $u(t)=0$（输入函数为 0），齐次状态方程为 $\dot{\boldsymbol{x}}(t)=\boldsymbol{A}(t)\boldsymbol{x}(t)$，则时变齐次状态方程式的解为

$$\boldsymbol{x}(t)=\mathrm{e}^{\int_{t_0}^{t}\boldsymbol{A}(\tau)\mathrm{d}\tau}\boldsymbol{x}(t_0)$$

条件：$\boldsymbol{A}(t_1)\boldsymbol{A}(t_2)=\boldsymbol{A}(t_2)\boldsymbol{A}(t_1)$ 对任意 t_1 、t_2 都成立。

系统的状态转移矩阵为

$$\boldsymbol{\Phi}(t,t_0)=\mathrm{e}^{\int_{t_0}^{t}\boldsymbol{A}(\tau)\mathrm{d}\tau}=\boldsymbol{I}+\int_{t_0}^{t}\boldsymbol{A}(\tau)\mathrm{d}\tau+\frac{1}{2!}\left[\int_{t_0}^{t}\boldsymbol{A}(\tau)\mathrm{d}\tau\right]^2+\frac{1}{3!}\left[\int_{t_0}^{t}\boldsymbol{A}(\tau)\mathrm{d}\tau\right]^3+\cdots$$

【例 3-6】系统状态方程为 $\dot{\boldsymbol{x}}(t)=\boldsymbol{A}(t)\boldsymbol{x}(t)$，其中 $\boldsymbol{A}(t)=\begin{bmatrix}0 & \dfrac{1}{(t+1)^2}\\ 0 & 0\end{bmatrix}$，求当 $t_0=0$ 、$\boldsymbol{x}(t_0)=\begin{bmatrix}0\\1\end{bmatrix}$ 时，状态方程的解。

解：因 $\boldsymbol{A}(t_1)\boldsymbol{A}(t_2)=\begin{bmatrix}0 & \dfrac{1}{(t_1+1)^2}\\ 0 & 0\end{bmatrix}\begin{bmatrix}0 & \dfrac{1}{(t_2+1)^2}\\ 0 & 0\end{bmatrix}=0=\boldsymbol{A}(t_2)\boldsymbol{A}(t_1)$，满足条件，则系统的状态转移矩阵为

$$\boldsymbol{\Phi}(t,t_0)=\mathrm{e}^{\int_{t_0}^{t}\boldsymbol{A}(\tau)\mathrm{d}\tau}=\boldsymbol{I}+\int_{t_0}^{t}\boldsymbol{A}(\tau)\mathrm{d}\tau+\frac{1}{2!}\left[\int_{t_0}^{t}\boldsymbol{A}(\tau)\mathrm{d}\tau\right]^2+\cdots$$

$$=\boldsymbol{I}+\begin{bmatrix}0 & \dfrac{t-t_0}{(t_1+1)(t_2+1)}\\ 0 & 0\end{bmatrix}+\frac{1}{2!}\begin{bmatrix}0 & \dfrac{t-t_0}{(t+1)(t_0+1)}\\ 0 & 0\end{bmatrix}^2+\cdots$$

从第 3 项开始后面都为 0，所以

$$\boldsymbol{\Phi}(t,t_0)=\begin{bmatrix}1 & 0\\ 0 & 1\end{bmatrix}+\begin{bmatrix}0 & \dfrac{t-t_0}{(t+1)(t_0+1)}\\ 0 & 0\end{bmatrix}=\begin{bmatrix}1 & \dfrac{t-t_0}{(t+1)(t_0+1)}\\ 0 & 1\end{bmatrix}$$

$$\boldsymbol{x}(t)=\boldsymbol{\Phi}(t,t_0)\boldsymbol{x}(t_0)=\boldsymbol{\Phi}(t,0)\begin{bmatrix}0\\1\end{bmatrix}$$

$$=\begin{bmatrix}1 & \dfrac{t}{t+1}\\ 0 & 1\end{bmatrix}\begin{bmatrix}0\\1\end{bmatrix}=\begin{bmatrix}\dfrac{t}{t+1}\\ 1\end{bmatrix}$$

若不满足 $\boldsymbol{A}(t_1)\boldsymbol{A}(t_2)=\boldsymbol{A}(t_2)\boldsymbol{A}(t_1)$ 对任意 t_1、t_2 成立，那么时变系统状态方程的解可采用逐次逼近法，其公式为

$$\boldsymbol{x}(t)=\left[\boldsymbol{I}+\int_{t_0}^{t}\boldsymbol{A}(\tau)\mathrm{d}\tau+\int_{t_0}^{t}\boldsymbol{A}(\tau_1)\int_{t_0}^{\tau_1}\boldsymbol{A}(\tau_2)\mathrm{d}\tau_1\mathrm{d}\tau_2+\cdots\right]\boldsymbol{x}(t_0)$$

其中，中括号内的各项之和为$\boldsymbol{\Phi}(t,t_0)$。

【例 3-7】时变系统齐次状态方程为$\dot{\boldsymbol{x}}(t)=\begin{bmatrix}0 & 1\\ 0 & t\end{bmatrix}\boldsymbol{x}(t)$，求该状态方程的解。

解：对任意时刻t_1、t_2有

$$\boldsymbol{A}(t_1)\boldsymbol{A}(t_2)=\begin{bmatrix}0 & 1\\ 0 & t_1\end{bmatrix}\begin{bmatrix}0 & 1\\ 0 & t_2\end{bmatrix}=\begin{bmatrix}0 & t_2\\ 0 & t_1t_2\end{bmatrix},\quad \boldsymbol{A}(t_2)\boldsymbol{A}(t_1)=\begin{bmatrix}0 & t_1\\ 0 & t_1t_2\end{bmatrix}$$

即

$$\boldsymbol{A}(t_1)\boldsymbol{A}(t_2)\neq\boldsymbol{A}(t_2)\boldsymbol{A}(t_1)$$

则系统的状态转移矩阵为

$$\begin{aligned}\boldsymbol{\Phi}(t,t_0)&=\boldsymbol{I}+\int_{t_0}^{t}\boldsymbol{A}(\tau)\mathrm{d}\tau+\int_{t_0}^{t}\boldsymbol{A}(\tau_1)\int_{t_0}^{\tau_1}\boldsymbol{A}(\tau_2)\mathrm{d}\tau_1\mathrm{d}\tau_2+\cdots\\&=\begin{bmatrix}1 & 0\\ 0 & 1\end{bmatrix}+\begin{bmatrix}0 & t-t_0\\ 0 & \frac{1}{2}(t^2-t_0^2)\end{bmatrix}+\begin{bmatrix}0 & \frac{1}{6}(t-t_0)^2(t+2t_0)\\ 0 & \frac{1}{8}(t^2-t_0^2)^2\end{bmatrix}+\cdots\end{aligned}$$

时变系统状态方程的解为

$$\boldsymbol{x}(t)=\boldsymbol{\Phi}(t,t_0)\boldsymbol{x}(t_0)=\begin{bmatrix}1 & (t-t_0)+\frac{1}{6}(t-t_0)^2(t+2t_0)+\cdots\\ 0 & \frac{1}{2}(t^2-t_0^2)+\frac{1}{8}(t^2-t_0^2)^2\end{bmatrix}$$

3.4.2 线性时变系统的状态转移矩阵

线性时变系统齐次状态方程的解可表示为

$$\boldsymbol{x}(t)=\boldsymbol{\Phi}(t,t_0)\boldsymbol{x}(t_0)$$

其中，$\boldsymbol{\Phi}(t,t_0)$为线性时变系统的状态转移矩阵。

线性时变系统状态转移矩阵的性质如下。

（1）$\boldsymbol{\Phi}(t,t_0)$满足如下矩阵微分方程和初始条件：

$$\begin{cases}\boldsymbol{\Phi}(t,t_0)=\boldsymbol{A}(t)\boldsymbol{\Phi}(t,t_0)\\ \boldsymbol{\Phi}(t_0,t_0)=\boldsymbol{I}\end{cases}$$

（2）$\boldsymbol{\Phi}(t_2,t_0)=\boldsymbol{\Phi}(t_2,t_1)\boldsymbol{\Phi}(t_1,t_0)$；

（3）$\boldsymbol{\Phi}^{-1}(t,t_0)=\boldsymbol{\Phi}(t_0,t)$。

3.4.3 线性时变系统非齐次状态方程的解

如果系统有外加输入，则非齐次状态方程为

$$\begin{cases}\dot{\boldsymbol{x}}(t)=\boldsymbol{A}(t)\boldsymbol{x}(t)+\boldsymbol{B}(t)\boldsymbol{u}(t)\\ \boldsymbol{x}(t)_{t=t_0}=\boldsymbol{x}(t_0)\end{cases}$$

求解该齐次状态方程也就是求解由初始状态$\boldsymbol{x}(t_0)$和输入作用$\boldsymbol{u}(t)$引起的系统状态运动轨迹。当输入$\boldsymbol{u}(t)$为分段连续时，状态方程的解为

$$\boldsymbol{x}(t)=\boldsymbol{\Phi}(t,t_0)\boldsymbol{x}(t_0)+\int_{t_0}^{t}\boldsymbol{\Phi}(t,\tau)\boldsymbol{B}(\tau)\boldsymbol{u}(\tau)\mathrm{d}\tau$$

【例 3-8】 求如下时变系统在阶跃输入时的状态变量的值。

$$\dot{\boldsymbol{x}}=\begin{bmatrix}0 & \dfrac{1}{(t+1)^2}\\ 0 & 0\end{bmatrix}\boldsymbol{x}+\begin{bmatrix}0\\ t+1\end{bmatrix}u,\ \boldsymbol{x}(0)=\begin{bmatrix}1\\ 1\end{bmatrix}$$

解：由例 3-6 可知，系统的状态转移矩阵为$\boldsymbol{\Phi}(t,t_0)=\begin{bmatrix}1 & \dfrac{t-t_0}{(t+1)(t_0+1)}\\ 0 & 1\end{bmatrix}$，则时变系统状态方程的解为

$$\begin{aligned}\boldsymbol{x}(t)&=\boldsymbol{\Phi}(t,t_0)\boldsymbol{x}(0)+\int_0^t\boldsymbol{\Phi}(t,\tau)\boldsymbol{B}(\tau)u(\tau)\mathrm{d}\tau\\ &=\begin{bmatrix}1 & \dfrac{t}{t+1}\\ 0 & 1\end{bmatrix}\begin{bmatrix}1\\ 1\end{bmatrix}+\int_0^t\begin{bmatrix}1 & \dfrac{t-\tau}{(t+1)(\tau+1)}\\ 0 & 1\end{bmatrix}\begin{bmatrix}0\\ \tau+1\end{bmatrix}\mathrm{d}\tau\\ &=\begin{bmatrix}1+\dfrac{t}{t+1}\\ 1\end{bmatrix}+\int_0^t\begin{bmatrix}\dfrac{t-\tau}{t+1}\\ \tau+1\end{bmatrix}\mathrm{d}\tau=\begin{bmatrix}\dfrac{t^2+4t+2}{2(t+1)}\\ \dfrac{t^2+2t+2}{2}\end{bmatrix}\end{aligned}$$

3.5 习　题

习题 3-1　给定线性定常系统，求该齐次状态方程的解 $\boldsymbol{x}(t)$。

$$\dot{\boldsymbol{x}}=\begin{bmatrix}0 & 1\\ -3 & -2\end{bmatrix}\boldsymbol{x},\ \boldsymbol{x}(0)=\begin{bmatrix}1\\ -1\end{bmatrix}$$

习题 3-2　试求下列系统矩阵 $\boldsymbol{A}$ 对应的状态转移矩阵。

（1）$\boldsymbol{A}=\begin{bmatrix}0 & 1\\ -1 & -2\end{bmatrix}$　　（2）$\boldsymbol{A}=\begin{bmatrix}0 & 1 & 0\\ 0 & 0 & 1\\ 2 & -5 & 4\end{bmatrix}$

（3）$\boldsymbol{A}=\begin{bmatrix}0 & 1 & 0 & 0\\ 0 & 0 & 1 & 0\\ 0 & 0 & 0 & 1\\ 0 & 0 & 0 & 0\end{bmatrix}$

习题 3-3　已知线性定常系统的状态方程为$\begin{bmatrix}\dot{x}_1(t)\\ \dot{x}_2(t)\end{bmatrix}=\begin{bmatrix}0 & 1\\ -2 & -3\end{bmatrix}\begin{bmatrix}x_1(t)\\ x_2(t)\end{bmatrix}+\begin{bmatrix}0\\ 1\end{bmatrix}u(t)$，初始状态为$\begin{bmatrix}x_1(0)\\ x_2(0)\end{bmatrix}=\begin{bmatrix}1\\ -1\end{bmatrix}$，求 $u(t)$ 为单位阶跃函数时系统状态方程的解。

习题 3-4　考虑如下矩阵，试计算 $\mathrm{e}^{\boldsymbol{A}t}$。

（1）$A=\begin{bmatrix}0 & 1 & 0\\0 & 0 & 1\\-6 & -11 & -6\end{bmatrix}$　　　　（2）$A=\begin{bmatrix}-2 & 0 & 0\\0 & -3 & 1\\0 & 0 & -3\end{bmatrix}$

（3）$A=\begin{bmatrix}0 & -1\\4 & 0\end{bmatrix}$

习题 3-5　给定一个二维连续时间线性定常稳定系统 $\dot{x}=Ax$ ，$t\geqslant 0$ 。已知，对于两个不同初态的状态响应分别为

$$\text{对 } x(0)=\begin{bmatrix}1\\-4\end{bmatrix},\quad x(t)=\begin{bmatrix}e^{-3t}\\-4e^{-3t}\end{bmatrix}$$

$$\text{对 } x(0)=\begin{bmatrix}2\\-1\end{bmatrix},\quad x(t)=\begin{bmatrix}2e^{-2t}\\-e^{-2t}\end{bmatrix}$$

试据此求出系统矩阵 A 。

习题 3-6　求下列系统在输入作用为：①脉冲函数；②单位阶跃函数；③单位斜坡函数下的状态响应。

（1）$\dot{x}=\begin{bmatrix}-a & 0\\0 & -b\end{bmatrix}x+\begin{bmatrix}\dfrac{1}{b-a}\\\dfrac{1}{a-b}\end{bmatrix}u$　　　　（2）$\dot{x}=\begin{bmatrix}0 & 1\\-ab & -(a+b)\end{bmatrix}x+\begin{bmatrix}0\\1\end{bmatrix}u$

习题 3-7　已知矩阵 A 是 2×2 常数矩阵，关于系统的状态方程式 $\dot{x}=Ax$ ，有 $x(0)=\begin{bmatrix}2\\1\end{bmatrix}$ 时，$x(t)=\begin{bmatrix}2e^{-t}\\e^{-t}\end{bmatrix}$ ； $x(0)=\begin{bmatrix}1\\1\end{bmatrix}$ 时， $x(t)=\begin{bmatrix}e^{-t}+2te^{-t}\\e^{-t}+te^{-t}\end{bmatrix}$ 。试确定系统的转移矩阵 $\Phi(t,0)$ 和矩阵 A 。

习题 3-8　线性定常系统的齐次状态方程为 $\dot{x}=Ax(t)$ 。已知当 $x(0)=\begin{bmatrix}1\\-2\end{bmatrix}$ 时，状态方程的解为 $x(t)=\begin{bmatrix}e^{-2t}\\-2e^{-2t}\end{bmatrix}$ ；当 $x(0)=\begin{bmatrix}1\\-1\end{bmatrix}$ 时，状态方程的解为 $x(t)=\begin{bmatrix}e^{-t}\\-e^{-t}\end{bmatrix}$ 。试求：

（1）系统的转移矩阵 $\Phi(t)$ ；

（2）系统的系统矩阵 A 。

第 4 章　控制系统的稳定性

1892 年，俄国学者李雅普诺夫在运动稳定性一般问题中提出了李雅普诺夫稳定性理论。该理论作为稳定性判据的通用方法，适用于各类系统。李雅普诺夫稳定性理论又可简称为李雅普诺夫稳定理论。

在古典控制理论中，可以使用劳斯判据来对系统的稳定性进行判断，而对于现代控制理论，要使用李雅普诺夫第二法才能判断系统是否稳定。

1892 年，李雅普诺夫将如何判断系统的稳定性归纳成两种方法，即李雅普诺夫第一法和李雅普诺夫第二法。李雅普诺夫第一法是解系统的微分方程式，然后根据解的性质来判断系统的稳定性；如果线性化特征方程式的根全部是负实数根，则系统在工作点附近是稳定的。李雅普诺夫第二法的特点是不必求解系统的微分方程式就可以对系统的稳定性进行分析判断，并且这种方法给出的稳定性信息是精确的不是近似的。

其中李雅普诺夫第一法又称间接法；李雅普诺夫第二法又称直接法。本书主要介绍李雅普诺夫第二法。

4.1　李雅普诺夫稳定性定义

要学习李雅普诺夫第二法，首先要学习正定函数、二次型函数等基础知识，本节先对这些基本概念进行介绍。

4.1.1　平衡状态的定义

平衡状态的定义：设系统状态方程为 $\dot{\boldsymbol{x}}=\boldsymbol{f}(\boldsymbol{x},t)$，若对任意 t 状态 $\boldsymbol{x}$ 都满足 $\dot{\boldsymbol{x}}=\boldsymbol{0}$，则称该状态 $\boldsymbol{x}$ 为平衡状态，记为 $\boldsymbol{x}_{\mathrm{e}}$。故 $f(\boldsymbol{x}_{\mathrm{e}},t)=\boldsymbol{0}$ 成立。

4.1.2　范数的概念

范数的定义：n 维状态空间中，向量 $\boldsymbol{x}$ 的长度称为向量 $\boldsymbol{x}$ 的范数，用 $\|\boldsymbol{x}\|$ 表示，则

$$\|\boldsymbol{x}\|=\sqrt{x_1^2+\cdots+x_n^2}=\left(\boldsymbol{x}^{\mathrm{T}}\boldsymbol{x}\right)^{\frac{1}{2}}$$

向量的距离的定义：长度 $\|\boldsymbol{x}-\boldsymbol{x}_{\mathrm{e}}\|$ 称为向量 $\boldsymbol{x}$ 与 $\boldsymbol{x}_{\mathrm{e}}$ 的距离，则

$$\|\boldsymbol{x}-\boldsymbol{x}_{\mathrm{e}}\|=\sqrt{\left(x_1-x_{\mathrm{e}_1}\right)^2+\cdots+\left(x_n-x_{\mathrm{e}_n}\right)^2}$$

当 $\boldsymbol{x}-\boldsymbol{x}_{\mathrm{e}}$ 的范数限定在某一范围之内时，则有

$$\|\boldsymbol{x}-\boldsymbol{x}_{\mathrm{e}}\|\leqslant\varepsilon\,，\quad \varepsilon>0$$

该式的几何意义为在三维状态空间中表示以 $\boldsymbol{x}_{\mathrm{e}}$ 为球心，以 ε 为半径的球域，记为 $S(\varepsilon)$（见图 4-1）。

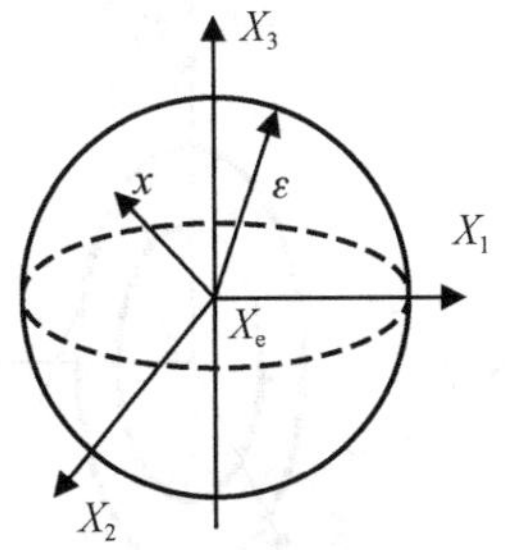

图 4-1　球域

4.1.3　李雅普诺夫稳定性定义

1．李雅普诺夫意义下的稳定性（稳定和一致稳定）

定义：对于系统 $\dot{\boldsymbol{x}}=f(\boldsymbol{x},t)$，若任意给定实数 $\varepsilon>0$，都存在另一实数 $\delta(\varepsilon,t_0)>0$，当 $\|\boldsymbol{x}_0-\boldsymbol{x}_e\|\leqslant\delta$ 时，从任意初态 $\boldsymbol{x}_0$ 出发的解 $\boldsymbol{\Phi}(t,\boldsymbol{x}_0,t_0)$ 满足 $\|\boldsymbol{\Phi}(t,\boldsymbol{x}_0,t_0)-\boldsymbol{x}_e\|\leqslant\varepsilon$，其中，$t\geqslant t_0$，则称系统的平衡状态 $\boldsymbol{x}_e$ 是稳定的；若 δ 与 t_0 无关，则称平衡状态 $\boldsymbol{x}_e$ 是一致稳定的。

其几何意义如下：李雅普诺夫意义下的稳定性，是指从 $S(\delta)$ 出发的轨线，在 $t>t_0$ 的任何时刻总不会超出 $S(\varepsilon)$。李雅普诺夫稳定性示意图，如图 4-2 所示。

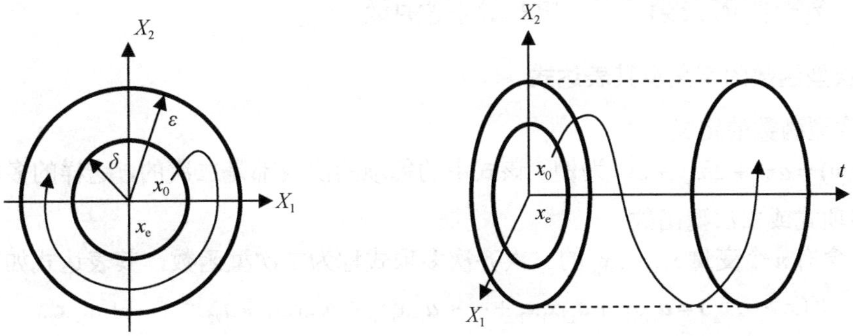

（a）$S(\varepsilon)$ 和 $S(\delta)$ 两个球域　　（b）状态轨线变化

图 4-2　李雅普诺夫稳定性示意图

对于非时变的定常系统来说，δ 与 t_0 无关，此时系统的平衡状态的稳定一定是一致稳定的。

2．经典理论稳定性（渐进稳定性）

定义：对于系统 $\dot{\boldsymbol{x}}=f(\boldsymbol{x},t)$，若任意给定实数 $\varepsilon>0$，都存在 $\delta(\varepsilon,t_0)>0$，当 $\|\boldsymbol{x}_0-\boldsymbol{x}_e\|\leqslant\delta$ 时，从任意初态 $\boldsymbol{x}_0$ 出发的解 $\boldsymbol{\Phi}(t,\boldsymbol{x}_0,t_0)$ 满足 $\|\boldsymbol{\Phi}(t,\boldsymbol{x}_0,t_0)-\boldsymbol{x}_e\|\leqslant\varepsilon(t\geqslant t_0)$，且对任意微小量 $\mu>0$，总有 $\lim\limits_{t\to\infty}\|\boldsymbol{\Phi}(t,\boldsymbol{x}_0,t_0)-\boldsymbol{x}_e\|\leqslant\mu$，则称平衡状态 $\boldsymbol{x}_e$ 是渐进稳定的。

3．大范围渐进稳定性

定义：如果系统 $\dot{\boldsymbol{x}}=\boldsymbol{f}(\boldsymbol{x},t)$ 在任意初始状态 $\boldsymbol{x}_0$ 下的每一个解，当 $t\to\infty$ 时，都收敛于 $\boldsymbol{x}_e$，那么该系统的平衡状态 $\boldsymbol{x}_e$ 即为大范围渐进稳定的。渐进稳定性的几何解释和变化轨线，如图 4-3 所示。

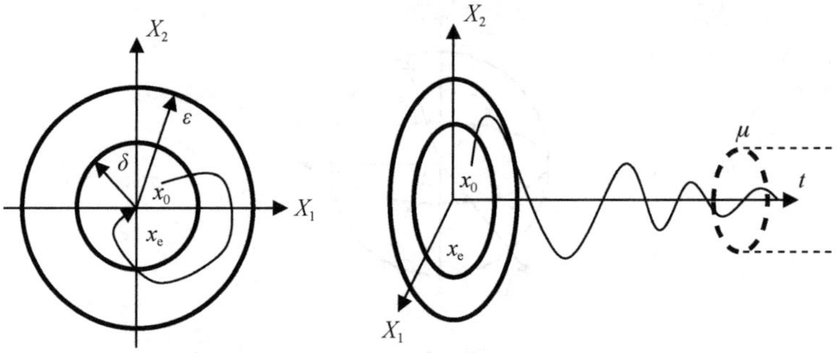

（a）$S(\varepsilon)$ 和 $S(\delta)$ 球域　　　　（b）状态轨线变化

图 4-3　渐进稳定性的几何解释和变化轨线

4．不稳定性

定义：如果对于某个实数 $\varepsilon>0$ 和任一实数 $\delta>0$，当 $\|\boldsymbol{x}_0-\boldsymbol{x}_e\|\leqslant\delta$ 时，总存在一个初始状态 $\boldsymbol{x}_0$ 使 $\|\boldsymbol{\Phi}(t,\boldsymbol{x}_0,t_0)-\boldsymbol{x}_e\|>\varepsilon(t\geqslant t_0)$，则称平衡状态 $\boldsymbol{x}_e$ 是不稳定的。

4.2　李雅普诺夫稳定性理论

4.2.1　李雅普诺夫第二法中的二次型函数

1．二次型函数的定义及其表达式

1）二次型函数的定义

以 $f(x,y)=ax^2+2bxy+cy^2$ 为例，该式中的每项的次数都是二次的，这样的多项式被称为二次齐次多项式或二次型函数。

定义：含有 n 个变量 $x_1,\cdots,x_n$ 的二次齐次多项式称为二次型函数，其表达式如下。

$$V(x_1,\cdots,x_n)=a_{11}x_1^2+a_{12}x_1x_2+\cdots+a_{1n}x_1x_n+a_{21}x_2x_1+a_{22}x_2^2+\cdots+a_{2n}x_2x_n$$
$$+\cdots+a_{n1}x_nx_1+a_{n2}x_nx_2+\cdots+a_{nn}x_n^2$$

在上式中，将所有二次项的系数用 a_{ij} 代表，当 $i\neq j$ 时，$a_{ij}x_ix_j$ 与 $a_{ji}x_jx_i$ 为同类项，多项式的同类项可以合并，将 $a_{ij}x_ix_j$ 和 $a_{ji}x_jx_i$ 合并后再平分系数分项，即可整理成对称系数，即 $a_{ij}^*=a_{ji}^*=\left(a_{ij}+a_{ji}\right)/2$。任一二次型都可以整理成相应交叉项系数相等的对称形式。

2）二次型矩阵

记

$$\boldsymbol{x}=\begin{bmatrix}x_1\\x_2\\\vdots\\x_n\end{bmatrix},\quad \boldsymbol{A}=\begin{bmatrix}a_{11}&a_{12}&\cdots&a_{1n}\\a_{21}&a_{22}&\cdots&a_{2n}\\\vdots&\vdots&&\vdots\\a_{n1}&a_{n2}&\cdots&a_{nn}\end{bmatrix}$$

则二次型矩阵可写为

$$f(x_1,x_2,\cdots,x_n)=\boldsymbol{x}^{\mathrm{T}}\boldsymbol{A}\boldsymbol{x}$$

该式代表一个标量函数。

3）复二次型

埃尔米特矩阵（Hermitian Matrix）的定义为：若 n 阶复方矩阵 $\boldsymbol{A}$ 的对称单元互为共轭，即 $\boldsymbol{A}$ 的共轭转置矩阵等于它本身，则 $\boldsymbol{A}$ 是埃尔米特矩阵。显然埃尔米特矩阵是实对称矩阵的推广。

如果 $\boldsymbol{x}$ 为 n 维复向量，$\boldsymbol{P}$ 为埃尔米特矩阵，则该复二次型函数称为埃尔米特型函数。例如：

$$V(\boldsymbol{x})=\boldsymbol{x}^{\mathrm{H}}\boldsymbol{P}\boldsymbol{x}=[\overline{x}_1 \quad \overline{x}_2 \quad \cdots \quad \overline{x}_n]\begin{bmatrix} p_{11} & p_{12} & \cdots & p_{1n} \\ \overline{p}_{21} & p_{22} & \cdots & p_{2n} \\ \vdots & \vdots & & \vdots \\ \overline{p}_{n1} & \overline{p}_{n2} & \cdots & p_{nn} \end{bmatrix}\begin{bmatrix} x_1 \\ x_2 \\ \vdots \\ x_n \end{bmatrix}$$

4）二次型的标准型

只含有平方项的二次型称为二次型的标准型，如 $V(x_1,\cdots,x_n)\ a_1x_1^2+a_2x_2^2+\cdots+a_nx_n^2$。

2．标量函数 $V(\boldsymbol{x})$ 的定号性

标量函数 $V(\boldsymbol{x})$ 的定号性有如下规则。

（1）$\begin{cases} V(\boldsymbol{x})>0, & \boldsymbol{x}\neq\boldsymbol{0} \\ V(\boldsymbol{x})=0, & \boldsymbol{x}=\boldsymbol{0} \end{cases}$，$V(\boldsymbol{x})$ 为正定；即对所有非零向量 $\boldsymbol{x}$，都有 $V(\boldsymbol{x})>0$，且在 $\boldsymbol{x}=\boldsymbol{0}$ 处有 $V(\boldsymbol{x})=0$，则 $V(\boldsymbol{x})$ 是正定的。例如，$V(\boldsymbol{x})=x_1^2+2x_2^2$，则 $V(\boldsymbol{x})$ 为正定。

（2）$\begin{cases} V(\boldsymbol{x})\geqslant 0, & \boldsymbol{x}\neq\boldsymbol{0} \\ V(\boldsymbol{x})=0, & \boldsymbol{x}=\boldsymbol{0} \end{cases}$，$V(\boldsymbol{x})$ 为正半定。例如，$V(\boldsymbol{x})=\left(x_1+x_2\right)^2$，则 $V(\boldsymbol{x})$ 为正半定。

（3）$\begin{cases} V(\boldsymbol{x})<0, & \boldsymbol{x}\neq\boldsymbol{0} \\ V(\boldsymbol{x})=0, & \boldsymbol{x}=\boldsymbol{0} \end{cases}$，$V(\boldsymbol{x})$ 为负定。例如，$V(\boldsymbol{x})=-\left(x_1^2+2x_2^2\right)$，则 $V(\boldsymbol{x})$ 为负定。

（4）$\begin{cases} V(\boldsymbol{x})\leqslant 0, & \boldsymbol{x}\neq\boldsymbol{0} \\ V(\boldsymbol{x})=0, & \boldsymbol{x}=\boldsymbol{0} \end{cases}$，$V(\boldsymbol{x})$ 为负半定。例如，$V(\boldsymbol{x})=-\left(x_1+x_2\right)^2$，则 $V(\boldsymbol{x})$ 为负半定。

（5）如果在域 Ω 内，$V(\boldsymbol{x})$ 即可正也可负，则称 $V(\boldsymbol{x})$ 为不定的。例如，$V(\boldsymbol{x})=x_1x_2+x_2^2$，则 $V(\boldsymbol{x})$ 为不定。

3．二次型标量函数定号性判别准则——西尔维斯特（Sylvester）准则

1）正定

二次型函数 $V(\boldsymbol{x})$ 为正定的充要条件是：矩阵 $\boldsymbol{A}$ 的所有各阶主子行列式均大于零，即

$$\varDelta_1=a_{11}>0,\ \varDelta_2=\begin{vmatrix} a_{11} & a_{12} \\ a_{21} & a_{22} \end{vmatrix}>0,\ \cdots,\ \varDelta_n=\begin{vmatrix} a_{11} & \cdots & a_{1n} \\ \vdots & & \vdots \\ a_{n1} & \cdots & a_{nn} \end{vmatrix}>0$$

2）负定

二次型函数 $V(\boldsymbol{x})$ 为负定的充要条件是：矩阵 $\boldsymbol{A}$ 的各阶主子式满足：$(-1)^k\varDelta k>0$，$k=1,\cdots,n$。

3）正半定

二次型函数 $V(\boldsymbol{x})$ 为正半定的充要条件是：矩阵 $\boldsymbol{A}$ 的各阶主子式是非负的，$\varDelta k\geqslant 0$，$k=1,\cdots,n$。

4）负半定

二次型函数 $V(\boldsymbol{x})$ 为负半定的充要条件是：矩阵 $\boldsymbol{A}$ 的各阶主子式满足：$(-1)^k\varDelta k\geqslant 0$，

$k=1,\cdots,n$。

5）实对称矩阵$\boldsymbol{A}$的定号性。

由西尔维斯特准则可知，二次型$V(\boldsymbol{x})$的定号性由矩阵$\boldsymbol{A}$的主子式来判别，故定义矩阵$\boldsymbol{A}$的定号性与$V(\boldsymbol{x})$一致，则对矩阵$\boldsymbol{A}$的定号性的讨论可代表$V(\boldsymbol{x})$定号性的讨论。设二次型函数为$V(\boldsymbol{x})=\boldsymbol{x}^{\mathrm{T}}\boldsymbol{A}\boldsymbol{x}$，则定义如下：

当$V(\boldsymbol{x})$是正定的，称$\boldsymbol{A}$是正定的，记为$\boldsymbol{A}>0$；

当$V(\boldsymbol{x})$是负定的，称$\boldsymbol{A}$是负定的，记为$\boldsymbol{A}<0$；

当$V(\boldsymbol{x})$是正半定的，称$\boldsymbol{A}$是正半定的，记为$\boldsymbol{A}\geqslant 0$；

当$V(\boldsymbol{x})$是负半定的，称$\boldsymbol{A}$是负半定的，记为$\boldsymbol{A}\leqslant 0$。

【例 4-1】 已知$V(\boldsymbol{x})=10x_1^2+4x_2^2+2x_1x_2$，试判定$V(\boldsymbol{x})$是否为正定。

解：

$$V(\boldsymbol{x})=10x_1^2+x_1x_1+x_2x_1+4x_2^2$$
$$=\begin{bmatrix}x_1 & x_2\end{bmatrix}\begin{bmatrix}10 & 1\\1 & 4\end{bmatrix}\begin{bmatrix}x_1\\x_2\end{bmatrix}$$

矩阵$\boldsymbol{A}$的各阶主子式为

$$\varDelta_1=10>0，\quad \varDelta_2=\begin{vmatrix}10 & 1\\1 & 4\end{vmatrix}>0$$

所以$V(\boldsymbol{x})$是正定的。

4.2.2 李雅普诺夫第二法

1．李雅普诺夫函数

设$V(\boldsymbol{x})$为任一标量函数，其中，$\boldsymbol{x}$为系统状态变量，如果$V(\boldsymbol{x})$具有如下性质：①$\dot{V}(\boldsymbol{x})=\dfrac{\mathrm{d}V(\boldsymbol{x})}{\mathrm{d}t}$是连续的——反映能量的变化趋势；②$V(\boldsymbol{x})$是正定的——反映能量大小；③当$\|\boldsymbol{x}\|\to\infty$时，$V(\boldsymbol{x})\to\infty$——反映能量的分布，那么函数$V(\boldsymbol{x})$称为李雅普诺夫函数。

2．李雅普诺夫第二法判别定理

1）渐进稳定判别定理一

定理 4-1 设系统的状态方程为$\dot{\boldsymbol{x}}=\boldsymbol{f}(\boldsymbol{x},t)$，其平衡状态为$\boldsymbol{f}(\boldsymbol{0},t)=\boldsymbol{0}$，如果存在一个具有连续一阶偏导数的标量函数$V(\boldsymbol{x},t)$，并且该函数满足条件：①$V(\boldsymbol{x},t)$是正定的；②$\dot{V}(\boldsymbol{x},t)$是负定的，则系统在原点处的平衡状态是一致渐进稳定的。又当$\|\boldsymbol{x}\|\to\infty$时，有$\boldsymbol{V}(\boldsymbol{x},t)\to\infty$，则系统在原点处的平衡状态是大范围内一致渐进稳定的。

2）渐进稳定判别定理二

定理 4-2 设系统的状态方程为$\dot{\boldsymbol{x}}=\boldsymbol{f}(\boldsymbol{x},t)$，其平衡状态为$\boldsymbol{f}(\boldsymbol{0},t)=\boldsymbol{0}$，如果存在一个具有连续一阶偏导数的标量函数$V(\boldsymbol{x},t)$，并且该函数满足条件：①$V(\boldsymbol{x},t)$是正定的；②$\dot{V}(\boldsymbol{x},t)$是负半定的；③$\dot{V}(\boldsymbol{x},t)$在$\boldsymbol{x}\neq\boldsymbol{0}$时不恒等于零，则在系统原点处的平衡状态是大范围渐进稳定的。

3）李雅普诺夫稳定的判定定理

定理 4-3 设系统的状态方程为$\dot{\boldsymbol{x}}=\boldsymbol{f}(\boldsymbol{x},t)$，其平衡状态为$\boldsymbol{f}(\boldsymbol{0},t)=\boldsymbol{0}$，如果存在一个具有

连续一阶偏导数的标量函数$V(\boldsymbol{x},t)$，并且该函数满足条件：①$V(\boldsymbol{x},t)$是正定的；②$\dot{V}(\boldsymbol{x},t)$是负半定的，则系统在原点处的平衡状态在李雅普诺夫意义下是一致稳定的（即下文所讲的李雅普诺夫稳定）。

【例 4-2】 设系统的状态方程为

$$\begin{cases}\dot{x}_1 = 4x_2 \\ \dot{x}_2 = -x_1\end{cases}$$

试确定系统平衡状态的稳定性。

解： 显然，原点为系统的平衡状态，选二次型正定函数为李雅普诺夫函数，即

$$V(\boldsymbol{x}) = \boldsymbol{x}_1^2 + 4\boldsymbol{x}_2^2 > 0$$

则有

$$\dot{V}(\boldsymbol{x}) = 2x_1\dot{x}_1 + 8x_2\dot{x}_2 = 8x_1x_2 - 8x_2x_1 \equiv 0$$

可见，系统在李雅普诺夫意义下是稳定的，但非渐进稳定。

4）不稳定判定定理一

定理 4-4 设系统的状态方程为$\dot{\boldsymbol{x}} = \boldsymbol{f}(\boldsymbol{x},t)$，其平衡状态为$\boldsymbol{f}(\boldsymbol{0},t) = \boldsymbol{0}$，如果存在一个具有连续一阶偏导数的标量函数$V(\boldsymbol{x},t)$，并且该函数满足条件：①$V(\boldsymbol{x},t)$是正定的；②$\dot{V}(\boldsymbol{x},t)$是正定的，则系统在原点处的平衡状态是不稳定的。

【例 4-3】 设系统的状态方程为

$$\begin{cases}\dot{x}_1 = x_1 + x_2 \\ \dot{x}_2 = -x_1 + x_2\end{cases}$$

试判断该系统平衡状态的稳定性。

解： 显然，原点为系统的平衡状态。选二次型标量函数为可能的李雅普诺夫函数，即

$$V(\boldsymbol{x}) = x_1^2 + x_2^2 > 0$$

则有

$$\dot{V}(\boldsymbol{x}) = 2x_1\dot{x}_1 + 2x_2\dot{x}_2 = 2x_1^2 + 2x_2^2 > 0$$

系统满足定理 4-4 的条件，故为不稳定系统。

5）不稳定判定定理二

定理 4-5 设系统的状态方程为$\dot{\boldsymbol{x}} = \boldsymbol{f}(\boldsymbol{x},t)$，其平衡状态为$\boldsymbol{f}(\boldsymbol{0},t) = \boldsymbol{0}$，如果存在一个具有连续一阶偏导数的标量函数$V(\boldsymbol{x},t)$，并且该函数满足条件：①$V(\boldsymbol{x},t)$是正定的；②$\dot{V}(\boldsymbol{x},t)$是正半定的；③$\dot{V}(\boldsymbol{x},t)$在$\boldsymbol{x} \neq \boldsymbol{0}$时不恒等于零，则系统在原点处的平衡状态是不稳定的。

【例 4-4】 设系统的状态方程为

$$\begin{cases}\dot{x}_1 = x_2 \\ \dot{x}_2 = -x_1 + x_2\end{cases}$$

试确定系统平衡状态的稳定性。

解： 显然，原点为系统平衡状态，选二次型函数作为李雅普诺夫函数，即

$$V(\boldsymbol{x}) = x_1^2 + x_2^2 > 0$$

则有

$$\dot{V}(\boldsymbol{x}) = 2x_1\dot{x}_1 + 2x_2\dot{x}_2 = 2x_2^2 \geqslant 0 \text{（正半定）}$$

由于当$\begin{bmatrix} x_1 \\ x_2 \end{bmatrix} = \begin{bmatrix} * \\ 0 \end{bmatrix}$，*为任意非零值时，$\dot{V}(\boldsymbol{x}) = 0$，而$\dot{x}_2 = -x_1 + x_2 = -x_1 = * \neq 0$。所以$x_2$不会保持常值不变，故$x_2 = 0$也是暂时的，不会恒等于零。因此，$\dot{V}(\boldsymbol{x}) = 2x_2^2$也不会恒等于零。根据定理 4-5 可知该系统是不稳定的。

事实上，李雅普诺夫稳定性定义也可以有如下表述。

设系统状态方程为$\dot{\boldsymbol{x}} = f(\boldsymbol{x}, t)$。$\boldsymbol{x}_e = \boldsymbol{0}$为系统的一个平衡状态。如果存在一个正定的标量函数$V(\boldsymbol{x})$，并且该函数具有连续的一阶偏导数，那么根据$\dot{V}(\boldsymbol{x}) = \dfrac{\mathrm{d}V(\boldsymbol{x})}{\mathrm{d}t}$的符号性质，则有

- 若$\dot{V}(\boldsymbol{x}) > 0$，则$\boldsymbol{x}_e = \boldsymbol{0}$不稳定；
- 若$\dot{V}(\boldsymbol{x}) \leqslant 0$，则$\boldsymbol{x}_e = \boldsymbol{0}$李雅普诺夫稳定；
- 若$\dot{V}(\boldsymbol{x}) < 0$或者$\dot{V}(\boldsymbol{x}) \leqslant 0$，当$\boldsymbol{x} \neq \boldsymbol{0}$时，$\dot{V}(\boldsymbol{x})$不恒为零，则渐进稳定；
- 若$\boldsymbol{x}_e = \boldsymbol{0}$渐进稳定，且当$\|\boldsymbol{x}\| \to \infty$时，$V(\boldsymbol{x}) \to \infty$，则$\boldsymbol{x}_e = \boldsymbol{0}$大范围渐进稳定。

4.3 线性系统的李雅普诺夫稳定性分析

本节介绍李雅普诺夫第二法在线性系统中的应用。

4.3.1 线性定常连续系统

1. 渐进稳定的判别方法

定理 4-6 线性定常连续系统$\dot{\boldsymbol{x}} = \boldsymbol{A}\boldsymbol{x}$，其中，$\boldsymbol{x}$为$n$维状态向量；$\boldsymbol{A}$为$n \times n$常数矩阵，且是非奇异的。在平衡状态$\boldsymbol{x}_e = \boldsymbol{0}$处，渐进稳定的充要条件是：对任意正定矩阵$\boldsymbol{Q}$，存在正定的实对称矩阵$\boldsymbol{P}$，且满足矩阵方程$\boldsymbol{A}^{\mathrm{T}}\boldsymbol{P} + \boldsymbol{P}\boldsymbol{A} = -\boldsymbol{Q}$，而标量函数$V(\boldsymbol{x}) = \boldsymbol{x}^{\mathrm{T}}\boldsymbol{P}\boldsymbol{x}$是这个系统的一个二次型形式的李雅普诺夫函数。

证明：研究线性定常系统$\dot{\boldsymbol{x}} = \boldsymbol{A}\boldsymbol{x}$，若$\boldsymbol{A}$为非奇异矩阵，那么$\boldsymbol{x}_e = \boldsymbol{0}$是系统的唯一平衡状态，其稳定性可以通过李雅普诺夫第二法来分析。取：

$$V(\boldsymbol{x}) = \boldsymbol{x}^{\mathrm{T}}\boldsymbol{P}\boldsymbol{x}$$

其中，$\boldsymbol{P}$为正定实对称矩阵，所以$V(\boldsymbol{x})$对$\boldsymbol{x}$有连续偏导数，并且$V(\boldsymbol{x}) > 0$。

$$\begin{aligned}\dot{V}(\boldsymbol{x}) &= \dot{\boldsymbol{x}}^{\mathrm{T}}\boldsymbol{P}\boldsymbol{x} + \boldsymbol{x}^{\mathrm{T}}\boldsymbol{P}\dot{\boldsymbol{x}} = (\boldsymbol{A}\boldsymbol{x})^{\mathrm{T}}\boldsymbol{P}\boldsymbol{x} + \boldsymbol{x}^{\mathrm{T}}\boldsymbol{P}(\boldsymbol{A}\boldsymbol{x}) \\ &= \boldsymbol{x}^{\mathrm{T}}\boldsymbol{A}^{\mathrm{T}}\boldsymbol{P}\boldsymbol{x} + \boldsymbol{x}^{\mathrm{T}}\boldsymbol{P}\boldsymbol{A}\boldsymbol{x} = \boldsymbol{x}^{\mathrm{T}}(\boldsymbol{A}^{\mathrm{T}}\boldsymbol{P} + \boldsymbol{P}\boldsymbol{A})\boldsymbol{x}\end{aligned}$$

令

$$\boldsymbol{A}^{\mathrm{T}}\boldsymbol{P} + \boldsymbol{P}\boldsymbol{A} = -\boldsymbol{Q} \tag{4.1}$$

该式称为李雅普诺夫方程，可得

$$\dot{V}(\boldsymbol{x}) = -\boldsymbol{x}^{\mathrm{T}}\boldsymbol{Q}\boldsymbol{x}$$

其中，$\boldsymbol{Q} = (\boldsymbol{A}^{\mathrm{T}}\boldsymbol{P} + \boldsymbol{P}\boldsymbol{A})$为实对称矩阵，若$\boldsymbol{Q} > 0$，则$\dot{V}(\boldsymbol{x}) < 0$，因此$\boldsymbol{x}_e = \boldsymbol{0}$为渐进稳定，而且是大范围渐进稳定。

2. 判断的一般步骤

实际上判断系统是否渐进稳定的一般步骤就是对上述证明过程进行逆运算，其步骤如下。

（1）确定系统的平衡状态；

（2）取正定矩阵 $\boldsymbol{Q}=\boldsymbol{I}$，且设实对称矩阵 $\boldsymbol{P}$ 为 $\boldsymbol{P}=\begin{bmatrix} P_{11} & P_{12} & \cdots & P_{1n} \\ \vdots & \vdots & & \vdots \\ P_{n1} & P_{n2} & \cdots & P_{nn} \end{bmatrix}$；

（3）解矩阵方程 $\boldsymbol{A}^{\mathrm{T}}\boldsymbol{P}+\boldsymbol{P}\boldsymbol{A}=-\boldsymbol{I}$，求出 $\boldsymbol{P}$；

（4）利用西尔维斯特准则，判断 $\boldsymbol{P}$ 的正定性。若 $\boldsymbol{P}>0$，为正定，则系统渐进稳定且 $V(\boldsymbol{x})=\boldsymbol{x}^{\mathrm{T}}\boldsymbol{P}\boldsymbol{x}$。

【例 4-5】某系统的状态方程为 $\begin{bmatrix} \dot{x}_1 \\ \dot{x}_2 \end{bmatrix}=\begin{bmatrix} 0 & 1 \\ -1 & -1 \end{bmatrix}\begin{bmatrix} x_1 \\ x_2 \end{bmatrix}$，其平衡状态在坐标原点处，试判断该系统的稳定性。

解：取 $\boldsymbol{Q}=\boldsymbol{I}$，则 $\boldsymbol{P}$ 矩阵由 $\boldsymbol{A}^{\mathrm{T}}\boldsymbol{P}+\boldsymbol{P}\boldsymbol{A}=-\boldsymbol{I}$ 确定，即

$$\begin{bmatrix} 0 & -1 \\ 1 & -1 \end{bmatrix}\begin{bmatrix} P_{11} & P_{12} \\ P_{21} & P_{22} \end{bmatrix}+\begin{bmatrix} P_{11} & P_{12} \\ P_{21} & P_{22} \end{bmatrix}\begin{bmatrix} 0 & 1 \\ -1 & -1 \end{bmatrix}=\begin{bmatrix} -1 & 0 \\ 0 & -1 \end{bmatrix}$$

即

$$\begin{bmatrix} -P_{12} & -P_{22} \\ P_{11}-P_{12} & P_{12}-P_{22} \end{bmatrix}+\begin{bmatrix} -P_{12} & P_{11}-P_{12} \\ -P_{22} & P_{21}-P_{22} \end{bmatrix}=\begin{bmatrix} -1 & 0 \\ 0 & -1 \end{bmatrix}$$

联立方程组有

$$\begin{cases} -2P_{12}=-1 \\ P_{11}-P_{12}-P_{22}=0 \\ 2P_{12}-2P_{22}=-1 \end{cases}$$

解得 $\boldsymbol{P}=\begin{bmatrix} P_{11} & P_{12} \\ P_{21} & P_{22} \end{bmatrix}=\begin{bmatrix} 3/2 & 1/2 \\ 1/2 & 1 \end{bmatrix}$，用西尔维斯特准则检验 $\boldsymbol{P}$ 的正定性。因为 $\varDelta_1=P_{11}=3/2>0$，$\varDelta_2=\begin{vmatrix} P_{11} & P_{12} \\ P_{21} & P_{22} \end{vmatrix}=\begin{vmatrix} 3/2 & 1/2 \\ 1/2 & 1 \end{vmatrix}>0$，则 $\boldsymbol{P}>0$，为正定。所以系统在原点处的平衡状态是渐进稳定的。

进一步可写出系统的李雅普诺夫函数为

$$V(\boldsymbol{x})=\boldsymbol{x}^{\mathrm{T}}\boldsymbol{P}\boldsymbol{x}=\frac{1}{2}\boldsymbol{x}^{\mathrm{T}}\begin{bmatrix} 3 & 1 \\ 1 & 2 \end{bmatrix}\boldsymbol{x}>0$$

4.3.2 李雅普诺夫第二法校正线性定常系统

李雅普诺夫第二法不仅可以用来判别系统的稳定性，还可用来确定工程上非渐进稳定的系统的校正方案。

一般来说，对于单输入单输出线性定常系统，状态方程可描述为

$$\dot{\boldsymbol{x}}=\boldsymbol{A}\boldsymbol{x}+\boldsymbol{B}u$$

选取二次型函数为李雅普诺夫函数，即

$$V(\boldsymbol{x})=\boldsymbol{x}^{\mathrm{T}}\boldsymbol{P}\boldsymbol{x}$$

则有

$$
\begin{aligned}
\dot{V}(\boldsymbol{x}) &= \dot{\boldsymbol{x}}^{\mathrm{T}}\boldsymbol{P}\boldsymbol{x} + \boldsymbol{x}^{\mathrm{T}}\boldsymbol{P}\dot{\boldsymbol{x}} \\
&= (\boldsymbol{A}\boldsymbol{x} + \boldsymbol{B}\boldsymbol{u})^{\mathrm{T}}\boldsymbol{P}\boldsymbol{x} + \boldsymbol{x}^{\mathrm{T}}\boldsymbol{P}(\boldsymbol{A}\boldsymbol{x} + \boldsymbol{B}\boldsymbol{u}) \\
&= \boldsymbol{x}^{\mathrm{T}}\boldsymbol{A}^{\mathrm{T}}\boldsymbol{P}\boldsymbol{x} + (\boldsymbol{B}\boldsymbol{u})^{\mathrm{T}}\boldsymbol{P}\boldsymbol{x} + \boldsymbol{x}^{\mathrm{T}}\boldsymbol{P}\boldsymbol{A}\boldsymbol{x} + \boldsymbol{x}^{\mathrm{T}}\boldsymbol{P}\boldsymbol{B}\boldsymbol{u} \\
&= \boldsymbol{x}^{\mathrm{T}}(\boldsymbol{A}^{\mathrm{T}}\boldsymbol{P} + \boldsymbol{P}\boldsymbol{A})\boldsymbol{x} + [(\boldsymbol{P}\boldsymbol{x})^{\mathrm{T}}\boldsymbol{B}\boldsymbol{u}]^{\mathrm{T}} + \boldsymbol{x}^{\mathrm{T}}\boldsymbol{P}\boldsymbol{B}\boldsymbol{u} \\
&= \boldsymbol{x}^{\mathrm{T}}(\boldsymbol{A}^{\mathrm{T}}\boldsymbol{P} + \boldsymbol{P}\boldsymbol{A})\boldsymbol{x} + [\boldsymbol{x}^{\mathrm{T}}\boldsymbol{P}^{\mathrm{T}}\boldsymbol{B}\boldsymbol{u}]^{\mathrm{T}} + \boldsymbol{x}^{\mathrm{T}}\boldsymbol{P}\boldsymbol{B}\boldsymbol{u} \\
&= \boldsymbol{x}^{\mathrm{T}}(\boldsymbol{A}^{\mathrm{T}}\boldsymbol{P} + \boldsymbol{P}\boldsymbol{A})\boldsymbol{x} + 2\boldsymbol{x}^{\mathrm{T}}\boldsymbol{P}\boldsymbol{B}\boldsymbol{u}
\end{aligned}
$$

其中，$\boldsymbol{P}$ 为 $n \times n$ 正定实对称矩阵。

由 $\boldsymbol{P}^{\mathrm{T}} = \boldsymbol{P}$，得

$$\boldsymbol{x}^{\mathrm{T}}\boldsymbol{P}^{\mathrm{T}}\boldsymbol{B}\boldsymbol{u} = \boldsymbol{x}^{\mathrm{T}}\boldsymbol{P}\boldsymbol{B}\boldsymbol{u}$$

另外，由于 u 为单位输入变量函数，则有

$$[\boldsymbol{x}^{\mathrm{T}}\boldsymbol{P}\boldsymbol{B}\boldsymbol{u}]^{\mathrm{T}} = \boldsymbol{x}^{\mathrm{T}}\boldsymbol{P}\boldsymbol{B}\boldsymbol{u}$$

如果有 $\boldsymbol{P}$ 使 $\boldsymbol{A}^{\mathrm{T}}\boldsymbol{P} + \boldsymbol{P}\boldsymbol{A}$ 为负定，同时选输入变量为

$$u = -\boldsymbol{k}\boldsymbol{x}^{\mathrm{T}}\boldsymbol{P}\boldsymbol{B} \tag{4.2}$$

则有

$$2\boldsymbol{x}^{\mathrm{T}}\boldsymbol{P}\boldsymbol{B}\boldsymbol{u} = -2\boldsymbol{k}(\boldsymbol{x}^{\mathrm{T}}\boldsymbol{P}\boldsymbol{B})^2 < 0$$

其中，$\boldsymbol{k}$ 为常数矩阵。

此时，$\dot{V}(\boldsymbol{x})$ 为负定，所以系统是渐进稳定的。系统控制的输入为 $u = -\boldsymbol{k}\boldsymbol{x}^{\mathrm{T}}\boldsymbol{P}\boldsymbol{B}$ 是状态变量的线性组合，也正是上文介绍的状态反馈，校正的结果使系统极点重新配置，改变了系统的性质。

【例 4-6】设李雅普诺夫稳定系统方块图如图 4-4 所示，对应的微分方程为

$$\ddot{x}_1 + x_1 = u$$

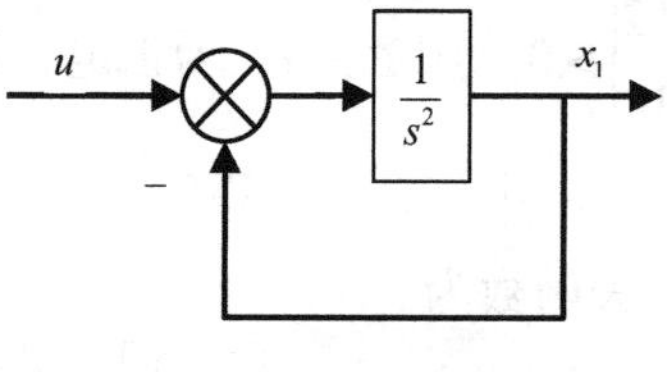

图 4-4　李雅普诺夫稳定系统方块图

显然该系统处于临界等幅震荡状态，属于李雅普诺夫意义下的稳定系统。若用李雅普诺夫第二法来决定控制规律 $u(t)$ 的变化，为使系统变为渐进稳定的，应如何选取校正方案？

解：选系统的相变量为状态变量，则相应的状态方程为

$$\begin{cases} \dot{x}_1 = x_2 \\ \dot{x}_2 = -x_1 + u \end{cases}$$

取标准二次型函数作为李雅普诺夫函数，即

$$V(\boldsymbol{x}) = x_1^2 + x_2^2 = \boldsymbol{x}^{\mathrm{T}}\boldsymbol{P}\boldsymbol{x} = \boldsymbol{x}^{\mathrm{T}}\boldsymbol{I}\boldsymbol{x}\text{，}\quad \boldsymbol{P} = \boldsymbol{I}$$

则

$$\dot{V}(\boldsymbol{x}) = 2x_1\dot{x}_1 + 2x_2\dot{x}_2 = 2x_2u$$

根据李雅普诺夫第二法渐进稳定定理可知，当$u(t)=-kx_2$时，有

$$\dot{V}(\boldsymbol{x})=-2kx_2^2\leqslant 0$$

其中，k为正常数。

上式中$\dot{V}(\boldsymbol{x})$是负半定的，除平衡状态$\boldsymbol{x}_{\mathrm{e}}=\boldsymbol{0}$外，其值均不恒等于零，故系统是渐进稳定的。当然上述结果也可以直接由式（4.2）得出。由于$\boldsymbol{P}=\boldsymbol{I}$，$\boldsymbol{B}=\begin{bmatrix}0\\1\end{bmatrix}$，则根据式（4.2）有

$$u(t)=-k\boldsymbol{x}^{\mathrm{T}}\boldsymbol{P}\boldsymbol{B}=-k\begin{bmatrix}x_1 & x_2\end{bmatrix}\begin{bmatrix}1 & 0\\0 & 1\end{bmatrix}\begin{bmatrix}0\\1\end{bmatrix}=-kx_2$$

由于$x_2=\dot{x}_1$，实际上，控制规律取自对x_1的速度反馈，用速度反馈来镇定控制系统也是工程设计中常用的经典方法。如果存在外部控制信号$r(t)$，则控制规律可取为$u(t)=r(t)-kx_2(t)$。速度反馈校正系统方块图，如图 4-5 所示。

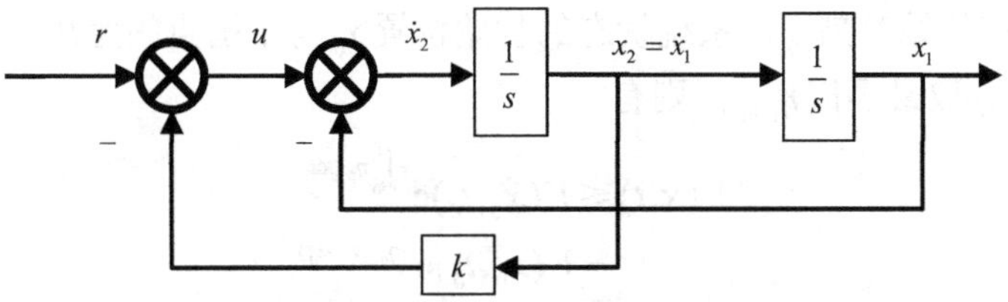

图 4-5　速度反馈校正系统方块图

4.3.3　利用李雅普诺夫函数估算系统动态性能

1．线性定常系统η的定义

假设以二维空间为例，取李雅普诺夫函数是二次标准型，则有

$$V(\boldsymbol{x})=x_1^2+x_2^2=\|\boldsymbol{x}\|^2$$

显然，$V(\boldsymbol{x})$的大小与状态点$\boldsymbol{x}$到原点的距离的平方是一致的，因此，$V(\boldsymbol{x})$可作为度量距离的一种尺度。$V(\boldsymbol{x})<0$表示状态点$\boldsymbol{x}$向原点趋近的速度，由此可定义一种估算系统瞬态响应的快速性指标。

定义：设系统的平衡状态是空间的原点，在不包括状态空间原点的某一邻域，系统是一致渐进稳定的，则

$$\eta=-\frac{\dot{V}(\boldsymbol{x},t)}{V(\boldsymbol{x},t)} \tag{4.3}$$

其中，η称为系统接近于平衡状态时的快速性指标。

由于V是正定的，$\dot{V}$是负定的，所以η对于渐进稳定系统总是正值，η值越大，则稳定运动收敛得越快。对于一个确定的李雅普诺夫函数$V(\boldsymbol{x},t)$，η的大小随状态点$\boldsymbol{x}$的变化而变化。

如果我们取定义式的最小值为$\eta_{\min}$，即

$$\eta_{\min}=\min\left[-\frac{\dot{V}(\boldsymbol{x},t)}{V(\boldsymbol{x},t)}\right] \tag{4.4}$$

则该值表示系统趋向原点的最慢值，对应于某一极值点$\boldsymbol{x}_{\min}$，但对于一个给定的系统可能有许

多个李雅普诺夫函数，不同形式的$V(\boldsymbol{x},t)$可取的$\eta_{\min}$是不同的。如果以$\eta_{\min}$作为动态品质指标，选择其中最大的$\eta_{\min}$值来表征系统动态过程是比较合理的。然而，一般情况下并不知道如何构建一个合理的李雅普诺夫函数，以求出$\eta_{\min}$的最大值，故常采用易求的$V(\boldsymbol{x})$进行估算。

对式（4.3）进一步讨论，还可得到系统运动过程中任意两个状态间的过渡过程时间的估值。将式（4.3）对时间t求积分，有

$$
\begin{aligned}
-\int_{t_0}^{t}\eta \mathrm{d}t &= -\int_{t_0}^{t}\frac{\dot{V}(\boldsymbol{x},t)}{V(\boldsymbol{x},t)}\mathrm{d}t = \int_{t_0}^{t}\frac{1}{V(\boldsymbol{x},t)}\mathrm{d}V(\boldsymbol{x},t) \\
&= \ln V(\boldsymbol{x},t) - \ln V(\boldsymbol{x}_0,t_0) \\
&= \ln\frac{V(\boldsymbol{x},t)}{V(\boldsymbol{x}_0,t_0)}
\end{aligned}
$$

即

$$
V(\boldsymbol{x},t) = V(\boldsymbol{x}_0,t_0)\mathrm{e}^{-\int_{t_0}^{t}\eta \mathrm{d}t}
$$

其中，$V(\boldsymbol{x}_0,t_0)$为在初始时刻t_0，系统状态的初始位置x_0与平衡点的距离。

若令性能指标η取最小值$\eta_{\min}$，则有

$$
\begin{aligned}
V(\boldsymbol{x},t) &\leqslant V(\boldsymbol{x}_0,t_0)\mathrm{e}^{-\int_{t_0}^{t}\eta_{\min}\mathrm{d}t} \\
&= V(\boldsymbol{x}_0,t_0)\mathrm{e}^{-\eta_{\min}(t-t_0)}
\end{aligned} \tag{4.5}
$$

式(4.5)表示系统的李雅普诺夫函数变化规律，如果给定了初始状态$\boldsymbol{x}_0$和初始值$V(\boldsymbol{x}_0,t_0)$，由式（4.5）即可求出任意时刻t下，状态点$\boldsymbol{x}$位于的区域值$V(\boldsymbol{x},t)$。过渡过程所用时间为

$$
t - t_0 \leqslant -\frac{1}{\eta_{\min}}\ln\frac{V(\boldsymbol{x},t)}{V(\boldsymbol{x}_0,t_0)} \tag{4.6}
$$

由式（4.6）可以看出，$1/\eta_{\min}$与李雅普诺夫函数V变化相关的最大时间常数对应，$\eta_{\min}$值越大，对应过渡过程所用时间越短。与采用古典理论获得的系统时间常数相比，这个时间常数约为古典时间常数的一半。

2．线性定常系统η的计算

设线性定常系统方程为

$$
\dot{\boldsymbol{x}} = \boldsymbol{A}\boldsymbol{x}
$$

其中，$\boldsymbol{x}$为n维向量；$\boldsymbol{A}$为$n\times n$维非奇异矩阵。

假设矩阵$\boldsymbol{A}$的所有特征值都具有负实部，即系统是渐进稳定的，则有

$$
V(\boldsymbol{x}) = \boldsymbol{x}^{\mathrm{T}}\boldsymbol{P}\boldsymbol{x}
$$

$$
\dot{V}(\boldsymbol{x}) = \boldsymbol{x}^{\mathrm{T}}\boldsymbol{Q}\boldsymbol{x}
$$

其中，$\boldsymbol{P}$正定实对称矩阵。

$$
\boldsymbol{Q} = -(\boldsymbol{A}^{\mathrm{T}}\boldsymbol{P} + \boldsymbol{P}\boldsymbol{A})
$$

由式（4.4）可得

$$
\eta_{\min} = \min\left[-\frac{\dot{V}(\boldsymbol{x},t)}{V(\boldsymbol{x},t)}\right] = \min\left(\frac{\boldsymbol{x}^{\mathrm{T}}\boldsymbol{Q}\boldsymbol{x}}{\boldsymbol{x}^{\mathrm{T}}\boldsymbol{P}\boldsymbol{x}}\right) \tag{4.7}
$$

为了求得$\eta_{\min}$，采用对式（4.7）求极值的方法，令

$$\eta(\boldsymbol{x})=\left[-\frac{\dot V(\boldsymbol{x})}{V(\boldsymbol{x})}\right]=\left(\frac{\boldsymbol{x}^{\mathrm T}\boldsymbol{Q}\boldsymbol{x}}{\boldsymbol{x}^{\mathrm T}\boldsymbol{P}\boldsymbol{x}}\right)$$

将η对$\boldsymbol{x}$求一次偏导数，并令其为零，则有

$$\frac{\partial\eta(\boldsymbol{x})}{\partial(x)}=\begin{bmatrix}\dfrac{\partial\eta(\boldsymbol{x})}{\partial x_1}\\ \vdots\\ \dfrac{\partial\eta(\boldsymbol{x})}{\partial x_n}\end{bmatrix}=\boldsymbol{0}$$

根据上式解出$\boldsymbol{x}_{\min}$，再将其代入式（4.7)，即可求出此状态下的$\eta_{\min}$。

【例 4-7】设系统方程为

$$\begin{bmatrix}\dot x_1\\ \dot x_2\end{bmatrix}=\begin{bmatrix}0 & 1\\ -1 & -1\end{bmatrix}\begin{bmatrix}x_1\\ x_2\end{bmatrix}$$

试求该系统的李雅普诺夫函数，并由此估算从封闭曲线$V(\boldsymbol{x})=150$边界上的一点到封闭曲线$V(\boldsymbol{x})=0.06$内一点响应时间的上限。

解：设$\boldsymbol{Q}=\boldsymbol{I}$，按$\boldsymbol{A}^{\mathrm T}\boldsymbol{P}+\boldsymbol{P}\boldsymbol{A}=-\boldsymbol{I}$求矩阵$\boldsymbol{P}$，即

$$\begin{bmatrix}0 & 1\\ 1 & -1\end{bmatrix}\begin{bmatrix}P_{11} & P_{12}\\ P_{12} & P_{22}\end{bmatrix}+\begin{bmatrix}P_{11} & P_{12}\\ P_{12} & P_{22}\end{bmatrix}\begin{bmatrix}0 & 1\\ -1 & -1\end{bmatrix}=\begin{bmatrix}-1 & 0\\ 0 & -1\end{bmatrix}$$

求得

$$\boldsymbol{P}=\begin{bmatrix}P_{11} & P_{12}\\ P_{12} & P_{22}\end{bmatrix}=\begin{bmatrix}\dfrac{3}{2} & \dfrac{1}{2}\\ \dfrac{1}{2} & 1\end{bmatrix}$$

于是，李雅普诺夫函数为

$$V(\boldsymbol{x})=\boldsymbol{x}^{\mathrm T}\boldsymbol{P}\boldsymbol{x}=\frac{1}{2}(3x_1^2+2x_1x_2+2x_2^2)$$

$$V(\boldsymbol{x})=\boldsymbol{x}^{\mathrm T}\boldsymbol{Q}\boldsymbol{x}=-\boldsymbol{x}^{\mathrm T}\boldsymbol{x}=-(x_1^2+x_2^2)$$

由此可得

$$\eta=-\frac{\dot V(\boldsymbol{x})}{V(\boldsymbol{x})}=\frac{\boldsymbol{x}^{\mathrm T}\boldsymbol{Q}\boldsymbol{x}}{\boldsymbol{x}^{\mathrm T}\boldsymbol{P}\boldsymbol{x}}=\frac{2(x_1^2+x_2^2)}{3x_1^2+2x_1x_2+2x_2^2}\tag{4.8}$$

令$\dfrac{\partial\eta}{\partial x_1}=0$，可得

$$\frac{\partial\eta}{\partial x_1}=\frac{4x_1(3x_1^2+2x_1x_2+2x_2^2)-2(x_1^2+x_2^2)(6x_1+2x_2)}{(3x_1^2+2x_1x_2+2x_2^2)^2}=0$$

即有

$$x_1^2-x_1x_2-x_2^2=0$$

解得

$$x_1=1.618x_2,\quad x_1=0.618x_2$$

令$\dfrac{\partial\eta}{\partial x_2}=0$，可得同样结果。

将 $x_1 = 1.618x_2$ 代入式(4.8)，可得 $\eta_{\min 1} = 0.553$；将 $x_1 = 0.618x_2$ 代入式(4.8)，可得 $\eta_{\min 2} = 1.447$。所以选取

$$\eta_{\min} = \eta_{\min_1} = 0.553$$

已知 $V(\boldsymbol{x}_0, t_0) = 150, V(\boldsymbol{x}, t) = 0.06$，将其代入式（4.6），可得

$$t - t_0 \leqslant \frac{-1}{0.553}\ln\frac{0.06}{150} = 14.148$$

由例 4-7 可以看出，在求极小值的计算中，要对一系列分式进行运算，计算步骤较烦琐。下面介绍另一种求极值的方法，即拉格朗日乘子法，该方法是直接由相关的矩阵 $\boldsymbol{P}$ 和 $\boldsymbol{Q}$ 得到 $\eta_{\min}$ 的。

为了求得式（4.7）的极小值，可以先假定一个 $\boldsymbol{x}^{\mathrm{T}}\boldsymbol{P}\boldsymbol{x} = 1$ 的特定曲面，此时有

$$-\frac{\dot{V}(\boldsymbol{x}, t)}{V(\boldsymbol{x}, t)} = \frac{\boldsymbol{x}^{\mathrm{T}}\boldsymbol{Q}\boldsymbol{x}}{\boldsymbol{x}^{\mathrm{T}}\boldsymbol{P}\boldsymbol{x}}$$

$\eta_{\min}$ 可等效为

$$\eta_{\min} = \min\{\boldsymbol{x}^{\mathrm{T}}\boldsymbol{Q}\boldsymbol{x} : \boldsymbol{x}^{\mathrm{T}}\boldsymbol{P}\boldsymbol{x} = 1\}$$

上式实际上是求随 $\boldsymbol{x}$ 的变化而变化且满足条件 $\boldsymbol{x}^{\mathrm{T}}\boldsymbol{P}\boldsymbol{x} = 1$ 的 $\boldsymbol{x}^{\mathrm{T}}\boldsymbol{Q}\boldsymbol{x}$ 的最小值。这时便可以利用拉格朗日乘子法求出 $\boldsymbol{x}^{\mathrm{T}}\boldsymbol{Q}\boldsymbol{x}$ 的极小值。先做一个辅助函数：

$$f(\boldsymbol{x}, \lambda) = \boldsymbol{x}^{\mathrm{T}}\boldsymbol{Q}\boldsymbol{x} + \lambda(1 - \boldsymbol{x}^{\mathrm{T}}\boldsymbol{P}\boldsymbol{x})$$

其中，λ 为拉格朗日乘子。

将 $f(\boldsymbol{x}, \lambda)$ 对 $\boldsymbol{x}$ 取偏导数，有

$$\frac{\partial f(\boldsymbol{x}, \lambda)}{\partial \boldsymbol{x}} = 2\boldsymbol{Q}\boldsymbol{x} - \lambda \times 2\boldsymbol{P}\boldsymbol{x} = \boldsymbol{0}$$ ①

极小值发生在 $\boldsymbol{x} = \boldsymbol{x}_{\min}$ 处，这时有

$$(\boldsymbol{Q} - \lambda\boldsymbol{P})\boldsymbol{x}_{\min} = \boldsymbol{0} \tag{4.9}$$

两边都乘以非零行向量 $\boldsymbol{x}_{\min}^{\mathrm{T}}$，则得

$$\boldsymbol{x}_{\min}^{\mathrm{T}}(\boldsymbol{Q} - \lambda\boldsymbol{P})\boldsymbol{x}_{\min} = \boldsymbol{0}$$

考虑到约束条件 $\boldsymbol{x}^{\mathrm{T}}\boldsymbol{P}\boldsymbol{x} = 1$，则上式可写为

$$\boldsymbol{x}_{\min}^{\mathrm{T}}\boldsymbol{Q}\boldsymbol{x}_{\min} = \lambda\boldsymbol{x}_{\min}^{\mathrm{T}}\boldsymbol{P}\boldsymbol{x}_{\min} = \lambda > 0$$

如果 λ 存在，则它便是式（4.7）的最小值。

根据式（4.9），可推导出 λ。$\boldsymbol{P}$ 为正定对称矩阵，因此可得

$$(\boldsymbol{Q}\boldsymbol{P}^{-1} - \lambda\boldsymbol{P}\boldsymbol{P}^{-1})\boldsymbol{x}_{\min} = \boldsymbol{0}$$

即

$$(\boldsymbol{Q}\boldsymbol{P}^{-1} - \lambda\boldsymbol{I})\boldsymbol{x}_{\min} = \boldsymbol{0}$$

因为 $\boldsymbol{x}_{\min}$ 是方程的非零解向量，故有

$$\left|\boldsymbol{Q}\boldsymbol{P}^{-1} - \lambda\boldsymbol{I}\right| = 0$$

上式表明 λ 就是矩阵 $\boldsymbol{Q}\boldsymbol{P}^{-1}$ 的特征值。因此，$\eta_{\min}$ 等于 $\boldsymbol{Q}\boldsymbol{P}^{-1}$ 的最小特征值 $\lambda_{\min}$。

---

① 如果 $\boldsymbol{Q}$ 为对称常数矩阵，则有 $\frac{\partial}{\partial \boldsymbol{x}}(\boldsymbol{x}^{\mathrm{T}}\boldsymbol{Q}\boldsymbol{x}) = 2\boldsymbol{Q}\boldsymbol{x}$。

用拉格朗日乘子法计算例 4-7 中的$\eta_{\min}$，步骤较简单。

解：设$\boldsymbol{Q}=\boldsymbol{I}$，可得

$$\left|\boldsymbol{Q}\boldsymbol{P}^{-1}-\lambda\boldsymbol{I}\right|=\left|\boldsymbol{P}^{-1}-\lambda\boldsymbol{I}\right|=0$$

求$\boldsymbol{P}^{-1}$的特征值就相当于解$\left|\boldsymbol{I}-\lambda\boldsymbol{P}\right|=0$，即

$$\begin{vmatrix} 1-\dfrac{3}{2}\lambda & -\dfrac{1}{2}\lambda \\ -\dfrac{1}{2}\lambda & 1-\lambda \end{vmatrix}=0$$

解得两个特征值为

$$\lambda_1=1.447，\quad \lambda_2=0.553$$

因此可得

$$\eta_{\min}=\lambda_2=0.553$$

4.3.4 利用李雅普诺夫第二法求解参数最优化问题

1．最优控制问题

最优控制问题，粗略地讲，就是寻求一个合适的控制规律，使被控系统按照一种最优的方式运行。最优，是指在系统运行过程中，某一个性能指标最优，而不是任何性能指标都是最优的。某一个性能指标最优通常是指这个指标为最小值，如控制过程时间最短、能量消耗最少、控制误差最小等。

1）性能指标

排除实际系统的物理含义，最优控制中的性能指标通常用性能指标泛函J来表示：

$$J=\int_{t_0}^{t_{\mathrm{f}}} L[\boldsymbol{x}(t)\cdot\boldsymbol{u}(t)\cdot t]\mathrm{d}t$$

其中，L为与系统的状态、控制作用和时间有关的泛函；t_0为初始时刻，可以取任一时刻或零时刻；t_{f}为终端时刻，可以取有限值，也可以取∞。

积分型指标用来表示t_0到t_{f}期间系统累积的误差、能量等。若上述性能指标泛函可表示成二次型函数，则称该指标为二次型性能指标。二次型性能指标是一种平方积分指标，最常在工业中应用，其一般形式为

$$J=\int_{t_0}^{t_{\mathrm{f}}}[\boldsymbol{x}^{\mathrm{T}}\boldsymbol{Q}\boldsymbol{x}+\boldsymbol{u}^{\mathrm{T}}\boldsymbol{R}\boldsymbol{u}]\mathrm{d}t$$

其中，$\boldsymbol{x}^{\mathrm{T}}\boldsymbol{Q}\boldsymbol{x}$为状态的偏差项；$\boldsymbol{u}^{\mathrm{T}}\boldsymbol{R}\boldsymbol{u}$为控制的能量项；$\boldsymbol{Q}$、$\boldsymbol{R}$为正定（或半正定）实对称矩阵，是加权矩阵。

2）最优控制的定义

对于一个给定的控制系统，试求一个允许控制$\boldsymbol{u}(t)$使系统的性能指标泛函J为最小值，这类问题就称为最优控制。

2．参数最优化问题

我们考虑一个初始值被转移的系统$u=0$，初始状态为$\boldsymbol{x}(0)$，则系统方程为

$$\dot{\boldsymbol{x}} = \boldsymbol{A}\boldsymbol{x}$$

其中，矩阵 $\boldsymbol{A}$ 的所有特征值都具有负实部，即原点 $\boldsymbol{x}_e = \boldsymbol{0}$ 是渐进稳定的。若矩阵 $\boldsymbol{A}$ 的某个（或某些）参数为可调参数，在系统从初始状态 $\boldsymbol{x}(0)$ 转移到坐标原点的过程中，要求其性能指标：

$$J = \int_0^{\infty} \boldsymbol{x}^{\mathrm{T}} \boldsymbol{Q} \boldsymbol{x} \mathrm{d}t$$

达到极小，确定其可调参数值，则这个问题称为参数最优化问题。

1）用李雅普诺夫函数求参数最优化问题

设任意给定的一个正定（或半正定）实对称矩阵为 $\boldsymbol{Q}$，由于系统在 $\boldsymbol{x}_e = \boldsymbol{0}$ 是渐进稳定的，总存在一个实对称正定矩阵 $\boldsymbol{P}$，满足条件：

$$\boldsymbol{A}^{\mathrm{T}} \boldsymbol{P} + \boldsymbol{P}\boldsymbol{A} = -\boldsymbol{Q} \tag{4.10}$$

且

$$V(\boldsymbol{x}) = \boldsymbol{x}^{\mathrm{T}} \boldsymbol{P} \boldsymbol{x}$$
$$\dot{V}(\boldsymbol{x}) = -\boldsymbol{x}^{\mathrm{T}} \boldsymbol{Q} \boldsymbol{x}$$

其中，$\boldsymbol{A}$ 为状态方程的稳定系统矩阵。

既然 $\boldsymbol{Q}$ 是任意给定的，不妨令其与二次型性能指标中的 $\boldsymbol{Q}$ 相等，则有

$$\begin{aligned} J &= \int_0^{\infty} \boldsymbol{x}^{\mathrm{T}} \boldsymbol{Q} \boldsymbol{x} \mathrm{d}t = \int_0^{\infty} -\dot{v}(\boldsymbol{x}) \mathrm{d}t = -v(\boldsymbol{x})\Big|_0^{\infty} \\ &= -\boldsymbol{x}^{\mathrm{T}} \boldsymbol{P} \boldsymbol{x}\Big|_0^{\infty} = -\boldsymbol{x}^{\mathrm{T}}(\infty) \boldsymbol{P} \boldsymbol{x}(\infty) + \boldsymbol{x}^{\mathrm{T}}(0) \boldsymbol{P} \boldsymbol{x}(0) \end{aligned}$$

由于系统渐进稳定，所以 $\boldsymbol{x}(\infty) \to 0$，则有

$$J = \boldsymbol{x}^{\mathrm{T}}(0) \boldsymbol{P} \boldsymbol{x}(0) = V[\boldsymbol{x}(0)] \tag{4.11}$$

由式(4.11)可见，二次型性能指标 J 与初始条件下的李雅普诺夫函数是等价的。对式(4.11)求极小值，即可确定可调参数值，得到最优化参数。

由于 $\boldsymbol{x}(0)$ 是给定初始条件，$\boldsymbol{Q}$ 也是给定的，按照式（4.10）的关系，$\boldsymbol{P}$ 是 $\boldsymbol{A}$ 的各元素的函数，因此，求 J 的极小值就是让 $\boldsymbol{A}$ 中可调参数达到最优值。

2）求解最优化参数的一般步骤

求解最优化参数的一般步骤如下所示。

（1）将所求问题转化成参数最优化问题；建立系统状态方程 $\dot{\boldsymbol{x}} = \boldsymbol{A}\boldsymbol{x}$；确定初始状态 $\boldsymbol{x}(0)$ 及加权矩阵 $\boldsymbol{Q}$；判定系统矩阵 $\boldsymbol{A}$ 是否为稳定矩阵（即矩阵特征值是否均为负值），并指定可调参数 $a_i (i = 1, 2, 3, \cdots, n)$；

（2）确定矩阵 $\boldsymbol{P}$，$\boldsymbol{A}^{\mathrm{T}} \boldsymbol{P} + \boldsymbol{P}\boldsymbol{A} = -\boldsymbol{Q}$。

（3）求二次型性能指标，$J = \boldsymbol{x}^{\mathrm{T}}(0) \boldsymbol{P} \boldsymbol{x}(0)$。

（4）求 J 的极小值：对每一个可调参数 a_i 求：

$$\frac{\partial J}{\partial a_i} = 0 \text{（极值点的必要条件）}$$

$$\frac{\partial^2 J}{\partial a_i^2} > 0 \text{（极小值点的充分条件）}$$

由此可得可调参数 a_i 的最佳值。

【**例 4-8**】设控制系方块图，如图 4-6 所示。

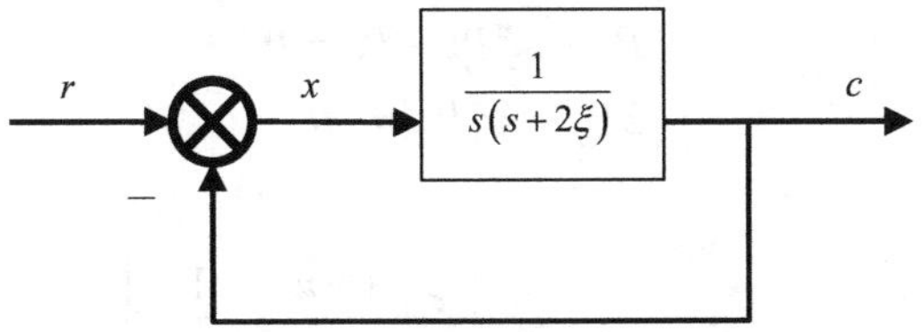

图 4-6　控制系统方块图

试确定系统在单位阶跃函数 $r(t)=1(t)$ 的作用下，性能指标 $J=\int_0^\infty \boldsymbol{x}^{\mathrm{T}}(t)\boldsymbol{Q}\boldsymbol{x}(t)\mathrm{d}t$ 达到极小值时的阻尼比 $\zeta>0$。其中，$\boldsymbol{x}=\begin{bmatrix}x_1\\x_2\end{bmatrix}=\begin{bmatrix}x\\\dot{x}\end{bmatrix}$，$\boldsymbol{Q}=\begin{bmatrix}1&0\\0&u\end{bmatrix}$ $(u>0)$。假设系统开始是静止的。

解：首先要列写系统的状态方程。

题意中已指出 $\boldsymbol{x}=\begin{bmatrix}x_1\\x_2\end{bmatrix}=\begin{bmatrix}x\\\dot{x}\end{bmatrix}$，就是说必须得到以 $\boldsymbol{x}$ 为状态变量的表达式，所以进行下面的推导。

图 4-6 系统的微分方程为

$$\ddot{c}+2\xi\dot{c}+c=r$$

由于 $x=r-c$，$r(t)=1(t)$，并且初始条件都等于零，所以可以将方程化为奇次方程，即

$$\ddot{x}+2\xi\dot{x}+x=0\text{，}t>0$$

第一个方程是将方块图化成传递函数再转化为微分方程得到的；第二个方程是将 $\dot{x}=\dot{r}-\dot{c}=-\dot{c}$，$\ddot{x}=\ddot{r}-\ddot{c}=-\ddot{c}$ 代入第一个方程中得到的。

由上式可写出系统的状态方程为

$$\begin{bmatrix}\dot{x}_1\\\dot{x}_2\end{bmatrix}=\begin{bmatrix}0&1\\-1&-2\xi\end{bmatrix}\begin{bmatrix}x_1\\x_2\end{bmatrix}$$

即

$$\dot{\boldsymbol{x}}=\boldsymbol{A}\boldsymbol{x}$$

又因为

$$\begin{bmatrix}x_1(0)\\x_2(0)\end{bmatrix}=\begin{bmatrix}1\\0\end{bmatrix}$$

即

$$\boldsymbol{A}=\begin{bmatrix}0&1\\-1&-2\xi\end{bmatrix}$$

$\boldsymbol{A}$ 是稳定矩阵，所以有

$$J=\boldsymbol{x}^{\mathrm{T}}(0)\boldsymbol{P}\boldsymbol{x}(0)$$

其中，$\boldsymbol{P}$ 可由 $\boldsymbol{A}^{\mathrm{T}}\boldsymbol{P}+\boldsymbol{P}\boldsymbol{A}=-\boldsymbol{Q}$ 确定，即

$$\begin{bmatrix}0&-1\\1&-2\xi\end{bmatrix}\begin{bmatrix}P_{11}&P_{12}\\P_{12}&P_{22}\end{bmatrix}+\begin{bmatrix}P_{11}&P_{12}\\P_{12}&P_{22}\end{bmatrix}\begin{bmatrix}0&1\\-1&-2\xi\end{bmatrix}=\begin{bmatrix}-1&0\\0&-u\end{bmatrix}$$

上式矩阵方程可化为3个联立方程，即

$$\begin{cases}-2P_{12}=-1\\ P_{11}-2\xi P_{12}-P_{22}=0\\ 2P_{12}-4\xi P_{22}=-u\end{cases}$$

解该方程组，得

$$\boldsymbol{P}=\begin{bmatrix}P_{11} & P_{12}\\ P_{12} & P_{22}\end{bmatrix}=\begin{bmatrix}\xi+\dfrac{1+u}{4\xi} & \dfrac{1}{2}\\ \dfrac{1}{2} & \dfrac{1+u}{4\xi}\end{bmatrix}$$

则性能指标J为

$$\begin{aligned}J&=\boldsymbol{x}^{\mathrm{T}}(0)\boldsymbol{P}\boldsymbol{x}(0)\\ &=\left(\xi+\frac{1+u}{4\xi}\right)x_1^2(0)+x_1(0)x_2(0)+\frac{1+u}{4\xi}x_2^2(0)\end{aligned}$$

将初始条件$x_1(0)=1$和$x_2(0)=0$代入上式，可得

$$J=\xi+\frac{1+u}{4\xi}$$

为了调整ξ使J为极小，令$\dfrac{\partial J}{\partial \xi}=0$，即

$$\frac{\partial J}{\partial \xi}=1-\frac{1+u}{4\xi}=0$$

于是可得

$$\xi=\frac{\sqrt{1+u}}{2}$$

因此，ξ的最优值为$\xi=\dfrac{\sqrt{1+u}}{2}$。该值具体数值与给定矩阵$\boldsymbol{Q}$中的$u$有关，当$u=0$时，$\xi=0.5$；当$u=1$时，$\xi=0.707$，此时$\boldsymbol{Q}=\boldsymbol{I}$，相应的性能指标泛函是一个简单的平方积分指标，即

$$L=\int_0^{\infty}\boldsymbol{x}^{\mathrm{T}}\boldsymbol{I}\boldsymbol{x}\mathrm{d}t=\int_0^{\infty}\|\boldsymbol{x}\|^2\,\mathrm{d}t$$

其中，L即经典控制中常选取的最佳性能指标。

4.4 习　　题

习题4-1　试判断下列二次型是否正定。

（1）$V(\boldsymbol{x})=x_1^2+4x_2^2+x_3^2+2x_1x_2-6x_2x_3-2x_1x_3$

（2）$V(\boldsymbol{x})=-x_1^2-10x_2^2-4x_3^2+6x_1x_2+2x_2x_3$

（3）$V(\boldsymbol{x})=10x_1^2+4x_2^2+x_3^2+2x_1x_2-2x_2x_3-4x_1x_3$

习题4-2　试用李雅普诺夫第二法判断下列线性系统的稳定性。

（1）$\begin{bmatrix}\dot{x}_1\\ \dot{x}_2\end{bmatrix}=\begin{bmatrix}-1 & 1\\ 2 & -3\end{bmatrix}\begin{bmatrix}x_1\\ x_2\end{bmatrix}$

（2）$\begin{bmatrix}\dot{x}_1\\ \dot{x}_2\end{bmatrix}=\begin{bmatrix}-1 & 1\\ -1 & -1\end{bmatrix}\begin{bmatrix}x_1\\ x_2\end{bmatrix}$

（3）$\begin{bmatrix}\dot{x}_1\\ \dot{x}_2\end{bmatrix}=\begin{bmatrix}0 & 1\\ -1 & -1\end{bmatrix}\begin{bmatrix}x_1\\ x_2\end{bmatrix}$

习题 4-3　试用李雅普诺夫方法求系统 $\dot{\boldsymbol{x}}=\begin{bmatrix}a_{11} & a_{12}\\ a_{21} & a_{22}\end{bmatrix}\boldsymbol{x}$，在平衡状态 $\boldsymbol{x}=0$ 为大范围渐进稳定的条件。

习题 4-4　判断以下系统是否大范围渐进稳定。

$$\dot{\boldsymbol{x}}=\begin{bmatrix}-1 & 1\\ 2 & -3\end{bmatrix}\boldsymbol{x}$$

习题 4-5　试确定以下状态方程的系统的平衡状态的稳定性。

（1）$\begin{cases}\dot{x}_1=x_2\\ \dot{x}_2=-x_1-x_2\end{cases}$

（2）$\dot{\boldsymbol{x}}=\begin{bmatrix}0 & 1\\ 2 & -1\end{bmatrix}\boldsymbol{x}+\begin{bmatrix}1 & 0\\ 0 & 2\end{bmatrix}\begin{bmatrix}u_1\\ u_2\end{bmatrix}$

（3）$\begin{cases}\dot{x}_1=-x_1-2x_2+2\\ \dot{x}_2=x_1-4x_2-1\end{cases}$

习题 4-6　已知线性定常系统 $\dot{\boldsymbol{x}}=\boldsymbol{A}\boldsymbol{x}$ 的状态转移矩阵为

$$\boldsymbol{\Phi}=\begin{bmatrix}2\mathrm{e}^{-t}-\mathrm{e}^{-2t} & \mathrm{e}^{-t}-\mathrm{e}^{-2t}\\ -2\mathrm{e}^{-t}+2\mathrm{e}^{-2t} & 1-2\mathrm{e}^{-t}+2\mathrm{e}^{-2t}\end{bmatrix}$$

求该系统的李雅普诺夫函数，并分析该系统的稳定性。

习题 4-7　设系统的状态方程为

$$\begin{bmatrix}\dot{x}_1\\ \dot{x}_2\end{bmatrix}=\begin{bmatrix}0 & 1\\ -1 & -1\end{bmatrix}\begin{bmatrix}x_1\\ x_2\end{bmatrix}$$

该系统的平衡状态在坐标原点处，判断该系统的稳定性。

第 5 章　线性控制系统的可控性和可观测性

研究控制系统状态空间表达式的可控性和可观测性不仅是对控制系统进行分析的重要组成部分，而且在最优控制和最佳估计的研究中也具有重要的理论和实践价值。可控性和可观测性反映了系统的结构特点，是系统的固有特性。

下面通过例 5-1 来说明可控性的基本概念。

【例 5-1】 已知系统的状态方程为$\begin{bmatrix}\dot{x}_1\\ \dot{x}_2\end{bmatrix}=\begin{bmatrix}-4 & 5\\ 1 & 0\end{bmatrix}\begin{bmatrix}x_1\\ x_2\end{bmatrix}+\begin{bmatrix}b_1\\ b_2\end{bmatrix}u$，试讨论其状态的可控性。

解： 先把状态方程化为标准形式，因为$|\lambda \boldsymbol{I}-\boldsymbol{A}|=\begin{vmatrix}\lambda+4 & -5\\ -1 & \lambda\end{vmatrix}=(\lambda-1)(\lambda+5)$，则其特征值$\lambda_1=1$、$\lambda_2=-5$，系数矩阵 $\boldsymbol{A}$ 可转化为对角线标准型。

由$\lambda_1=1$，$(\lambda_i \boldsymbol{I}-\boldsymbol{A})\boldsymbol{P}_i=\boldsymbol{0}$，可得$\begin{bmatrix}5 & -5\\ -1 & 1\end{bmatrix}\begin{bmatrix}p_1\\ p_2\end{bmatrix}=\boldsymbol{0}$，则$\boldsymbol{P}_1=\begin{bmatrix}1\\ 1\end{bmatrix}$。

由$\lambda_2=-5$，可得$\begin{bmatrix}-1 & -5\\ -1 & -5\end{bmatrix}\begin{bmatrix}P_1\\ P_2\end{bmatrix}=\boldsymbol{0}$，则$\boldsymbol{P}_2=\begin{bmatrix}-5\\ 1\end{bmatrix}$。

因而，变换矩阵$\boldsymbol{P}=\begin{bmatrix}1 & -5\\ 1 & 1\end{bmatrix}$，$\boldsymbol{P}^{-1}=\begin{bmatrix}\frac{1}{6} & \frac{5}{6}\\ -\frac{1}{6} & \frac{1}{6}\end{bmatrix}$，从而可得$\boldsymbol{P}^{-1}\boldsymbol{A}\boldsymbol{P}=\begin{bmatrix}1 & 0\\ 0 & -5\end{bmatrix}$，$\boldsymbol{P}^{-1}\boldsymbol{B}=\begin{bmatrix}\frac{1}{6}b_1+\frac{5}{6}b_2\\ -\frac{1}{6}b_1+\frac{1}{6}b_2\end{bmatrix}$。

则系统线性状态方程经线性变换 $\boldsymbol{x}=\boldsymbol{P}\tilde{\boldsymbol{x}}$ 可得

$$\begin{bmatrix}\dot{\tilde{x}}_1\\ \dot{\tilde{x}}_2\end{bmatrix}=\begin{bmatrix}1 & 0\\ 0 & -5\end{bmatrix}\begin{bmatrix}\tilde{x}_1\\ \tilde{x}_2\end{bmatrix}+\begin{bmatrix}\frac{1}{6}b_1+\frac{5}{6}b_2\\ -\frac{1}{6}b_1+\frac{1}{6}b_2\end{bmatrix}u$$

由此可知，当$b_1=-5b_2$时，$\tilde{x}_1$与u无关，$\tilde{x}_1$不可控；当$b_1=b_2$时，$\tilde{x}_2$与u无关，$\tilde{x}_2$不可控。当且仅当$b_1\neq b_2$、$b_1\neq -5b_2$时，$\tilde{x}_1$和$\tilde{x}_2$才是可控的，即状态完全可控。

可观测性的概念为，通过观测有限时间内系统的输出量值，能否确定系统所有状态的变量。如果系统的每个状态变量都能影响输出量的某些分量，那么系统就是完全可观测的。

下面通过例 5-2 说明可观测性的基本概念。

【例 5-2】 设系统的状态方程为$\begin{bmatrix}\dot{x}_1\\ \dot{x}_2\end{bmatrix}=\begin{bmatrix}-4 & 5\\ 1 & 0\end{bmatrix}\begin{bmatrix}x_1\\ x_2\end{bmatrix}$，$y=\begin{bmatrix}c_1 & c_2\end{bmatrix}\begin{bmatrix}x_1\\ x_2\end{bmatrix}$，$c_1\neq 0, c_2\neq 0$，讨论其可观测性。

解：由例 5-1 可得变换矩阵为

$$P=\begin{bmatrix}1 & -5\\ 1 & 1\end{bmatrix}$$

由此可得

$$P^{-1}AP=\begin{bmatrix}1 & 0\\ 0 & -5\end{bmatrix}，\quad CP=\begin{bmatrix}c_1 & c_2\end{bmatrix}\begin{bmatrix}1 & -5\\ 1 & 1\end{bmatrix}=\begin{bmatrix}c_1+c_2 & c_2-5c_1\end{bmatrix}$$

从而有

$$\begin{cases}\begin{bmatrix}\dot{\tilde{x}}_1\\ \dot{\tilde{x}}_2\end{bmatrix}=\begin{bmatrix}1 & 0\\ 0 & -5\end{bmatrix}\begin{bmatrix}\tilde{x}_1\\ \tilde{x}_2\end{bmatrix}\\ y=\begin{bmatrix}c_1+c_2 & c_2-5c_1\end{bmatrix}\begin{bmatrix}\tilde{x}_1\\ \tilde{x}_2\end{bmatrix}\end{cases}$$

由此可见，当 $c_1=-c_2$ 时，$\tilde{x}_1$ 与 y 无关，$\tilde{x}_1$ 不可观测；当 $c_2=5c_1$ 时，$\tilde{x}_2$ 不可观测。当且仅当 $c_1\neq -c_2$、$c_2\neq 5c_1$ 时，系统是可观测的。

5.1 线性连续系统的可控性

可控性的概念为，回答输入（即控制量）是否必然能对系统的状态产生影响，从而实现对系统状态的完全控制。

我们将系统分为时变系统和定常系统来讨论系统的可控性。

5.1.1 时变系统的可控性

线性时变系统的状态方程为

$$\dot{x}(t)=A(t)x(t)+B(t)u(t)$$

定义：若存在输入信号 $u(t)$，能在有限时间 $t_f>t_0$ 内，将系统的任意一个初始状态 $x(t_0)$ 转移到终端状态 $x(t_f)$，则称该系统状态变量 $x(t)$ 在 t_0 时刻是完全可控的。

线性时变系统 $\Sigma\left[A(t),B(t)\right]$①状态在 t_0 时刻完全可控的充要条件为：矩阵 $\Phi(t_0,t)$ 和 $B(t)$ 是行线性无关的。

判别准则：设 $A(t)$、$B(t)$ 的元对时间 t 分别是 $n-2$ 和 $n-1$ 次可微的，如果存在某个 $t_f>0$ 时刻使得矩阵（该矩阵称为状态能控性矩阵）的秩 $\text{rank}\left[B_1(t_f)\quad B_2(t_f)\quad\cdots\quad B_n(t_f)\right]=n$，其中，$B_1(t)=B(t)$；$B_i(t)=-A(t)B_{i-1}(t)+\dot{B}_{i-1}(t)$，$i=2,\cdots,n$，则该系统在 $[0,t_f]$ 上是完全可控的。

【例 5-3】系统的状态模型如下：

$$\begin{bmatrix}\dot{x}_1\\ \dot{x}_2\\ \dot{x}_3\end{bmatrix}=\begin{bmatrix}t & 1 & 0\\ 0 & t & 0\\ 0 & 0 & t^2\end{bmatrix}\begin{bmatrix}x_1\\ x_2\\ x_3\end{bmatrix}+\begin{bmatrix}0\\ 1\\ 1\end{bmatrix}u$$

---

① 以后我们也用 $\Sigma\left[A(t),B(t)\right]$ 代表用状态方程表示的系统。

判别该系统的可控性。

解：

$$\boldsymbol{B}_1(t)=\boldsymbol{B}(t)=\begin{bmatrix}0\\1\\1\end{bmatrix}$$

$$\boldsymbol{B}_2(t)=-\boldsymbol{A}(t)\boldsymbol{B}_1(t)+\dot{\boldsymbol{B}}_1(t)=\begin{bmatrix}-1\\-t\\-t^2\end{bmatrix}$$

$$\boldsymbol{B}_3(t)=-\boldsymbol{A}(t)\boldsymbol{B}_2(t)+\dot{\boldsymbol{B}}_2(t)=\begin{bmatrix}2t\\t^2\\t^4\end{bmatrix}+\begin{bmatrix}0\\-1\\-2t\end{bmatrix}=\begin{bmatrix}2t\\t^2-1\\t^4-2t\end{bmatrix}$$

$$\operatorname{rank}\begin{bmatrix}0&-1&2t\\1&-t&t^2-1\\1&-t^2&t^4-2t\end{bmatrix}=3$$

由此可见，系统的状态能控性矩阵的秩为 3，等于系统的阶次，所以该系统是可控的。

【**例 5-4**】判别时变系统$\begin{bmatrix}\dot{x}_1\\\dot{x}_2\end{bmatrix}=\begin{bmatrix}0&t\\0&0\end{bmatrix}\begin{bmatrix}x_1(t)\\x_2(t)\end{bmatrix}+\begin{bmatrix}0\\1\end{bmatrix}u(t)$的可控性。

解：

$$\boldsymbol{B}_1(t)=\boldsymbol{B}(t)=\begin{bmatrix}0\\1\end{bmatrix},\quad \boldsymbol{B}_2(t)=-\boldsymbol{A}(t)\boldsymbol{B}_1(t)+\dot{\boldsymbol{B}}_1(t)=\begin{bmatrix}-t\\0\end{bmatrix}$$

$$\operatorname{rank}\begin{bmatrix}0&-t\\1&0\end{bmatrix}=2=n$$

只要满足$t\neq 0$，就有上式恒成立，则系统在$[0,\ \ t_{\mathrm{f}}]$区间上是状态完全可控的。

5.1.2 定常系统的可控性

定常系统的可控性有状态可控性和输出可控性之分。

1. 状态的可控性

线性定常系统的状态方程为

$$\dot{\boldsymbol{x}}=\boldsymbol{A}\boldsymbol{x}+\boldsymbol{B}\boldsymbol{u}$$

定义：若存在输入信号$\boldsymbol{u}(t)$，能在有限时间$t_{\mathrm{f}}>t_0$内，将系统的任意一个初始状态$\boldsymbol{x}(t_0)$转移到终端状态$\boldsymbol{x}(t_{\mathrm{f}})$，则称该系统的状态变量$\boldsymbol{x}(t)$在$t_0$时刻是完全可控的。

线性定常系统$\varSigma(\boldsymbol{A},\boldsymbol{B})$状态可控的充分必要条件为下列条件之一：

（1）矩阵$\mathrm{e}^{-\boldsymbol{A}t}\boldsymbol{B}$是行线性无关的；

（2）矩阵$(s\boldsymbol{I}-\boldsymbol{A})^{-1}\boldsymbol{B}$是行线性无关的；

（3）格拉姆矩阵$\boldsymbol{W}_{\mathrm{C}}=\int_0^t \mathrm{e}^{\boldsymbol{A}\tau}\boldsymbol{B}\boldsymbol{B}^{\mathrm{T}}\mathrm{e}^{\boldsymbol{A}^{\mathrm{T}}\tau}\mathrm{d}\tau$是非奇异的；

（4）$n\times nm$可控性矩阵$\boldsymbol{U}_{\mathrm{C}}=\begin{bmatrix}\boldsymbol{B} & \boldsymbol{A}\boldsymbol{B} & \cdots & \boldsymbol{A}^{n-1}\boldsymbol{B}\end{bmatrix}$的秩是$n$。

【例 5-5】判断系统 $\dot{\boldsymbol{x}}=\begin{bmatrix}1 & 1\\ 2 & -1\end{bmatrix}\begin{bmatrix}x_1\\ x_2\end{bmatrix}+\begin{bmatrix}0\\ 1\end{bmatrix}u(t)$ 的可控性。

解：有

$$\boldsymbol{A}=\begin{bmatrix}1 & 1\\ 2 & -1\end{bmatrix},\quad \boldsymbol{B}=\begin{bmatrix}0\\ 1\end{bmatrix}$$

则

$$\boldsymbol{AB}=\begin{bmatrix}1\\ -1\end{bmatrix}$$

$$\boldsymbol{Q}_\mathrm{C}=\begin{bmatrix}\boldsymbol{B} & \boldsymbol{AB}\end{bmatrix}=\begin{bmatrix}0 & 1\\ 1 & -1\end{bmatrix}$$

$$\begin{vmatrix}0 & 1\\ 1 & -1\end{vmatrix}=-1$$

行列式非 0，所以，$\mathrm{rank}(\boldsymbol{Q}_\mathrm{C})=2$，等于系统的阶次，所以该系统是可控的。

【例 5-6】判断线性定常系统 $\begin{bmatrix}\dot{x}_1\\ \dot{x}_2\\ \dot{x}_3\end{bmatrix}=\begin{bmatrix}1 & 3 & 2\\ 0 & 2 & 0\\ 0 & 1 & 3\end{bmatrix}\begin{bmatrix}x_1\\ x_2\\ x_3\end{bmatrix}+\begin{bmatrix}2 & 1\\ 1 & 1\\ -1 & -1\end{bmatrix}\begin{bmatrix}u_1\\ u_2\end{bmatrix}$ 是否具有可控性。

解：该系统可控性矩阵的秩为

$$\mathrm{rank}\begin{bmatrix}\boldsymbol{B} & \boldsymbol{AB} & \boldsymbol{A}^2\boldsymbol{B}\end{bmatrix}=\mathrm{rank}\begin{bmatrix}2 & 1 & 3 & 2 & 5 & 4\\ 1 & 1 & 2 & 2 & 4 & 4\\ -1 & -1 & -2 & -2 & -4 & -4\end{bmatrix}$$

$$=\mathrm{rank}\begin{bmatrix}2 & 1 & 3 & 2 & 5 & 4\\ 1 & 1 & 2 & 2 & 4 & 4\\ 0 & 0 & 0 & 0 & 0 & 0\end{bmatrix}=2<3$$

因为该系统可控性矩阵的秩为 2，小于系统阶次 3，所以该系统是不可控的。

2．输出的可控性

线性定常系统的状态空间表达式为

$$\begin{cases}\dot{\boldsymbol{x}}=\boldsymbol{Ax}+\boldsymbol{Bu}\\ \boldsymbol{y}=\boldsymbol{Cx}+\boldsymbol{Du}\end{cases}$$

完全可控定义：若存在一分段连续的输入信号 $\boldsymbol{u}(t)$，在有限的时间 $[t_0,\ t_\mathrm{f}]$ 内，能把任一给定的初始输出 $\boldsymbol{y}(t_0)$ 转移到任意指定的最终输出 $\boldsymbol{y}(t_\mathrm{f})$，则称输出完全可控。

线性定常系统 $\Sigma(\boldsymbol{A},\boldsymbol{B},\boldsymbol{C},\boldsymbol{D})$ 输出完全可控的充要条件：$m\times(nr+r)$ 矩阵 $\begin{bmatrix}\boldsymbol{D} & \boldsymbol{CB} & \boldsymbol{CAB} & \boldsymbol{CA}^2\boldsymbol{B} & \cdots & \boldsymbol{CA}^{n-1}\boldsymbol{B}\end{bmatrix}$ 的秩为 m。

【例 5-7】系统状态空间表达式为

$$\begin{cases}\begin{bmatrix}x_1\\ x_2\end{bmatrix}=\begin{bmatrix}-4 & 5\\ 1 & 0\end{bmatrix}\begin{bmatrix}x_1\\ x_2\end{bmatrix}+\begin{bmatrix}-5\\ 1\end{bmatrix}u\\ y=\begin{bmatrix}1 & -1\end{bmatrix}\begin{bmatrix}x_1\\ x_2\end{bmatrix}\end{cases}$$

试分析系统的输出可控性和状态可控性。

解：$\text{rank}\begin{bmatrix}\boldsymbol{B} & \boldsymbol{AB}\end{bmatrix}=\begin{bmatrix}-5 & 25\\ 1 & -5\end{bmatrix}=\begin{bmatrix}-5 & 25\\ 0 & 0\end{bmatrix}=1$，该系统可控矩阵的秩小于系统阶次 2，故该系统状态不可控。

$\text{rank}\begin{bmatrix}\boldsymbol{CB} & \boldsymbol{CAB}\end{bmatrix}=\text{rank}\begin{bmatrix}-6 & 30\end{bmatrix}=1$ 为系统输出变量的个数，所以该系统是输出可控的。

由例 5-7 可见，系统的输出可控性和状态可控性之间是不等价的，即系统输出可控不一定状态可控，状态可控也不一定输出可控。

系统输出可控的一个必要条件是，系统的输出矩阵 $\boldsymbol{C}$ 必须是满秩的，且应小于或等于系统维数 n，即 $\text{rank}\boldsymbol{C}=m\leqslant n$。

当满足上述条件时，若系统是状态可控的，则其输出必然可控；但反之不成立。

5.2　线性连续系统的可观测性

系统的可观测性，是指系统状态的变化能否由系统的输出反映出来。

5.2.1　线性时变系统的可观测性

线性时变系统的状态空间表达式为

$$\begin{cases}\dot{\boldsymbol{x}}(t)=\boldsymbol{A}(t)\boldsymbol{x}(t)+\boldsymbol{B}(t)\boldsymbol{u}(t)\\ \boldsymbol{y}(t)=\boldsymbol{C}(t)\boldsymbol{x}(t)\end{cases}$$

定义：若系统在任意一个初始时刻 t_0 的状态变量 $\boldsymbol{x}(t_0)$，在 $t_f>t_0$ 时，可由系统的输出 $\boldsymbol{y}(t)$ 唯一地确定出来，则称该系统的状态变量 $\boldsymbol{x}(t)$ 在 t_0 时刻是完全可观测的。

线性时变系统 $\varSigma\begin{bmatrix}\boldsymbol{A}(t) & \boldsymbol{C}(t)\end{bmatrix}$ 在 t_0 时刻状态完全可观测的充要条件为：矩阵 $\boldsymbol{C}(t)\boldsymbol{\varPhi}(t,t_0)$ 是列线性无关的。

判别方法：设系统 $\varSigma\begin{bmatrix}\boldsymbol{A}(t) & \boldsymbol{C}(t)\end{bmatrix}$ 中 $\boldsymbol{A}(t)$ 矩阵和 $\boldsymbol{C}(t)$ 矩阵的元对时间变量 t 分别是 $n-2$ 和 $n-1$ 次连续可微的，记

$$\boldsymbol{C}_1(t)=\boldsymbol{C}(t)，\quad \boldsymbol{C}_i(t)=\boldsymbol{C}_{i-1}(t)\boldsymbol{A}(t)+\dot{\boldsymbol{C}}_{i-1}(t),\quad i=2,3,\cdots,n$$

令 $\boldsymbol{R}(t)\equiv\begin{bmatrix}\boldsymbol{C}_1(t)\\ \boldsymbol{C}_2(t)\\ \vdots\\ \boldsymbol{C}_n(t)\end{bmatrix}$，如果存在某个 $t_f>0$ 时刻，使 $\text{rank}\begin{bmatrix}\boldsymbol{R}(t_f)\end{bmatrix}=0$，则系统在 $[0,t_f]$ 区间上是可观测的。

【例 5-8】 设系统 $\varSigma\begin{bmatrix}\boldsymbol{A}(t) & \boldsymbol{C}(t)\end{bmatrix}$ 的 $\boldsymbol{A}(t)$ 和 $\boldsymbol{C}(t)$ 矩阵分别为 $\boldsymbol{A}(t)=\begin{bmatrix}t & 1 & 0\\ 0 & t & 0\\ 0 & 0 & t^2\end{bmatrix}$，$\boldsymbol{C}(t)=\begin{bmatrix}1 & 0 & 1\end{bmatrix}$，试判别该系统的可观测性。

解：

$\boldsymbol{C}_1(t)=\begin{bmatrix}1 & 0 & 1\end{bmatrix}$；　$\boldsymbol{C}_2(t)=\boldsymbol{C}_1(t)\boldsymbol{A}(t)+\dot{\boldsymbol{C}}_1(t)=\begin{bmatrix}t & 1 & t^2\end{bmatrix}$；　$\boldsymbol{C}_3(t)=\boldsymbol{C}_2(t)\boldsymbol{A}(t)+\dot{\boldsymbol{C}}_2(t)=$

$\begin{bmatrix} t^2+1 & 2t & t^4+2t \end{bmatrix}$。

则有 $\boldsymbol{R}(t)=\begin{bmatrix} \boldsymbol{C}_1(t) \\ \boldsymbol{C}_2(t) \\ \boldsymbol{C}_3(t) \end{bmatrix}=\begin{bmatrix} 1 & 0 & 1 \\ t & 1 & t^2 \\ t^2+1 & 2t & t^4+2t \end{bmatrix}$，$t>0$ 时，$\text{rank}[\boldsymbol{R}(t)]\equiv 3=n$，所以系统在 $t\in[0,+\infty]$ 上是状态完全可观测的。

5.2.2 线性定常系统的可观测性

设线性定常系统的状态空间表达式为

$$\begin{cases} \dot{\boldsymbol{x}}=\boldsymbol{A}\boldsymbol{x}+\boldsymbol{B}\boldsymbol{u} \\ \boldsymbol{y}=\boldsymbol{C}\boldsymbol{x} \end{cases}$$

定义：如果对任意给定的输入信号 $\boldsymbol{u}(t)$，在有限观测时间 $t_f>t_0$ 时，能够根据输出量 $\boldsymbol{y}(t)$ 在 $[t_0,t_f]$ 内的测量值，确定系统在 t_0 时刻的唯一的初始状态 $\boldsymbol{x}(t_0)$，则称此系统的状态是完全可观测的。

线性定常系统 $\Sigma[\boldsymbol{A}(t)\quad \boldsymbol{C}(t)]$ 状态可观测的充分必要条件为下列等价条件之一：

（1）矩阵 $\boldsymbol{C}\mathrm{e}^{-\boldsymbol{A}t}$ 是列线性无关的；

（2）矩阵 $\boldsymbol{C}(s\boldsymbol{I}-\boldsymbol{A})^{-1}$ 是列线性无关的；

（3）$nm\times n$ 可观测性矩阵 $\boldsymbol{V}_0=\begin{bmatrix} \boldsymbol{C} \\ \boldsymbol{C}\boldsymbol{A} \\ \vdots \\ \boldsymbol{C}\boldsymbol{A}^{n-1} \end{bmatrix}$ 的秩是 n。

【例 5-9】若系统的状态空间表达式为 $\begin{cases} \dot{\boldsymbol{x}}=\begin{bmatrix} 0 & 1 \\ -3 & -4 \end{bmatrix}\boldsymbol{x}+\begin{bmatrix} 1 & 2 \\ -3 & -4 \end{bmatrix}u \\ \boldsymbol{y}=\begin{bmatrix} 1 & 1 \\ -2 & -2 \end{bmatrix}\boldsymbol{x} \end{cases}$，试判断该系统的可观测性。

解：系统的可观测性矩阵 $\boldsymbol{V}_0=\begin{bmatrix} \boldsymbol{C} \\ \boldsymbol{C}\boldsymbol{A} \end{bmatrix}=\begin{bmatrix} 1 & 1 \\ -2 & -2 \\ -3 & -3 \\ 6 & 6 \end{bmatrix}$，则 $\text{rank}\,\boldsymbol{V}_0=1<n=2$，故该系统是不完全可观测的。

【例 5-10】求下列系统的可观测性。

$$\begin{bmatrix} \dot{x}_1 \\ \dot{x}_2 \end{bmatrix}=\begin{bmatrix} 1 & 1 \\ -2 & -1 \end{bmatrix}\begin{bmatrix} x_1 \\ x_2 \end{bmatrix}+\begin{bmatrix} 0 \\ 1 \end{bmatrix}u$$

$$y=\begin{bmatrix} 1 & 0 \end{bmatrix}\begin{bmatrix} x_1 \\ x_2 \end{bmatrix}$$

解：该系统是 2 阶的，且有

$$A=\begin{bmatrix}1 & 1\\ -2 & -1\end{bmatrix}, \quad C=\begin{bmatrix}1 & 0\end{bmatrix}$$

则有

$$A^{\mathrm{T}}=\begin{bmatrix}1 & -2\\ 1 & -1\end{bmatrix}, \quad C^{\mathrm{T}}=\begin{bmatrix}1\\ 0\end{bmatrix}, \quad A^{\mathrm{T}}C^{\mathrm{T}}=\begin{bmatrix}1 & -2\\ 2 & -1\end{bmatrix}\begin{bmatrix}1\\ 0\end{bmatrix}=\begin{bmatrix}1\\ 1\end{bmatrix}$$

则有

$$V_0=\begin{bmatrix}C^{\mathrm{T}} & A^{\mathrm{T}}C^{\mathrm{T}}\end{bmatrix}=\begin{bmatrix}1 & 1\\ 0 & 1\end{bmatrix}$$

因为 $\mathrm{rank}\left(V_0\right)=2$，等于系统阶次，所以该系统是可观测的。

5.3 对 偶 原 理

对偶原理首先是由卡尔曼（Kalman）提出的，即一个系统的可控性等价于对偶系统的可观测性；一个系统的可观测性等价于对偶系统的可控性。

5.3.1 线性系统的对偶关系

如果线性定常系统 Σ_1 和 Σ_2 的状态空间表达式分别为

$$\begin{cases}\dot{x}_1=Ax_1+Bu_1\\ y_1=Cx_1\end{cases}, \quad \begin{cases}\dot{x}_2=A^{\mathrm{T}}x_2+C^{\mathrm{T}}u_2\\ y_2=B^{\mathrm{T}}x_2\end{cases}$$

则系统 Σ_1 和 Σ_2 是互为对偶的。

（1）对偶原理图如图 5-1 所示。

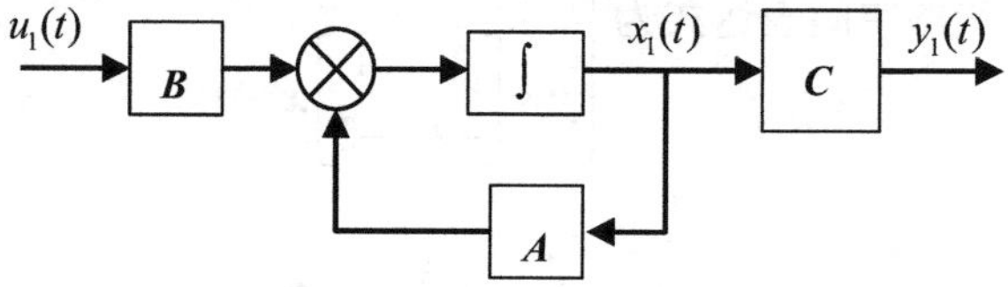

（a）系统 Σ_1 状态变量图

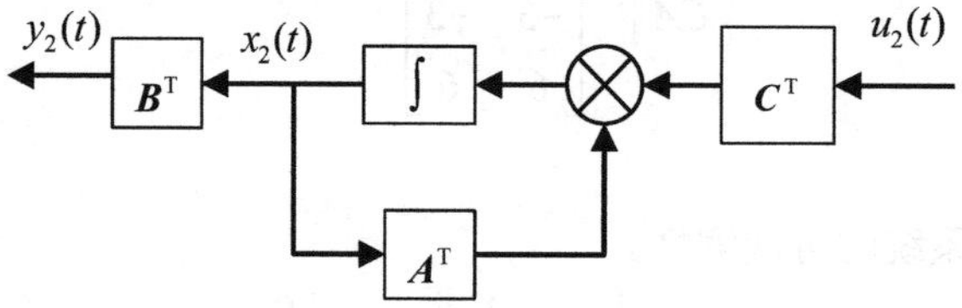

（b）系统 Σ_2 状态变量图

图 5-1　对偶原理图

由图 5-1 可知，系统 Σ_1 和其对偶系统 Σ_2 的输入端和输出端互换，信号传递方向相反，信号引出点和综合点互换，各矩阵转置。换句话说，图 5-1（a）表示的是用 $u_1(t)$ 来控制 $y_1(t)$，而图 5-1（b）表示的是用“输出量”去求得“输入量”。前者为控制问题，后者为估计问题。

所以，对偶原理同样也揭示了最优控制和最优估计之间的内在联系。

（2）对偶系统的传递函数阵互为转置。

系统 Σ_1 的传递函数阵为

$$\boldsymbol{G}_1(s)=\boldsymbol{C}(s\boldsymbol{I}-\boldsymbol{A})^{-1}\boldsymbol{B}$$

系统 Σ_2 的传递函数阵为

$$\boldsymbol{G}_2(s)=\boldsymbol{B}^{\mathrm{T}}(s\boldsymbol{I}-\boldsymbol{A}^{T})^{-1}\boldsymbol{C}^{\mathrm{T}}$$

系统 Σ_1 与系统 Σ_2 的关系为

$$\boldsymbol{G}_2^{\mathrm{T}}(s)=\boldsymbol{C}(s\boldsymbol{I}-\boldsymbol{A})^{-1}\boldsymbol{B}=\boldsymbol{G}_1(s)$$

（3）对偶系统的特征方程式相同的。

$$|s\boldsymbol{I}-\boldsymbol{A}|=|s\boldsymbol{I}-\boldsymbol{A}^{\mathrm{T}}|$$

5.3.2 可控性和可观测性的对偶关系

系统 Σ_1 状态完全可控的充要条件是，对偶系统 Σ_2 的状态完全可观测；系统 Σ_1 的状态完全可观测的充要条件是，对偶系统 Σ_2 的状态完全可控。

证明：系统 Σ_1 的可控性和可观测性判据分别为

$$\operatorname{rank}\boldsymbol{U}_{01}=\operatorname{rank}[\boldsymbol{B}\quad \boldsymbol{AB}\quad \cdots\quad \boldsymbol{A}^{n-1}\boldsymbol{B}]=n$$

$$\operatorname{rank}\boldsymbol{V}_{01}=\operatorname{rank}\begin{bmatrix}\boldsymbol{C}\\ \boldsymbol{CA}\\ \vdots\\ \boldsymbol{CA}^{n-1}\end{bmatrix}=n$$

系统 Σ_2 的可控性和可观测性判据分别为

$$\operatorname{rank}\boldsymbol{U}_{02}=\operatorname{rank}[\boldsymbol{C}^{\mathrm{T}}\quad \boldsymbol{A}^{\mathrm{T}}\boldsymbol{C}^{\mathrm{T}}\quad \cdots\quad (\boldsymbol{A}^{\mathrm{T}})^{n-1}\boldsymbol{C}^{\mathrm{T}}]=n$$

$$=\operatorname{rank}\begin{bmatrix}\boldsymbol{C}\\ \boldsymbol{CA}\\ \vdots\\ \boldsymbol{CA}^{n-1}\end{bmatrix}^{\mathrm{T}}=\operatorname{rank}\begin{bmatrix}\boldsymbol{C}\\ \boldsymbol{CA}\\ \vdots\\ \boldsymbol{CA}^{n-1}\end{bmatrix}=n$$

$$\operatorname{ran}\boldsymbol{V}_{02}=\operatorname{rank}\begin{bmatrix}\boldsymbol{B}^{\mathrm{T}}\\ \boldsymbol{B}^{\mathrm{T}}\boldsymbol{A}^{\mathrm{T}}\\ \vdots\\ \boldsymbol{B}^{\mathrm{T}}(\boldsymbol{A}^{\mathrm{T}})^{n-1}\end{bmatrix}$$

$$=\operatorname{rank}[\boldsymbol{B}\ \boldsymbol{AB}\ \cdots\ \boldsymbol{A}^{n-1}\boldsymbol{B}]^{\mathrm{T}}$$

$$=\operatorname{rank}[\boldsymbol{B}\ \boldsymbol{AB}\ \cdots\ \boldsymbol{A}^{n-1}\boldsymbol{B}]$$

5.4 线性系统的可控标准型和可观测标准型

5.4.1 可控标准型

设单输入单输出系统的状态空间表达式为

$$
\begin{cases}\dot{\boldsymbol{x}}=\boldsymbol{A}\boldsymbol{x}+\boldsymbol{B}u\\ y=\boldsymbol{C}\boldsymbol{x}\end{cases} \tag{5.1}
$$

若系统矩阵 $\boldsymbol{A}$ 和输入矩阵 $\boldsymbol{B}$ 分别为

$$
\boldsymbol{A}=\begin{bmatrix}0 & 0 & \cdots & 0 & -a_n\\ 1 & 0 & \cdots & 0 & -a_{n-1}\\ 0 & 1 & \cdots & 0 & -a_{n-2}\\ \vdots & \vdots & & \vdots & \vdots\\ 0 & 0 & 0 & 1 & -a_1\end{bmatrix},\quad \boldsymbol{B}=\begin{bmatrix}1\\0\\ \vdots\\0\\0\end{bmatrix} \tag{5.2}
$$

则称该状态空间模型为可控标准 I 型。

若系统矩阵 $\boldsymbol{A}$ 和矩阵 $\boldsymbol{B}$ 分别为

$$
\boldsymbol{A}=\begin{bmatrix}0 & 1 & 0 & \cdots & 0\\ 0 & 0 & 1 & \cdots & 0\\ \vdots & \vdots & \vdots & & \vdots\\ 0 & 0 & 0 & \cdots & 1\\ -a_n & -a_{n-1} & -a_{n-2} & \cdots & -a_1\end{bmatrix},\quad \boldsymbol{B}=\begin{bmatrix}0\\0\\ \vdots\\0\\1\end{bmatrix} \tag{5.3}
$$

则称该状态空间模型为可控标准 II 型。

定理 5-1　对状态完全可控的线性定常连续系统 $\Sigma(\boldsymbol{A},\boldsymbol{B})$ 引入变换矩阵 $\boldsymbol{T}_{\mathrm{C1}}$：

$$
\boldsymbol{T}_{\mathrm{C1}}=\boldsymbol{Q}_{\mathrm{C}}=\begin{bmatrix}\boldsymbol{B} & \boldsymbol{A}\boldsymbol{B} & \cdots & \boldsymbol{A}^{n-1}\boldsymbol{B}\end{bmatrix}
$$

那么线性变换 $\boldsymbol{x}=\boldsymbol{T}_{\mathrm{C1}}\tilde{\boldsymbol{x}}$ 可将状态方程 $\Sigma(\boldsymbol{A},\boldsymbol{B})$ 变换成可控标准 I 型：

$$
\dot{\tilde{\boldsymbol{x}}}=\tilde{\boldsymbol{A}}\tilde{\boldsymbol{x}}+\tilde{\boldsymbol{B}}u
$$

其中，系统矩阵 $\tilde{\boldsymbol{A}}$ 和输入矩阵 $\tilde{\boldsymbol{B}}$ 如式（5.2）所示。

定理 5-2　对状态完全可控的线性定常连续系统 $\Sigma(\boldsymbol{A},\boldsymbol{B})$ 引入变换矩阵 $\boldsymbol{T}_{\mathrm{C2}}$ 满足：

$$
\boldsymbol{T}_{\mathrm{C2}}{}^{-1}=\begin{bmatrix}\boldsymbol{T}_1\\ \boldsymbol{T}_1\boldsymbol{A}\\ \vdots\\ \boldsymbol{T}_1\boldsymbol{A}^{n-1}\end{bmatrix}
$$

其中

$$
\boldsymbol{T}_1=\begin{bmatrix}0 & \cdots & 0 & 1\end{bmatrix}\begin{bmatrix}\boldsymbol{B} & \boldsymbol{A}\boldsymbol{B} & \cdots & \boldsymbol{A}^{n-1}\boldsymbol{B}\end{bmatrix}^{-1}
$$

那么线性变换 $\boldsymbol{x}=\boldsymbol{T}_{\mathrm{C2}}\tilde{\boldsymbol{x}}$ 可将状态方程 $\Sigma(\boldsymbol{A},\boldsymbol{B})$ 变换成可控标准 II 型为

$$
\dot{\tilde{\boldsymbol{x}}}=\tilde{\boldsymbol{A}}\tilde{\boldsymbol{x}}+\tilde{\boldsymbol{B}}u
$$

其中，系统矩阵 $\tilde{\boldsymbol{A}}$ 和输入矩阵 $\tilde{\boldsymbol{B}}$ 如式（5.3）所示。其中，$\tilde{\boldsymbol{A}}=\boldsymbol{T}_{\mathrm{C2}}^{-1}\boldsymbol{A}\boldsymbol{T}_{\mathrm{C2}}$，$\tilde{\boldsymbol{B}}=\boldsymbol{T}_{\mathrm{C2}}^{-1}\boldsymbol{B}$。

【例 5-11】试求如下系统状态方程的可控标准 II 型。

$$
\begin{cases}\dot{\boldsymbol{x}}=\begin{bmatrix}1 & 0\\ -1 & 2\end{bmatrix}\boldsymbol{x}+\begin{bmatrix}-1\\1\end{bmatrix}u\\ y=\begin{bmatrix}0 & 1\end{bmatrix}\boldsymbol{x}\end{cases}
$$

解：先证明该系统的可控性。

系统的可控性矩阵 $\boldsymbol{Q}_{\mathrm{C}}=[\boldsymbol{B}\quad \boldsymbol{AB}]=\begin{bmatrix}-1 & -1\\ 1 & 3\end{bmatrix}$ 是非奇异矩阵，即该系统状态完全可控，因此可将其转换为可控标准型。

求变换矩阵：$\boldsymbol{T}_1=[0\quad 1][\boldsymbol{B}\quad \boldsymbol{AB}]^{-1}=[0\quad 1]\begin{bmatrix}-1 & -1\\ 1 & 3\end{bmatrix}^{-1}=[1/2\quad 1/2]$，则变换矩阵为

$$\boldsymbol{T}_{\mathrm{C2}}^{-1}=\begin{bmatrix}\boldsymbol{T}_1\\ \boldsymbol{T}_1\boldsymbol{A}\end{bmatrix}=\begin{bmatrix}1/2 & 1/2\\ 0 & 1\end{bmatrix},\quad \boldsymbol{T}_{\mathrm{C2}}=\begin{bmatrix}2 & -1\\ 0 & 1\end{bmatrix}$$

$$\boldsymbol{A}_{\mathrm{C}}=\boldsymbol{T}_{\mathrm{C2}}^{-1}\boldsymbol{A}\boldsymbol{T}_{\mathrm{C2}}=\begin{bmatrix}1/2 & 1/2\\ 0 & 1\end{bmatrix}\begin{bmatrix}1 & 0\\ -1 & 2\end{bmatrix}\begin{bmatrix}2 & -1\\ 0 & 1\end{bmatrix}=\begin{bmatrix}0 & 1\\ -2 & 3\end{bmatrix}$$

$$\boldsymbol{B}_{\mathrm{C}}=\boldsymbol{T}_{\mathrm{C2}}^{-1}\boldsymbol{B}=\begin{bmatrix}1/2 & 1/2\\ 0 & 1\end{bmatrix}\begin{bmatrix}-1\\ 1\end{bmatrix}=\begin{bmatrix}0\\ 1\end{bmatrix},\quad \boldsymbol{C}_{\mathrm{C}}=\boldsymbol{C}\boldsymbol{T}_{\mathrm{C2}}=[0\quad 1]\begin{bmatrix}2 & -1\\ 0 & 1\end{bmatrix}=[0\quad 1]$$

经过非奇异线性变换 $\boldsymbol{x}(t)=\boldsymbol{T}_{\mathrm{C2}}\tilde{\boldsymbol{x}}(t)$ 后，所得的可控标准型的状态方程为

$$\begin{cases}\dot{\boldsymbol{x}}=\begin{bmatrix}0 & 1\\ -2 & 3\end{bmatrix}\boldsymbol{x}+\begin{bmatrix}0\\ 1\end{bmatrix}u\\ y=[0\quad 1]\boldsymbol{x}\end{cases}$$

可以用 MATLAB 编程的方式验证上述计算过程，其代码如下：

```
%测试求可控标准型
A=[1 0;-1 2];
B=[-1;1];
C=[0 1];
D=0;
Tm=ctrb(A,B)          %求其可控性矩阵，ctrb 函数能求得可控性矩阵
Tm2=[B A*B]           %和公式法求得的一样
P1=[0 1]*Tm^-1;
P = [P1;P1*A];
%MATLAB 所执行的变换相当于左乘,这是用公式计算可控标准 I 型
[A2 B2 C2 D2]=ss2ss(A,B,C,D,P)
[A3 B3 C3 D3]=ss2ss(A,B,C,D,inv(Tm)) %用公式计算可控标准 II 型
```

5.4.2 可观测标准型

可观测标准型有两种形式。对应于可控标准型，若单输入单输出线性定常连续系统 $\varSigma(\boldsymbol{A},\boldsymbol{B},\boldsymbol{C})$ 的矩阵 $\boldsymbol{A}$ 和输出矩阵 $\boldsymbol{C}$ 分别为

$$\boldsymbol{A}=\begin{bmatrix}0 & 1 & 0 & \cdots & 0\\ 0 & 0 & 1 & \cdots & 0\\ \vdots & \vdots & \vdots & & \vdots\\ 0 & 0 & 0 & \cdots & 1\\ -a_n & -a_{n-1} & -a_{n-2} & \cdots & -a_1\end{bmatrix},\quad \boldsymbol{C}=[1\quad 0\quad \cdots\quad 0\quad 0] \tag{5.4}$$

则称该状态空间模型为可观测标准 I 型。

若系统矩阵 $\boldsymbol{A}$ 和输出矩阵 $\boldsymbol{C}$ 分别为

$$\boldsymbol{A}=\begin{bmatrix} 0 & 0 & \cdots & 0 & -a_n \\ 1 & 0 & \cdots & 0 & -a_{n-1} \\ 0 & 1 & \cdots & 0 & -a_{n-2} \\ \vdots & \vdots & & \vdots & \vdots \\ 0 & 0 & \cdots & 1 & -a_1 \end{bmatrix}，\quad \boldsymbol{C}=\begin{bmatrix} 0 & 0 & \cdots & 0 & 1 \end{bmatrix} \tag{5.5}$$

则称该状态空间模型为可观测标准 II 型。

定理 5-3 对状态完全可观测的线性定常连续系统 $\Sigma(\boldsymbol{A},\boldsymbol{B},\boldsymbol{C})$ 引入变换矩阵 $\boldsymbol{T}_{\text{O1}}$，满足：

$$\boldsymbol{T}_{\text{O1}}^{-1}=\boldsymbol{Q}_{\text{O}}=\begin{bmatrix} \boldsymbol{C} \\ \boldsymbol{CA} \\ \vdots \\ \boldsymbol{CA}^{n-1} \end{bmatrix}$$

那么线性变换 $\boldsymbol{x}=\boldsymbol{T}_{\text{O1}}\tilde{\boldsymbol{x}}$ 可将状态空间模型 $\Sigma(\boldsymbol{A},\boldsymbol{B},\boldsymbol{C})$ 变换为如下可观测标准 I 型：

$$\begin{cases} \dot{\tilde{\boldsymbol{x}}}=\tilde{\boldsymbol{A}}\tilde{\boldsymbol{x}}+\tilde{\boldsymbol{B}}\boldsymbol{u} \\ \boldsymbol{y}=\tilde{\boldsymbol{C}}\tilde{\boldsymbol{x}} \end{cases}$$

其中，系统矩阵 $\tilde{\boldsymbol{A}}$ 和输出矩阵 $\tilde{\boldsymbol{C}}$ 如式（5.4）所示。

定理 5-4 对状态完全可观测的线性定常连续系统 $\Sigma(\boldsymbol{A},\boldsymbol{B},\boldsymbol{C})$ 引入变换矩阵 $\boldsymbol{T}_{\text{O2}}$，满足：

$$\boldsymbol{T}_{\text{O2}}=\begin{bmatrix} \boldsymbol{R}_1 & \boldsymbol{AR}_1 & \dots & \boldsymbol{A}^{n-1}\boldsymbol{R}_1 \end{bmatrix}$$

其中

$$\boldsymbol{R}_1=\boldsymbol{Q}_{\text{O}}^{-1}\begin{bmatrix} 0 \\ 0 \\ \vdots \\ 1 \end{bmatrix}=\begin{bmatrix} \boldsymbol{C} \\ \boldsymbol{CA} \\ \vdots \\ \boldsymbol{CA}^{n-1} \end{bmatrix}^{-1}\begin{bmatrix} 0 \\ 0 \\ \vdots \\ 1 \end{bmatrix}$$

那么线性变换 $\boldsymbol{x}=\boldsymbol{T}_{\text{O2}}\tilde{\boldsymbol{x}}$ 可将状态空间模型 $\Sigma(\boldsymbol{A},\boldsymbol{B},\boldsymbol{C})$ 变换为可观测标准 II 型：

$$\begin{cases} \dot{\tilde{\boldsymbol{x}}}=\tilde{\boldsymbol{A}}\tilde{\boldsymbol{x}}+\tilde{\boldsymbol{B}}\boldsymbol{u} \\ \boldsymbol{y}=\tilde{\boldsymbol{C}}\tilde{\boldsymbol{x}} \end{cases}$$

其中，系统矩阵 $\tilde{\boldsymbol{A}}$ 和输出矩阵 $\tilde{\boldsymbol{C}}$ 如式（5.5）所示。

【例 5-12】若系统的状态空间表达式为 $\begin{cases} \dot{\boldsymbol{x}}=\begin{bmatrix} 1 & -1 \\ 0 & 2 \end{bmatrix}\boldsymbol{x} \\ y=\begin{bmatrix} -1 & -1/2 \end{bmatrix}\boldsymbol{x} \end{cases}$，判断该系统是否可观测，如能，请将状态空间表达式化为可观测标准 II 型。

解：因 $\operatorname{rank}\begin{bmatrix} \boldsymbol{C} \\ \boldsymbol{CA} \end{bmatrix}=\operatorname{rank}\begin{bmatrix} -1 & -1/2 \\ -1 & 0 \end{bmatrix}=2=n$，所以系统是可观测的。

$$\boldsymbol{T}_1=\begin{bmatrix} -1 & -1/2 \\ -1 & 0 \end{bmatrix}^{-1}\begin{bmatrix} 0 \\ 1 \end{bmatrix}=\begin{bmatrix} -1 \\ 2 \end{bmatrix},$$

得

$$T=\begin{bmatrix}T_1 & AT_1\end{bmatrix}=\begin{bmatrix}-1 & -3\\ 2 & 4\end{bmatrix}，\ T^{-1}=\begin{bmatrix}2 & 3/2\\ -1 & -1/2\end{bmatrix}$$

故有

$$A_O=T^{-1}AT=\begin{bmatrix}0 & -2\\ 1 & 3\end{bmatrix}，\ C_O=CT=\begin{bmatrix}0 & 1\end{bmatrix}$$

则可观测标准 II 型为

$$\begin{cases}\dot{\tilde{x}}=\begin{bmatrix}0 & -2\\ 1 & 3\end{bmatrix}\tilde{x}\\ y=\begin{bmatrix}0 & 1\end{bmatrix}\tilde{x}\end{cases}$$

【例 5-13】试求如下系统状态空间表达式的可观测标准 I 型和可观测标准 II 型。

$$\begin{cases}\dot{x}=\begin{bmatrix}1 & -1\\ 0 & 2\end{bmatrix}x\\ y=\begin{bmatrix}-1 & -1/2\end{bmatrix}x\end{cases}$$

解：因为系统的可观测性矩阵$Q_O=\begin{bmatrix}C\\ CA\end{bmatrix}=\dfrac{1}{2}\begin{bmatrix}-2 & -1\\ -2 & 0\end{bmatrix}$是非奇异矩阵，即该系统是状态完全可观测的，因此可以将该系统的状态空间表达式变换成可观测标准型。

（1）求可观测标准 I 型。根据定理 5-3，系统变换矩阵可取为

$$T_{O1}^{-1}=Q_O=\frac{1}{2}\begin{bmatrix}-2 & -1\\ -2 & 0\end{bmatrix}，\ T_{O1}=\begin{bmatrix}0 & -1\\ -2 & 2\end{bmatrix}$$

因此，经 $x=T_{O1}\tilde{x}$ 变换后所得的可控标准型的状态方程为

$$\begin{cases}\dot{\tilde{x}}=T_{O1}^{-1}AT_{O1}\tilde{x}=\begin{bmatrix}0 & 1\\ -2 & 3\end{bmatrix}\tilde{x}\\ y=CT_{O1}\tilde{x}=\begin{bmatrix}1 & 0\end{bmatrix}\tilde{x}\end{cases}$$

（2）求可观测标准 II 型。先根据定理 5-4 求变换矩阵，有

$$R_1=\begin{bmatrix}C\\ CA\end{bmatrix}^{-1}\begin{bmatrix}0\\ 1\end{bmatrix}=\frac{1}{2}\begin{bmatrix}-2 & -1\\ -2 & 0\end{bmatrix}^{-1}\begin{bmatrix}0\\ 1\end{bmatrix}=\begin{bmatrix}-1\\ 2\end{bmatrix}$$

则变换矩阵

$$T_{O2}=\begin{bmatrix}R_1 & AR_1\end{bmatrix}=\begin{bmatrix}-1 & -3\\ 2 & 4\end{bmatrix}，\ T_{O2}^{-1}=\frac{1}{2}\begin{bmatrix}4 & 3\\ -2 & -1\end{bmatrix}$$

因此，经 $x=T_{O2}\tilde{x}$ 变换后所得的可观测标准型的状态空间模型为

$$\begin{cases}\dot{\tilde{x}}=T_{O2}^{-1}AT_{O2}\tilde{x}=\begin{bmatrix}0 & -2\\ 1 & 3\end{bmatrix}\tilde{x}\\ y=CT_{O2}\tilde{x}=\begin{bmatrix}0 & 1\end{bmatrix}\tilde{x}\end{cases}$$

可编写 MATLAB 程序验证上述计算结果，其代码如下：

```
%求可观测标准 I 型和可观测标准 II 型
%判断系统的可观测性
A = [1 -1;0 2];
```

```
C = [-1 -1/2];
Q = obsv(A,C)
QR = rank(Q)
%求可控标准 I 型
Q0 = [C;C*A];
A2 = Q0*A*Q0^-1
C2 = C*Q0^-1

%求可控标准 II 型
R1 = Q^-1*[0;1];
To2 = [R1 A*R1];
A3 = To2^-1*A*To2
C3 = C*To2
```

5.5 线性系统的结构分解

可通过坐标变换的方法对状态空间进行分解，将系统划分成可控（可观测）部分与不可控（不可观测）部分。

5.5.1 系统的可控性分解

定理 5-5 设有 n 维状态不完全可控线性定常系统 $\Sigma(\boldsymbol{A},\boldsymbol{B},\boldsymbol{C})$，若其可控性矩阵 $\boldsymbol{U}_{\mathrm{C}}=\begin{bmatrix}\boldsymbol{B} & \boldsymbol{AB} & \cdots & \boldsymbol{A}^{n-1}\boldsymbol{B}\end{bmatrix}$的秩为$n_1<n$，则存在一个非奇异线性变换 $\boldsymbol{x}=\boldsymbol{T}_{\mathrm{C}}\tilde{\boldsymbol{x}}$，能将系统变换为

$$\begin{cases}\dot{\tilde{\boldsymbol{x}}}=\tilde{\boldsymbol{A}}\tilde{\boldsymbol{x}}+\tilde{\boldsymbol{B}}\boldsymbol{u}\\ \boldsymbol{y}=\tilde{\boldsymbol{C}}\tilde{\boldsymbol{x}}\end{cases}$$

其中

$$\tilde{\boldsymbol{A}}=\boldsymbol{T}_{\mathrm{C}}^{-1}\boldsymbol{A}\boldsymbol{T}_{\mathrm{C}}=\begin{bmatrix}\tilde{\boldsymbol{A}}_{11} & \tilde{\boldsymbol{A}}_{12}\\ \boldsymbol{0} & \tilde{\boldsymbol{A}}_{22}\end{bmatrix},\quad \tilde{\boldsymbol{B}}=\boldsymbol{T}_{\mathrm{C}}^{-1}\boldsymbol{B}=\begin{bmatrix}\tilde{\boldsymbol{B}}_1\\ \boldsymbol{0}\end{bmatrix},\quad \tilde{\boldsymbol{C}}=\boldsymbol{C}\boldsymbol{T}_{\mathrm{C}}=\begin{bmatrix}\tilde{\boldsymbol{C}}_1 & \tilde{\boldsymbol{C}}_2\end{bmatrix}$$

非奇异变换矩阵$\boldsymbol{T}_{\mathrm{C}}$为$\boldsymbol{T}_{\mathrm{C}}=\begin{bmatrix}\boldsymbol{T}_1 & \boldsymbol{T}_2 & \cdots & \boldsymbol{T}_{n_1} & \boldsymbol{T}_{n_1+1} & \cdots & \boldsymbol{T}_n\end{bmatrix}$。其中$\boldsymbol{T}_1,\boldsymbol{T}_2,\cdots,\boldsymbol{T}_n$是$\boldsymbol{T}_{\mathrm{C}}$矩阵的 n 个列向量，并且$\boldsymbol{T}_1,\boldsymbol{T}_2,\cdots,\boldsymbol{T}_{n_1}$是可控性矩阵$\boldsymbol{U}_{\mathrm{C}}$中的$n_1$个线性无关的列，另外$n-n_1$个列向量$\boldsymbol{T}_{n_1+1},\cdots,\boldsymbol{T}_n$在确保$\boldsymbol{T}_{\mathrm{C}}$为非奇异的情况下完全是任意的。

【例 5-14】若系统状态空间表达式为$\begin{cases}\dot{\boldsymbol{x}}=\begin{bmatrix}0 & 0 & -1\\ 1 & 0 & -3\\ 0 & 1 & -3\end{bmatrix}\boldsymbol{x}+\begin{bmatrix}1\\ 1\\ 0\end{bmatrix}\boldsymbol{u}\\ \boldsymbol{y}=\begin{bmatrix}0 & 1 & -2\end{bmatrix}\boldsymbol{x}\end{cases}$，判断该系统是否完全可控，否则按可控进行分解。

解：（1）判断系统是否完全可控。

因 $\operatorname{rank}\begin{bmatrix} \boldsymbol{b} & \boldsymbol{Ab} & \boldsymbol{A}^2\boldsymbol{b} \end{bmatrix} = \operatorname{rank}\begin{bmatrix} 1 & 0 & -1 \\ 1 & 1 & -3 \\ 0 & 1 & -2 \end{bmatrix} = 2 < 3 = n$，故原系统不完全可控。

（2）构造非奇异变换矩阵 $\boldsymbol{T}_{\mathrm{C}}$。

取 $\boldsymbol{T}_1 = \boldsymbol{b} = \begin{bmatrix} 1 \\ 1 \\ 0 \end{bmatrix}$，$\boldsymbol{T}_2 = \boldsymbol{Ab} = \begin{bmatrix} 0 \\ 1 \\ 1 \end{bmatrix}$，在保证 $\boldsymbol{T}_{\mathrm{C}}$ 非奇异条件下，任选 $\boldsymbol{T}_3 = \begin{bmatrix} 0 \\ 0 \\ 1 \end{bmatrix}$，则

$$\boldsymbol{T}_{\mathrm{C}} = \begin{bmatrix} 1 & 0 & 0 \\ 1 & 1 & 0 \\ 0 & 1 & 1 \end{bmatrix}$$

$$\boldsymbol{T}_{\mathrm{C}}^{-1} = \begin{bmatrix} 1 & 0 & 0 \\ -1 & 1 & 0 \\ 1 & -1 & 1 \end{bmatrix}$$

（3）求 $\tilde{\boldsymbol{A}}$、$\tilde{\boldsymbol{B}}$、$\tilde{\boldsymbol{C}}$ 矩阵。

$$\tilde{\boldsymbol{A}} = \boldsymbol{T}_{\mathrm{C}}^{-1}\boldsymbol{A}\boldsymbol{T}_{\mathrm{C}} = \begin{bmatrix} 1 & 0 & 0 \\ 1 & 1 & 0 \\ 0 & 1 & 1 \end{bmatrix}^{-1} \begin{bmatrix} 0 & 0 & -1 \\ 1 & 0 & -3 \\ 0 & 1 & -3 \end{bmatrix} \begin{bmatrix} 1 & 0 & 0 \\ 1 & 1 & 0 \\ 0 & 1 & 1 \end{bmatrix} = \begin{bmatrix} 0 & -1 & -1 \\ 1 & -2 & -2 \\ 0 & 0 & -1 \end{bmatrix}$$

$$\tilde{\boldsymbol{B}} = \boldsymbol{T}_{\mathrm{C}}^{-1}\boldsymbol{B} = \begin{bmatrix} 1 & 0 & 0 \\ 1 & 1 & 0 \\ 0 & 1 & 1 \end{bmatrix}^{-1} \begin{bmatrix} 1 \\ 1 \\ 0 \end{bmatrix} = \begin{bmatrix} 1 \\ 0 \\ 0 \end{bmatrix} \quad \tilde{\boldsymbol{C}} = \boldsymbol{C}\boldsymbol{T}_{\mathrm{C}} = \begin{bmatrix} 0 & 1 & -2 \end{bmatrix} \begin{bmatrix} 1 & 0 & 0 \\ 1 & 1 & 0 \\ 0 & 1 & 1 \end{bmatrix} = \begin{bmatrix} 1 & -1 & -2 \end{bmatrix}$$

（3）按可控性分解后的系统状态空间表达式为

$$\begin{cases} \dot{\tilde{\boldsymbol{x}}} = \begin{bmatrix} 0 & -1 & -1 \\ -1 & -2 & -2 \\ 0 & 0 & -1 \end{bmatrix} \tilde{\boldsymbol{x}} + \begin{bmatrix} 1 \\ 0 \\ 0 \end{bmatrix} \boldsymbol{u} \\ \boldsymbol{y} = \begin{bmatrix} 1 & -1 & -2 \end{bmatrix} \tilde{\boldsymbol{x}} \end{cases}$$

其二维可控子系统的状态方程为

$$\begin{cases} \dot{\tilde{\boldsymbol{x}}}_1 = \begin{bmatrix} 0 & -1 \\ 1 & -2 \end{bmatrix} \tilde{\boldsymbol{x}}_1 + \begin{bmatrix} -1 \\ -2 \end{bmatrix} \tilde{\boldsymbol{x}}_2 + \begin{bmatrix} 1 \\ 0 \end{bmatrix} \boldsymbol{u} \\ \boldsymbol{y}_1 = \begin{bmatrix} 1 & -1 \end{bmatrix} \tilde{\boldsymbol{x}}_1 \end{cases}$$

5.5.2 系统的可观测性分解

定理 5-6 设有 n 维状态不完全可观测线性定常系统 $\Sigma(\boldsymbol{A},\boldsymbol{B},\boldsymbol{C})$，若其可观测性矩阵

$\boldsymbol{V}_{\mathrm{O}} = \begin{bmatrix} \boldsymbol{C} \\ \boldsymbol{CA} \\ \vdots \\ \boldsymbol{CA}^{n-1} \end{bmatrix}$ 的秩为 $n_1 < n$，则存在一个非奇异线性变换 $\boldsymbol{x} = \boldsymbol{T}_{\mathrm{O}}\tilde{\boldsymbol{x}}$，能将系统变换为

$$\begin{cases}\dot{\tilde{\boldsymbol{x}}}=\tilde{\boldsymbol{A}}\tilde{\boldsymbol{x}}+\tilde{\boldsymbol{B}}\boldsymbol{u}\\ y=\tilde{\boldsymbol{C}}\tilde{\boldsymbol{x}}\end{cases}$$

其中

$$\tilde{\boldsymbol{A}}=\boldsymbol{T}_{\mathrm{O}}^{-1}\boldsymbol{A}\boldsymbol{T}_{\mathrm{O}}=\begin{bmatrix}\tilde{\boldsymbol{A}}_{11} & \boldsymbol{0}\\ \tilde{\boldsymbol{A}}_{21} & \tilde{\boldsymbol{A}}_{22}\end{bmatrix},\quad \tilde{\boldsymbol{B}}=\boldsymbol{T}_{\mathrm{O}}^{-1}\boldsymbol{B}=\begin{bmatrix}\tilde{\boldsymbol{B}}_{1}\\ \tilde{\boldsymbol{B}}_{2}\end{bmatrix},\quad \tilde{\boldsymbol{C}}=\boldsymbol{C}\boldsymbol{T}_{\mathrm{O}}=\begin{bmatrix}\tilde{\boldsymbol{C}}_{1} & \boldsymbol{0}\end{bmatrix}$$

非奇异变换矩阵 $\boldsymbol{T}_{\mathrm{O}}=\begin{bmatrix}\boldsymbol{T}_1\\ \boldsymbol{T}_2\\ \vdots\\ \boldsymbol{T}_{n_1}\\ \boldsymbol{T}_{n_1+1}\\ \vdots\\ \boldsymbol{T}_n\end{bmatrix}^{-1}$，其中，$\boldsymbol{T}_1,\cdots,\boldsymbol{T}_n$ 是矩阵 $\boldsymbol{T}_{\mathrm{O}}^{-1}$ 的 n 个行向量，并且 $\boldsymbol{T}_1,\cdots,\boldsymbol{T}_n$ 是可观测性矩阵 $\boldsymbol{V}_{\mathrm{O}}$ 中的 n_1 个线性无关的行，另外 $n-n_1$ 个行向量 $\boldsymbol{T}_{n_1+1},\cdots,\boldsymbol{T}_n$ 是确保 $\boldsymbol{T}_{\mathrm{O}}^{-1}$ 为非奇异下完全任意。

【例 5-15】 系统状态空间表达式为 $\begin{cases}\dot{\boldsymbol{x}}=\begin{bmatrix}0 & 0 & -1\\ 1 & 0 & -3\\ 0 & 1 & -3\end{bmatrix}\boldsymbol{x}+\begin{bmatrix}1\\ 1\\ 0\end{bmatrix}u\\ y=\begin{bmatrix}0 & 1 & -2\end{bmatrix}\boldsymbol{x}\end{cases}$，判断该系统是否状态完全可观测，否则按可观测性进行分解。

解：（1）判断系统是否完全可观测。

$\operatorname{rank}\begin{bmatrix}\boldsymbol{C}\\ \boldsymbol{CA}\\ \boldsymbol{CA}^2\end{bmatrix}=\operatorname{rank}\begin{bmatrix}0 & 1 & -2\\ 1 & -2 & 3\\ -2 & 3 & -4\end{bmatrix}=2<n$，故该系统为不完全可观测。

（2）构造非奇异变换阵 $\boldsymbol{T}_{\mathrm{O}}^{-1}$。

取 $\boldsymbol{T}_1=\boldsymbol{C}=\begin{bmatrix}0 & 1 & -2\end{bmatrix}$，$\boldsymbol{T}_2=\boldsymbol{CA}=\begin{bmatrix}1 & -2 & 3\end{bmatrix}$，任选 $\boldsymbol{T}_3=\begin{bmatrix}0 & 0 & 1\end{bmatrix}$，则

$$\boldsymbol{T}_{\mathrm{O}}^{-1}=\begin{bmatrix}0 & 1 & -2\\ 1 & -2 & 3\\ 0 & 0 & 1\end{bmatrix},\quad \boldsymbol{T}_{\mathrm{O}}=\begin{bmatrix}2 & 1 & 1\\ 1 & 0 & 2\\ 0 & 0 & 1\end{bmatrix}$$

（3）求分解后的状态空间表达式。

$$\tilde{\boldsymbol{A}}=\boldsymbol{T}_{\mathrm{O}}^{-1}\boldsymbol{A}\boldsymbol{T}_{\mathrm{O}}=\begin{bmatrix}0 & 1 & 0\\ -1 & -2 & 0\\ 1 & 0 & -1\end{bmatrix},\quad \tilde{\boldsymbol{B}}=\boldsymbol{T}_{\mathrm{O}}^{-1}\boldsymbol{B}=\begin{bmatrix}1\\ -1\\ 0\end{bmatrix},\quad \tilde{\boldsymbol{C}}=\boldsymbol{C}\boldsymbol{T}_{\mathrm{O}}=\begin{bmatrix}1 & 0 & 0\end{bmatrix}$$

按可观测性分解后的系统空间表达式为

$$\begin{cases}\dot{\tilde{\boldsymbol{x}}}=\begin{bmatrix}0 & 1 & 0\\ -1 & -2 & 0\\ 1 & 0 & -1\end{bmatrix}\tilde{\boldsymbol{x}}+\begin{bmatrix}1\\ -1\\ 0\end{bmatrix}u\\ y=\begin{bmatrix}1 & 0 & 0\end{bmatrix}\tilde{\boldsymbol{x}}\end{cases}$$

二维可观测子系统为

$$\begin{cases}\dot{\tilde{\boldsymbol{x}}}_1=\begin{bmatrix}0 & 1\\ -1 & -2\end{bmatrix}\tilde{\boldsymbol{x}}_1+\begin{bmatrix}1\\ -1\end{bmatrix}u\\ y_1=\begin{bmatrix}1 & 0\end{bmatrix}\tilde{\boldsymbol{x}}_1\end{cases}$$

5.6 习　　题

习题 5-1　判断下列系统的状态可控性。

（1）$\dot{\boldsymbol{x}}=\begin{bmatrix}1 & 0\\ -1 & 0\end{bmatrix}\boldsymbol{x}+\begin{bmatrix}1\\ 0\end{bmatrix}\boldsymbol{u}$

（2）$\dot{\boldsymbol{x}}=\begin{bmatrix}\lambda_1 & 1 & 0 & 0\\ 0 & \lambda_1 & 0 & 0\\ 0 & 0 & \lambda_1 & 0\\ 0 & 0 & 0 & \lambda_1\end{bmatrix}\boldsymbol{x}+\begin{bmatrix}0\\ 1\\ 1\\ 1\end{bmatrix}\boldsymbol{u}$

习题 5-2　判断下列系统的可观测性。

（1）$\begin{cases}\dot{\boldsymbol{x}}=\begin{bmatrix}0 & 1 & 0\\ 0 & 0 & 1\\ -2 & -4 & -3\end{bmatrix}\boldsymbol{x}\\ \boldsymbol{y}=\begin{bmatrix}0 & 0 & -1\\ 1 & 2 & 1\end{bmatrix}\boldsymbol{x}\end{cases}$

（2）$\begin{cases}\dot{\boldsymbol{x}}=\begin{bmatrix}-4 & 0 & 0\\ 0 & -4 & 0\\ 0 & 0 & 1\end{bmatrix}\boldsymbol{x}\\ \boldsymbol{y}=\begin{bmatrix}1 & 1 & 4\end{bmatrix}\boldsymbol{x}\end{cases}$

习题 5-3　已知系统的状态方程和输出方程为

$$\begin{cases}\dot{\boldsymbol{x}}=\boldsymbol{Ax}+\boldsymbol{Bu}\\ \boldsymbol{y}=\boldsymbol{Cx}\end{cases}$$

其中，$\boldsymbol{A}=\begin{bmatrix}-1 & -2 & -2\\ 0 & -1 & 1\\ 1 & 0 & -1\end{bmatrix}$，$\boldsymbol{B}=\begin{bmatrix}2\\ 0\\ 1\end{bmatrix}$，$\boldsymbol{C}=\begin{bmatrix}1 & 1 & 0\end{bmatrix}$。试判断该系统是否是状态可控和状态可观测的，是否是输出可控的。

习题 5-4　已知系统的传递函数为$G(s)=\dfrac{s+a}{s^3+10s^2+27s+18}$。

（1）试确定系统不可控或不可观测时 a 的取值；

（2）在上述 a 的取值下，求使系统为可观测的状态空间表达式。

习题 5-5　将下列状态方程和输出方程化为可观测标准型。

$$\begin{cases}\dot{\boldsymbol{x}}=\begin{bmatrix}1 & -1\\ 1 & 1\end{bmatrix}\boldsymbol{x}+\begin{bmatrix}2\\ 1\end{bmatrix}\boldsymbol{u}\\ \boldsymbol{y}=\begin{bmatrix}-1 & 1\end{bmatrix}\boldsymbol{x}\end{cases}$$

习题 5-6 系统状态变量图如下图所示，图中 a、b、c、d 均为实常数。试建立该系统的状态空间表达式，并分别确定当系统状态既可控又可观测时 a、b、c、d 应满足的条件。

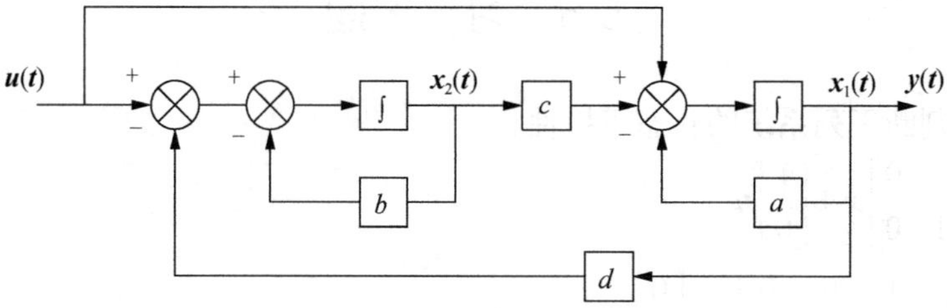

习题 5-7 试将下列系统按可控性和可观测性进行结构分解。

（1） $\boldsymbol{A}=\begin{bmatrix}1 & 0 & 0 & 0\\ 2 & -3 & 0 & 0\\ 1 & 0 & -2 & 0\\ 4 & -1 & -2 & 4\end{bmatrix}$, $\boldsymbol{b}=\begin{bmatrix}0\\ 0\\ 1\\ 2\end{bmatrix}$, $\boldsymbol{c}=\begin{bmatrix}3 & 0 & 1 & 0\end{bmatrix}$

（2） $\boldsymbol{A}=\begin{bmatrix}1 & 0 & 0\\ 2 & 2 & 3\\ -2 & 0 & 1\end{bmatrix}$, $\boldsymbol{b}=\begin{bmatrix}1\\ 2\\ 2\end{bmatrix}$, $\boldsymbol{c}=\begin{bmatrix}1 & 1 & 2\end{bmatrix}$

第 6 章　线性定常系统的综合

任何系统都有特定的任务和要求，当系统不能满足规定的要求时，就要想办法对原有系统进行调节，这种调节称为控制系统的综合。

控制规律的类型有开环控制律、反馈控制律两种。其中开环会影响系统的模型，进而影响控制效果。开环与闭环的区别在于是否有反馈，反馈是指通过感应系统状态实现相应调节。

无论在古典控制理论中还是在现代控制理论中，反馈都是系统设计的主要方式。经典控制理论用传递函数来描述系统，因此只能采用输出信号作为反馈量；现代控制理论是用系统内部的状态来描述系统的，所以除输出反馈外，还可以引出系统的状态信号作为反馈量。状态反馈可以实现闭环系统极点的任意配置，也是实现系统解耦和构成线性最优调节器的主要手段。

6.1　反馈控制系统的基本结构

反馈控制就是将作为控制结果的系统某些变量的检测值送回系统输入端，将这些检测值作为修改控制量的依据。若控制结果满意，则保持控制量不变；否则对控制量做修正。

6.1.1　状态反馈和输出反馈

1．状态反馈

状态反馈状态变量图如图 6-1 所示。

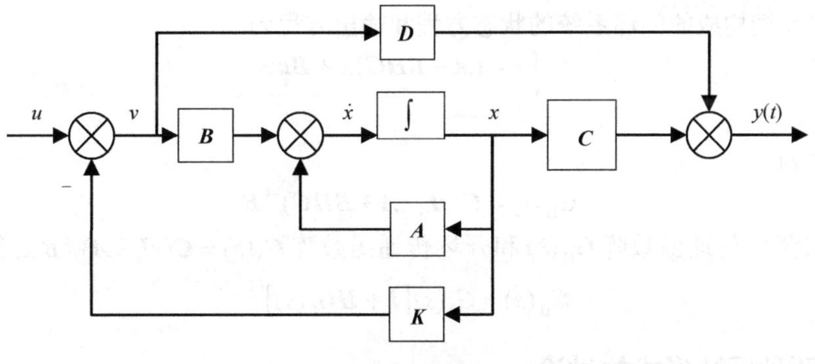

图 6-1　状态反馈状态变量图

状态反馈是线性反馈控制律。考虑 n 阶线性定常系统（状态空间表达式）为

$$\begin{cases}\dot{\boldsymbol{x}} = \boldsymbol{A}\boldsymbol{x} + \boldsymbol{B}\boldsymbol{v} \\ \boldsymbol{y} = \boldsymbol{C}\boldsymbol{x} + \boldsymbol{D}\boldsymbol{v}\end{cases} \tag{6.1}$$

其中，$\boldsymbol{x}$、$\boldsymbol{v}$、$\boldsymbol{y}$ 分别为 n 维状态向量、r 维输入向量和 m 维输出向量。

线性反馈规律为 $\boldsymbol{v} = \boldsymbol{u} - \boldsymbol{K}\boldsymbol{x}$ 。因此，通过状态反馈构成的闭环系统的状态方程和输出方程为

$$\begin{cases}\dot{\boldsymbol{x}}=(\boldsymbol{A}-\boldsymbol{BK})\boldsymbol{x}+\boldsymbol{Bu}\\ \boldsymbol{y}=(\boldsymbol{C}-\boldsymbol{DK})\boldsymbol{x}+\boldsymbol{Du}\end{cases}$$

一般 $\boldsymbol{D}=\boldsymbol{0}$，上式可简化为

$$\begin{cases}\dot{\boldsymbol{x}}=(\boldsymbol{A}-\boldsymbol{BK})\boldsymbol{x}+\boldsymbol{Bu}\\ \boldsymbol{y}=\boldsymbol{Cx}\end{cases}$$

其传递函数阵为

$$\boldsymbol{G}_{\mathrm{K}}(s)=\boldsymbol{C}(s\boldsymbol{I}-\boldsymbol{A}+\boldsymbol{BK})^{-1}\boldsymbol{B}$$

2. 输出反馈

输出反馈状态变量图如图 6-2 所示。

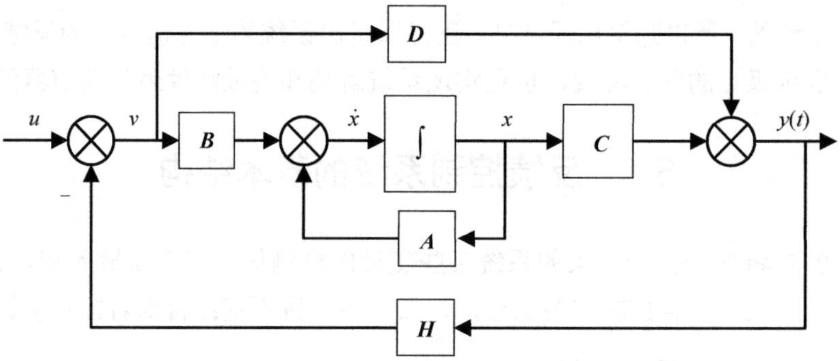

图 6-2　输出反馈状态变量图

当 $\boldsymbol{D}=\boldsymbol{0}$ 时，线性反馈规律为

$$\boldsymbol{v}=\boldsymbol{u}-\boldsymbol{Hy}=\boldsymbol{u}-\boldsymbol{HCx}$$

所以通过输出反馈构成的闭环系统的状态方程和输出方程为

$$\begin{cases}\dot{\boldsymbol{x}}=(\boldsymbol{A}-\boldsymbol{BHC})\boldsymbol{x}+\boldsymbol{Bu}\\ \boldsymbol{y}=\boldsymbol{Cx}\end{cases}$$

其传递函数阵为

$$\boldsymbol{G}_{\mathrm{H}}(s)=\boldsymbol{C}(s\boldsymbol{I}-\boldsymbol{A}+\boldsymbol{BHC})^{-1}\boldsymbol{B}$$

可以导出闭环传递函数阵 $\boldsymbol{G}_{\mathrm{H}}(s)$ 和开环传递函数阵 $\boldsymbol{G}_0(s)=\boldsymbol{C}(s\boldsymbol{I}-\boldsymbol{A})^{-1}\boldsymbol{B}$ 之间的关系为

$$\boldsymbol{G}_{\mathrm{H}}(s)=\boldsymbol{G}_0(s)\left[\boldsymbol{I}+\boldsymbol{HG}_0(s)\right]^{-1}$$

6.1.2　两种反馈形式的讨论

两种反馈形式各有其特点，在具体使用过程中要区别对待，具体特点如下。

（1）反馈的引入并不增加新的状态变量，即闭环系统和开环系统阶数相同；

（2）两种反馈闭环系统均能保持反馈引入前的可控性，而可观测性则不然；

（3）实现状态反馈的一个基本前提是，状态变量 $\boldsymbol{x}$ 必须是物理上可量测的；

（4）输出反馈在工程构成上更方便，状态反馈在工程上有更大的适应性。

6.2 极点配置问题

动力学的品质是由极点决定的，所谓极点配置问题，就是选择状态反馈矩阵 $\boldsymbol{K}$ ，使闭环系统的极点恰好处于所期望的一组极点的位置上。期望的极点具有一定任意性，因此极点的配置也具有一定任意性。

状态反馈和输出反馈都能够对系统进行极点配置，且一般认为用简单的比例反馈就能使问题得到解决。在状态空间中，极点任意配置的充分必要条件是系统必须是完全状态可控的。

极点配置方法如下：如果系统是完全状态可控的，那么可选择期望设置的极点，然后将这些极点作为闭环极点来设计系统，利用状态观测器反馈全部或部分状态变量，使所有闭环极点均落在各期望位置上，以满足系统的性能要求。

在极点配置方法中，为使全部闭环极点位于期望的位置上，需要反馈全部的状态变量。但在实际系统中，不可能测量到全部的状态变量。因此，为了实现状态反馈，利用状态观测器对未知的状态变量进行估计是十分必要的。

设给定的线性定常系统为

$$\dot{\boldsymbol{x}} = \boldsymbol{A}\boldsymbol{x} + \boldsymbol{B}\boldsymbol{u}$$

其中，$\boldsymbol{x}$ 为 n 维状态向量；$\boldsymbol{u}$ 为 r 维状态向量；$\boldsymbol{A}$ 和 $\boldsymbol{B}$ 为相应维数的常数阵。若给定 n 个反馈性能的期望闭环极点为 $\{p_1, p_2, \cdots p_n\}$ ，则极点配置的设计问题就是确定一个 $p \times n$ 状态反馈矩阵 $\boldsymbol{K}$ ，从而使状态反馈闭环系统的极点为 $\{p_1, p_2, \cdots p_n\}$ ，即

$$\dot{\boldsymbol{X}} = (\boldsymbol{A} - \boldsymbol{B}\boldsymbol{K})\boldsymbol{X} + \boldsymbol{B}\boldsymbol{v}$$

$$\lambda_i(\boldsymbol{A} - \boldsymbol{B}\boldsymbol{K}) = \boldsymbol{p}_i,\ \ i = 1, 2.\cdots, n$$

$$\boldsymbol{v} = \boldsymbol{u} + \boldsymbol{K}\boldsymbol{x}$$

其中，$\lambda_i(\cdot)$ 表示 $(\cdot)$ 的特征值。

选取极点时应遵循如下原则。

（1）对于一个 n 阶控制系统，可以而且必须给定 n 个期望的极点。

（2）期望的极点可以为实数也可以为复数，但是以复数形式给出的极点必须以共轭复数对形式出现，即必须是物理上可实现的。

（3）选取期望极点的位置，需要研究它们对系统品质的影响，以及它们与零点分布状况的关系，要从工程实际的角度选取。

（4）在期望极点的选取中，还必须考虑系统抗干扰和低参数灵敏度方面的要求，即选取的极点应当使系统具有较强的抑制干扰能力，以及较低的对系统参数变动的灵敏度。

6.2.1 状态反馈极点配置定理

定理 6-1 线性定常系统 $\Sigma(\boldsymbol{A}, \boldsymbol{B})$ 利用线性状态反馈矩阵 $\boldsymbol{K}$ 使状态反馈闭环系统 $\Sigma_{\mathrm{K}}(\boldsymbol{A} - \boldsymbol{B}\boldsymbol{K}, \boldsymbol{B})$ 的极点任意配置的充分必要条件为，被控系统 $\Sigma(\boldsymbol{A}, \boldsymbol{B})$ 状态完全可控。

下面仅针对单输入单输出系统对定理 6-1 进行充分性证明，多输入多输出系统的证明过程完全类似于单输入单输出系统。首先我们介绍极点配置定理。

设受控系统 Σ_0 的状态空间表达式为

$$\begin{cases}\dot{\boldsymbol{x}}=\boldsymbol{Ax}+\boldsymbol{Bu}\\ \boldsymbol{y}=\boldsymbol{Cx}\end{cases}$$

通过状态反馈规律 $\boldsymbol{u}=\boldsymbol{r}-\boldsymbol{Kx}$ 可任意配置闭环极点的充要条件是系统 $\sum_0$ 完全可控。

证明：为叙述简单，这里仅就单输入单输出系统的情况证明本定理。

充分性：（1）若系统 $\sum_0$ 完全可控，那么其状态空间表达式必能通过非奇异线性变换 $\boldsymbol{x}=\boldsymbol{P}^{-1}\tilde{\boldsymbol{x}}$ 转化成可控标准型：

$$\begin{cases}\dot{\tilde{\boldsymbol{x}}}=\tilde{\boldsymbol{A}}\tilde{\boldsymbol{x}}+\tilde{\boldsymbol{b}}u\\ y=\tilde{\boldsymbol{C}}\tilde{\boldsymbol{x}}\end{cases}\tag{6.2}$$

其中，$\tilde{\boldsymbol{A}}=\boldsymbol{PAP}^{-1}=\begin{bmatrix}0 & 1 & \cdots & 0\\ \vdots & \vdots & & \vdots\\ 0 & 0 & \cdots & 1\\ -a_n & -a_{n-1} & \cdots & -a_1\end{bmatrix}$，$\tilde{\boldsymbol{b}}=\boldsymbol{Pb}=\begin{bmatrix}0\\ \vdots\\ 0\\ 1\end{bmatrix}$，$\tilde{\boldsymbol{C}}=\boldsymbol{CP}^{-1}=\begin{bmatrix}c_n & c_{n-1} & \cdots & c_1\end{bmatrix}$

受控系统 $\sum_0$ 的传递函数为

$$G_0(s)=\boldsymbol{C}(s\boldsymbol{I}-\boldsymbol{A})^{-1}\boldsymbol{B}=\frac{c_1s^{n-1}+\cdots+c_{n-1}s+c_n}{s^n+a_1s^{n-1}+\cdots+a_{n-1}s+a_n}$$

因为线性变换不改变系统的特征值，故系统 $\sum_0$ 的特征多项式为

$$f(s)=\left|s\boldsymbol{I}-\boldsymbol{A}\right|=\left|s\boldsymbol{I}-\tilde{\boldsymbol{A}}\right|=s^n+a_1s^{n-1}+\cdots+a_{n-1}s+a_n$$

（2）引入状态反馈：

$$u=r-\tilde{\boldsymbol{K}}\tilde{\boldsymbol{x}}$$

其中，$\tilde{\boldsymbol{K}}=\begin{bmatrix}k_1 & k_2 & \cdots & k_n\end{bmatrix}$。

将上式代入式（6.2），可求得 $\tilde{\boldsymbol{x}}$ 的闭环状态空间表达式为

$$\begin{cases}\dot{\tilde{\boldsymbol{x}}}=(\tilde{\boldsymbol{A}}-\tilde{\boldsymbol{b}}\tilde{\boldsymbol{K}})\tilde{\boldsymbol{x}}+\tilde{\boldsymbol{b}}r\\ \boldsymbol{y}=\tilde{\boldsymbol{C}}\tilde{\boldsymbol{x}}\end{cases}$$

其中，$(\tilde{\boldsymbol{A}}-\tilde{\boldsymbol{b}}\tilde{\boldsymbol{K}})=\begin{bmatrix}0 & 1 & \cdots & 0\\ \vdots & \vdots & & \vdots\\ 0 & 0 & \cdots & 1\\ -(a_n+\tilde{k}_1) & -(a_{n-1}+\tilde{k}_2) & \cdots & -(a_1+\tilde{k}_n)\end{bmatrix}$

其特征多项式为

$$f(s)=\left|s\boldsymbol{I}-(\tilde{\boldsymbol{A}}-\tilde{\boldsymbol{b}}\tilde{\boldsymbol{K}})\right|=s^n+(a_1+\tilde{k}_n)s^{n-1}+\cdots+(a_n+\tilde{k}_1)\tag{6.3}$$

闭环传递函数为

$$G_{\tilde{K}}(s)=\tilde{\boldsymbol{C}}\left[s\boldsymbol{I}-(\tilde{\boldsymbol{A}}-\tilde{\boldsymbol{b}}\tilde{\boldsymbol{K}})\right]^{-1}\tilde{\boldsymbol{b}}$$

$$=\frac{c_1s^{n-1}+\cdots+c_{m-1}s+c_m}{s^m+(a_1+\tilde{k}_n)s^{m-1}+\cdots+(a_{n-1}+\tilde{k}_2)s+(a_n+\tilde{k}_1)}$$

（3）根据给定的 n 个期望闭环极点 $\lambda_1,\lambda_2,\cdots,\lambda_n$，可求得期望闭环特征方程为

$$\begin{aligned}f^*(s)&=(s-\lambda_1)(s-\lambda_2)\cdots(s-\lambda_n)\\&=s^n+a_1^*s^{n-1}+\cdots+a_n^*\end{aligned}\tag{6.4}$$

比较式（6.3）和式（6.4）的同次幂的系数，可得

$$a_1+\tilde{k}_n=a_1^*$$
$$a_2+\tilde{k}_{n-1}=a_2^*$$
$$\vdots$$
$$a_n+\tilde{k}_1=a_n^*$$

从而可得

$$\tilde{\boldsymbol{K}}=\begin{bmatrix}\tilde{k}_1 & \tilde{k}_2 & \cdots & \tilde{k}_n\end{bmatrix}=\begin{bmatrix}a_n^*-a_n & a_{n-1}^*-a_{n-1} & \cdots & a_1^*-a_1\end{bmatrix} \tag{6.5}$$

（4）根据状态反馈控制规律在等价变换前后的表达式：

$$\boldsymbol{u}=\boldsymbol{r}-\boldsymbol{Kx}=\boldsymbol{r}-\boldsymbol{KP}^{-1}\tilde{\boldsymbol{x}}$$
$$\boldsymbol{u}=\boldsymbol{r}-\tilde{\boldsymbol{K}}\tilde{\boldsymbol{x}}$$

可得原系统 Σ_0 的状态反馈矩阵 $\boldsymbol{K}$ 的表达式为

$$\boldsymbol{K}=\tilde{\boldsymbol{K}}\boldsymbol{P} \tag{6.6}$$

将 $\boldsymbol{P}=\begin{bmatrix}\boldsymbol{P}_1\\ \boldsymbol{P}_1\boldsymbol{A}\\ \vdots\\ \boldsymbol{P}_1\boldsymbol{A}^{n-1}\end{bmatrix}$，$\boldsymbol{P}_1=\begin{bmatrix}0 & \cdots & 0 & 1\end{bmatrix}\begin{bmatrix}\boldsymbol{b} & \boldsymbol{Ab} & \cdots & \boldsymbol{A}^{n-1}\boldsymbol{b}\end{bmatrix}^{-1}$ 代入式（6.6）可得

$$\begin{aligned}\boldsymbol{K}&=\begin{bmatrix}a_n^*-a_n & a_{n-1}^*-a_{n-1} & \cdots & a_1^*-a_1\end{bmatrix}\begin{bmatrix}\boldsymbol{P}_1\\ \boldsymbol{P}_1\boldsymbol{A}\\ \vdots\\ \boldsymbol{P}_1\boldsymbol{A}^{n-1}\end{bmatrix}\\&=\boldsymbol{P}_1\left[a_n^*\boldsymbol{I}+a_{n-1}^*\boldsymbol{A}+\cdots+a_1^*\boldsymbol{A}^{n-1}\right]-\boldsymbol{P}_1\left[a_n\boldsymbol{I}+a_{n-1}\boldsymbol{A}+\cdots+a_1\boldsymbol{A}^{n-1}\right]\\&=\boldsymbol{P}_1\left[a_n^*\boldsymbol{I}+a_{n-1}^*\boldsymbol{A}+\cdots+a_1^*\boldsymbol{A}^{n-1}+\boldsymbol{A}^n\right]\\&=\begin{bmatrix}0 & \cdots & 0 & 1\end{bmatrix}\boldsymbol{U}_{\mathrm{C}}^{-1}f^*(\boldsymbol{A})\end{aligned}$$

即

$$\boldsymbol{K}=\begin{bmatrix}0 & \cdots & 0 & 1\end{bmatrix}\boldsymbol{U}_{\mathrm{C}}^{-1}f^*(\boldsymbol{A}) \tag{6.7}$$

其中，$f^*(\boldsymbol{A})=a_n^*\boldsymbol{I}+a_{n-1}^*\boldsymbol{A}+\cdots+a_1^*\boldsymbol{A}^{n-1}+\boldsymbol{A}^n$，即将式（6.4）中的 s 换成系统矩阵 $\boldsymbol{A}$ 的矩阵多项式。

必要性：要证明系统 Σ_0 可任意配置极点，需要证明系统 Σ_0 完全可控。

采用反证法，假设系统 Σ_0 可任意配置极点，但系统 Σ_0 不完全可控。

因系统 Σ_0 为不完全可控，故必可通过非奇异线性变换将系统分解为可控和不可控两部分，即

$$\dot{\tilde{\boldsymbol{x}}}=\begin{bmatrix}\tilde{\boldsymbol{A}}_{\mathrm{C}} & \tilde{\boldsymbol{A}}_{12}\\ \boldsymbol{0} & \tilde{\boldsymbol{A}}_{\mathrm{C}}^{*}\end{bmatrix}\tilde{\boldsymbol{x}}+\begin{bmatrix}\tilde{\boldsymbol{b}}_1\\ \boldsymbol{0}\end{bmatrix}u$$
$$y=\begin{bmatrix}\tilde{\boldsymbol{C}}_1 & \tilde{\boldsymbol{C}}_2\end{bmatrix}\tilde{\boldsymbol{x}}$$

引入状态反馈：

$$\boldsymbol{u}=\boldsymbol{r}-\tilde{\boldsymbol{K}}\tilde{\boldsymbol{x}}$$

其中，$\tilde{\boldsymbol{K}}=\begin{bmatrix}\tilde{\boldsymbol{K}}_{\mathrm{C}} & \tilde{\boldsymbol{K}}_{\bar{\mathrm{C}}}\end{bmatrix}$。

系统状态空间表达式变为

$$\dot{\tilde{\boldsymbol{x}}}=\begin{bmatrix}\tilde{\boldsymbol{A}}_{\mathrm{C}}-\tilde{\boldsymbol{b}}_1\tilde{\boldsymbol{K}}_{\mathrm{C}} & \tilde{\boldsymbol{A}}_{12}-\tilde{\boldsymbol{b}}_1\tilde{\boldsymbol{K}}_{\bar{\mathrm{C}}}\\ \boldsymbol{0} & \tilde{\boldsymbol{A}}_{\mathrm{C}}^{*}\end{bmatrix}\tilde{\boldsymbol{x}}+\begin{bmatrix}\tilde{\boldsymbol{b}}_1\\ \boldsymbol{0}\end{bmatrix}r$$

$$y=\begin{bmatrix}\tilde{\boldsymbol{C}}_1 & \tilde{\boldsymbol{C}}_2\end{bmatrix}\tilde{\boldsymbol{x}}$$

相应的特征多项式为

$$\left|s\boldsymbol{I}-(\tilde{\boldsymbol{A}}-\tilde{\boldsymbol{b}}\tilde{\boldsymbol{K}})\right|=\begin{vmatrix}s\boldsymbol{I}-(\tilde{\boldsymbol{A}}_{\mathrm{C}}-\tilde{\boldsymbol{b}}_1\tilde{\boldsymbol{K}}_{\mathrm{C}}) & -(\tilde{\boldsymbol{A}}_{12}-\tilde{\boldsymbol{b}}_1\tilde{\boldsymbol{K}}_{\bar{\mathrm{C}}})\\ \boldsymbol{0} & s\boldsymbol{I}-\tilde{\boldsymbol{A}}_{\mathrm{C}}\end{vmatrix}$$

$$=\left|s\boldsymbol{I}-(\tilde{\boldsymbol{A}}_{\mathrm{C}}-\tilde{\boldsymbol{b}}_1\tilde{\boldsymbol{K}}_{\mathrm{C}})\right|\cdot\left|s\boldsymbol{I}-\tilde{\boldsymbol{A}}_{\mathrm{C}}\right|$$

由此可见，利用状态反馈只能改变系统可控部分的极点，而不能改变系统不可控部分的极点，也就是说，利用这种反馈方法，不可能任意配置系统的全部极点，这与假设相矛盾，因此系统是完全可控的。必要性得证。

6.2.2　单输入单输出系统状态反馈极点配置方法

（1）由定理 6-1 的充分性证明可知，对于单输入单输出线性定常连续系统的极点配置问题，若其状态空间模型为可控标准Ⅱ型，则相应状态反馈矩阵为

$$\boldsymbol{K}=\begin{bmatrix}k_1 & k_2 & \cdots & k_n\end{bmatrix}=\begin{bmatrix}a_n^*-a_n & a_{n-1}^*-a_{n-1} & \cdots & a_1^*-a_1\end{bmatrix}$$

其中，a_i 和 $a_i^*(i=1,2,\cdots,n)$ 分别为开环系统和期望的闭环系统的特征多项式的系数。

（2）若单输入单输出被控系统的状态空间模型不是可控标准Ⅱ型，则由可控标准Ⅱ型的方法，利用线性变换 $\boldsymbol{x}=\boldsymbol{T}_{\mathrm{C2}}\tilde{\boldsymbol{x}}$，将系统 $\Sigma(\boldsymbol{A},\boldsymbol{B})$ 变换成可控标准Ⅱ型 $\tilde{\Sigma}(\tilde{\boldsymbol{A}},\tilde{\boldsymbol{B}})$，即

$$\tilde{\boldsymbol{A}}=\boldsymbol{T}_{\mathrm{C2}}^{-1}\boldsymbol{A}\boldsymbol{T}_{\mathrm{C2}},\ \tilde{\boldsymbol{B}}=\boldsymbol{T}_{\mathrm{C2}}^{-1}\boldsymbol{B}$$

对可控标准Ⅱ型 $\tilde{\Sigma}(\tilde{\boldsymbol{A}},\tilde{\boldsymbol{B}})$ 进行极点配置，可得相应的状态反馈矩阵为

$$\tilde{\boldsymbol{K}}=\begin{bmatrix}a_n^*-a_n & a_{n-1}^*-a_{n-1} & \cdots & a_1^*-a_1\end{bmatrix}$$

因此，原系统 $\Sigma(\boldsymbol{A},\boldsymbol{B})$ 的相应状态反馈矩阵 $\boldsymbol{K}$ 为

$$\boldsymbol{K}=\tilde{\boldsymbol{K}}\boldsymbol{T}_{\mathrm{C2}}^{-1}$$

另一种比较实用的求状态反馈矩阵 $\boldsymbol{K}$ 的方法是根据：

$$f(s)=\left|s\boldsymbol{I}-(\boldsymbol{A}-\boldsymbol{B}\boldsymbol{K})\right|$$

和

$$f^*(s)=(s-\lambda_1)(s-\lambda_2)\cdots(s-\lambda_n)$$

以及 s 多项式对应项的系数相等，得到 n 个代数方程，从而求得

$$\boldsymbol{K}=\begin{bmatrix}k_1 & k_2 & \cdots & k_n\end{bmatrix}$$

【例 6-1】已知系统的状态空间表达式为

$$\begin{cases}\dot{\boldsymbol{x}}=\begin{bmatrix}2 & 1\\ -1 & 1\end{bmatrix}\boldsymbol{x}+\begin{bmatrix}1\\ 2\end{bmatrix}u\\ y=\begin{bmatrix}1 & 0\end{bmatrix}\boldsymbol{x}\end{cases}$$

试求使状态反馈系统具有极点为 -1 和 -2 的状态反馈矩阵 $\boldsymbol{K}$。

解：因

$$\text{rank}\boldsymbol{U}_{\text{C}}=\text{rank}\left[\boldsymbol{b}\quad \boldsymbol{A}\boldsymbol{b}\right]=\text{rank}\begin{bmatrix}1 & 4\\ 2 & 1\end{bmatrix}=2=n$$

所以，原系统状态完全可控，通过状态反馈控制律 $\boldsymbol{u}=\boldsymbol{r}-\boldsymbol{K}\boldsymbol{x}$ 可任意配置系统的闭环极点。下面采用三种方法求解状态反馈矩阵 $\boldsymbol{K}$ 。

方法一：（1）由 $f(s)=|s\boldsymbol{I}-\boldsymbol{A}|=\begin{vmatrix}s-2 & -1\\ 1 & s-1\end{vmatrix}=s^2-3s+3$，得 $a_1=-3,\ a_2=3$。

（2）将 $\lambda_1=-1,\ \lambda_2=-2$，代入公式 $f^*(s)=(s-\lambda_1)(s-\lambda_2)$，可得

$$f^*(s)=(s+1)(s+2)=s^2+3s+2$$

则 $a_1^*=3,\ a_2^*=2$。

（3）根据式（6.5），可得

$$\tilde{\boldsymbol{K}}=\left[\tilde{k}_1\quad \tilde{k}_2\right]=\left[a_2^*-a_2\quad a_1^*-a_1\right]=[-1\quad 6]$$

（4）求 $\boldsymbol{K}=\left[k_1\quad k_2\right]$。由

$$\boldsymbol{U}_{\text{C}}=[\boldsymbol{b}\quad \boldsymbol{A}\boldsymbol{b}]=\begin{bmatrix}1 & 4\\ 2 & 1\end{bmatrix}$$

可得

$$\boldsymbol{U}_{\text{C}}^{-1}=\begin{bmatrix}-\dfrac{1}{7} & \dfrac{4}{7}\\ \dfrac{2}{7} & -\dfrac{1}{7}\end{bmatrix}$$

$$\boldsymbol{P}_1=[0\quad 1]\boldsymbol{U}_{\text{C}}^{-1}=\begin{bmatrix}\dfrac{2}{7} & -\dfrac{1}{7}\end{bmatrix},\quad \boldsymbol{P}_1\boldsymbol{A}=\begin{bmatrix}\dfrac{5}{7} & \dfrac{1}{7}\end{bmatrix}$$

$$\boldsymbol{P}=\begin{bmatrix}\boldsymbol{P}_1\\ \boldsymbol{P}_1\boldsymbol{A}\end{bmatrix}=\begin{bmatrix}\dfrac{2}{7} & -\dfrac{1}{7}\\ \dfrac{5}{7} & \dfrac{1}{7}\end{bmatrix}$$

根据式（6.6），得

$$\boldsymbol{K}=\tilde{\boldsymbol{K}}\boldsymbol{P}=[-1\quad 6]\begin{bmatrix}\dfrac{2}{7} & -\dfrac{1}{7}\\ \dfrac{5}{7} & \dfrac{1}{7}\end{bmatrix}=[4\quad 1]$$

即

$$k_1=4,\ k_2=1$$

（5）根据原系统的状态空间表达式和状态反馈矩阵 $\boldsymbol{K}$，可画出状态反馈闭环系统的状态变量图（见图 6-3）。

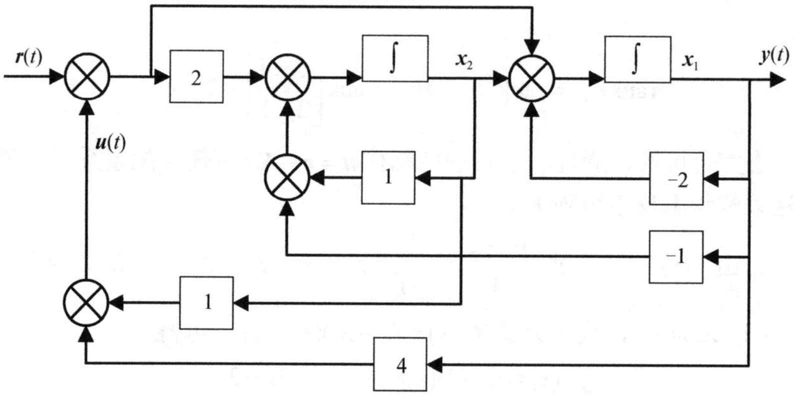

图 6-3　系统状态变量图

方法二：由 $f^*(s)=s^2+3s+2$，可得

$$f^*(\boldsymbol{A})=\boldsymbol{A}^2+3\boldsymbol{A}+2\boldsymbol{I}$$

$$=\begin{bmatrix}2 & 1\\ -1 & 1\end{bmatrix}^2+3\begin{bmatrix}2 & 1\\ -1 & 1\end{bmatrix}+2\begin{bmatrix}1 & 0\\ 0 & 1\end{bmatrix}=\begin{bmatrix}11 & 6\\ -6 & 5\end{bmatrix}$$

根据式（6.7），有

$$\boldsymbol{K}=[0\quad 1]\boldsymbol{U}_{\mathrm{C}}^{-1}f^*(\boldsymbol{A})$$

$$=[0\quad 1]\begin{bmatrix}-\dfrac{1}{7} & \dfrac{4}{7}\\ \dfrac{2}{7} & -\dfrac{1}{7}\end{bmatrix}\begin{bmatrix}11 & 6\\ -6 & 5\end{bmatrix}=[4\quad 1]$$

方法三：设 $\boldsymbol{K}=[k_1\quad k_2]$，则有

$$f(s)=|s\boldsymbol{I}-(\boldsymbol{A}-\boldsymbol{bK})|$$

$$=\begin{vmatrix}s-2+k_1 & -1+k_2\\ 1+2k_1 & s-1+2k_2\end{vmatrix}$$

$$=s^2+(-3+k_1+2k_2)s+(-2+k_1)(-1+2k_2)-(1+2k_1)(-1+k_2)$$

因有

$$f^*(s)=(s-\lambda_1)(s-\lambda_2)$$

$$=(s+1)(s+2)=s^2+3s+2$$

比较以上两式的同次幂系数，可求得

$$k_1=4,\ k_2=1$$

即

$$\boldsymbol{K}=[k_1\quad k_2]=[4\quad 1]$$

【例 6-2】设线性定常系统的状态方程为

$$\dot{\boldsymbol{x}}=\begin{bmatrix}-1 & -2\\ -1 & 3\end{bmatrix}\boldsymbol{x}+\begin{bmatrix}2\\ 1\end{bmatrix}u$$

求使闭环系统的极点为 $-1\pm \mathrm{j}2$ 的状态反馈矩阵 $\boldsymbol{K}$ 。

解：（1）判断系统的可控性。开环系统的可控性矩阵为

$$[\boldsymbol{B}\quad \boldsymbol{AB}]=\begin{bmatrix}2 & -4\\ 1 & 1\end{bmatrix}$$

则开环系统为状态可控，可以进行任意极点配置。

（2）求可控标准Ⅱ型。

$$\boldsymbol{T}_1=[0\quad 1][\boldsymbol{B}\quad \boldsymbol{AB}]^{-1}=\begin{bmatrix}\dfrac{1}{6} & \dfrac{1}{3}\end{bmatrix},\ \boldsymbol{T}_{C2}^{-1}=\begin{bmatrix}\boldsymbol{T}_1\\ \boldsymbol{T}_1\boldsymbol{A}\end{bmatrix}=\frac{1}{6}\begin{bmatrix}-1 & 2\\ -1 & 8\end{bmatrix}$$

$$\tilde{\boldsymbol{A}}=\boldsymbol{T}_{C2}^{-1}\boldsymbol{A}\boldsymbol{T}_{C2}=\begin{bmatrix}0 & 1\\ 5 & 2\end{bmatrix},\ \tilde{\boldsymbol{B}}=\boldsymbol{T}_{C2}^{-1}\boldsymbol{B}=\begin{bmatrix}0\\ 1\end{bmatrix}$$

因此系统开环特征多项式 $f(s)=s^2-2s-5$。因为期望的闭环极点为 $-1\pm \mathrm{j}2$，所以期望的闭环特征多项式为 $f(s)=s^2+2s+5$，则系统的状态反馈矩阵 $\boldsymbol{K}$ 为

$$\boldsymbol{K}=\tilde{\boldsymbol{K}}\boldsymbol{T}_{C2}^{-1}=\begin{bmatrix}a_2^*-a_2 & a_1^*-a_1\end{bmatrix}\boldsymbol{T}_{C2}^{-1}$$

$$=[5-(-5)\quad 2-(-2)]\times\frac{1}{6}\begin{bmatrix}-1 & 2\\ -1 & 8\end{bmatrix}=\begin{bmatrix}-\dfrac{7}{3} & \dfrac{26}{3}\end{bmatrix}$$

则在反馈规律 $\boldsymbol{u}=-\boldsymbol{Kx}+\boldsymbol{v}$ 下的闭环系统的状态方程为

$$\dot{\boldsymbol{x}}=\frac{1}{3}\begin{bmatrix}11 & -58\\ 4 & -17\end{bmatrix}\boldsymbol{x}+\begin{bmatrix}2\\ 1\end{bmatrix}u$$

通过验算可知，该闭环系统的极点为 $-1\pm \mathrm{j}2$，达到设计要求。

可以编写 MATLAB 程序验证上述结论，程序如下：

```
%极点配置测试
A = [-1 -2;-1 3];
B = [2; 1];
C = [1 0];
D = 0;
%判断系统的可控性
Rm = ctrb(A, B)
R = rank(Rm)
%求可控标准型
P1 = [0 1]*Rm^-1;
P = [P1;P1*A];
[A2 B2 C2 D2]=ss2ss(A,B,C,D,P)        %求其可控标准 I 型
p = poly(A2)                          %求得系统的开环特征多项式系数
p2 = poly([-1+2*j -1-2*j])            %求得系统的闭环特征多项式系数
K = [p2(3)-p(3) p2(2)-p(2)]*P         %求得系统的状态反馈矩阵
%系统的闭环特征方程为
A3 = A - B * K;
B3 = B;
eig(A3)                               %演算系统的特征值
```

【例 6-3】已知系统的传递函数为

$$G(s)=\frac{10}{s(s+1)(s+2)}$$

试选择一种状态空间实现，并求出此实现所对应使闭环系统的极点配置在 -2 和 $-1\pm j$ 上的状态反馈矩阵 $\boldsymbol{K}$ 。

解：（1）要实现系统的极点任意配置，则系统需实现状态完全可控。因此，选择可控标准Ⅱ型来建立被控系统的传递函数的状态空间模型，故有

$$\begin{cases}\dot{\boldsymbol{x}}=\begin{bmatrix}0 & 1 & 0\\ 0 & 0 & 1\\ 0 & -2 & -3\end{bmatrix}\boldsymbol{x}+\begin{bmatrix}0\\ 0\\ 1\end{bmatrix}\boldsymbol{u}\\ \boldsymbol{y}=\begin{bmatrix}10 & 0 & 0\end{bmatrix}\boldsymbol{x}\end{cases}$$

（2）系统的开环特征多项式 $f(s)$ 和由期望的闭环极点确定的闭环特征多项式 $f^*(s)$ 分别为

$$f(s)=s^3+3s^2+2s，f^*(s)=s^3+4s^2+6s+4$$

则相应的状态反馈矩阵 $\boldsymbol{K}$ 为

$$\boldsymbol{K}=\begin{bmatrix}a_3^*-a_3 & a_2^*-a_2 & a_1^*-a_1\end{bmatrix}=\begin{bmatrix}4 & 4 & 1\end{bmatrix}$$

因此，在反馈规律 $\boldsymbol{u}=-\boldsymbol{Kx}+\boldsymbol{v}$ 下的闭环系统的状态空间模型为

$$\begin{cases}\dot{\boldsymbol{x}}=\begin{bmatrix}0 & 1 & 0\\ 0 & 0 & 1\\ -4 & -6 & -4\end{bmatrix}\boldsymbol{x}+\begin{bmatrix}0\\ 0\\ 1\end{bmatrix}\boldsymbol{u}\\ \boldsymbol{y}=\begin{bmatrix}10 & 0 & 0\end{bmatrix}\boldsymbol{x}\end{cases}$$

6.3 系统镇定

受控系统通过状态反馈（或者输出反馈）使闭环系统渐进稳定，这样的问题称为镇定问题。

镇定问题是系统极点配置问题的一种特殊情况，它只要求把闭环极点配置在 s 平面左侧，并不要求将极点严格地配置在期望的极点上。

6.3.1 状态反馈镇定

线性定常连续系统状态反馈镇定问题可以描述为：针对给定的线性定常连续系统 $\Sigma(\boldsymbol{A},\boldsymbol{B},\boldsymbol{C})$ ，找到一个状态反馈控制规律：

$$\boldsymbol{u}=-\boldsymbol{Kx}+\boldsymbol{v} \tag{6.8}$$

使得闭环系统状态方程为

$$\dot{\boldsymbol{x}}=\left(\boldsymbol{A}-\boldsymbol{BK}\right)\boldsymbol{x}+\boldsymbol{Bv} \tag{6.9}$$

其状态是镇定的，其中 $\boldsymbol{K}$ 为状态反馈矩阵，$\boldsymbol{v}$ 为参考输入。

定理 6-2　状态完全可控的系统 $\Sigma(\boldsymbol{A},\boldsymbol{B},\boldsymbol{C})$ 可经状态反馈矩阵 $\boldsymbol{K}$ 镇定。

证明：根据状态反馈极点配置定理 6-1 可知，状态完全可控的系统可以进行任意极点配置。因此，可以通过状态反馈矩阵 $\boldsymbol{K}$ 将系统的闭环极点配置在 s 平面的左半开平面，即闭环系统是

镇定的，所以完全可控的系统必定是可镇定的。

定理 6-3 若系统 $\Sigma(\boldsymbol{A},\boldsymbol{B},\boldsymbol{C})$ 是不完全可控的，则线性状态反馈系统镇定的充要条件是，系统的完全不可控部分是渐进稳定的，即系统 $\Sigma(\boldsymbol{A},\boldsymbol{B},\boldsymbol{C})$ 不稳定的极点只分布在系统的可控部分。

证明：（1）若系统 $\Sigma(\boldsymbol{A},\boldsymbol{B},\boldsymbol{C})$ 不完全可控，可以通过线性变换将其按可控性分解为

$$\tilde{\boldsymbol{A}}=\boldsymbol{P}_{\mathrm{C}}^{-1}\boldsymbol{A}\boldsymbol{P}_{\mathrm{C}}=\begin{bmatrix}\tilde{\boldsymbol{A}}_{11} & \tilde{\boldsymbol{A}}_{12}\\ \boldsymbol{0} & \tilde{\boldsymbol{A}}_{22}\end{bmatrix},\quad \tilde{\boldsymbol{B}}=\boldsymbol{P}_{\mathrm{C}}^{-1}\boldsymbol{B}=\begin{bmatrix}\tilde{\boldsymbol{B}}_{1}\\ \boldsymbol{0}\end{bmatrix},\quad \tilde{\boldsymbol{C}}=\boldsymbol{C}\boldsymbol{P}_{\mathrm{C}}=\begin{bmatrix}\tilde{\boldsymbol{C}}_{1} & \tilde{\boldsymbol{C}}_{2}\end{bmatrix}$$

其中，$\tilde{\Sigma}(\tilde{\boldsymbol{A}}_{11},\tilde{\boldsymbol{B}}_{1},\tilde{\boldsymbol{C}}_{1})$ 为完全可控子系统；$\tilde{\Sigma}_{\mathrm{nc}}(\tilde{\boldsymbol{A}}_{22},\boldsymbol{0},\tilde{\boldsymbol{C}}_{2})$ 为完全不可控子系统。

（2）由于线性变换不改变系统的特征值，故有

$$|s\boldsymbol{I}-\boldsymbol{A}|=|s\boldsymbol{I}-\tilde{\boldsymbol{A}}|=\begin{vmatrix}s\boldsymbol{I}_1-\tilde{\boldsymbol{A}}_{11} & -\tilde{\boldsymbol{A}}_{12}\\ \boldsymbol{0} & s\boldsymbol{I}_2-\tilde{\boldsymbol{A}}_{22}\end{vmatrix}=|s\boldsymbol{I}_1-\tilde{\boldsymbol{A}}_{11}||s\boldsymbol{I}_2-\tilde{\boldsymbol{A}}_{22}| \tag{6.10}$$

（3）由于原系统 $\Sigma(\boldsymbol{A},\boldsymbol{B},\boldsymbol{C})$ 与结构分解后的系统 $\tilde{\Sigma}(\tilde{\boldsymbol{A}},\tilde{\boldsymbol{B}},\tilde{\boldsymbol{C}})$ 在稳定性和可控性上等价，假设 $\boldsymbol{K}$ 为系统 Σ 的任意状态反馈矩阵，系统 $\tilde{\Sigma}$ 引入状态反馈矩阵 $\tilde{\boldsymbol{K}}=\boldsymbol{K}\boldsymbol{P}_{\mathrm{C}}=\begin{bmatrix}\tilde{\boldsymbol{K}}_1 & \tilde{\boldsymbol{K}}_2\end{bmatrix}$，可得闭环系统的系统矩阵为

$$\tilde{\boldsymbol{A}}-\tilde{\boldsymbol{B}}\tilde{\boldsymbol{K}}=\begin{bmatrix}\tilde{\boldsymbol{A}}_{11} & \tilde{\boldsymbol{A}}_{12}\\ \boldsymbol{0} & \tilde{\boldsymbol{A}}_{22}\end{bmatrix}-\begin{bmatrix}\tilde{\boldsymbol{B}}_{1}\\ \boldsymbol{0}\end{bmatrix}\begin{bmatrix}\tilde{\boldsymbol{K}}_1 & \tilde{\boldsymbol{K}}_2\end{bmatrix}=\begin{bmatrix}\tilde{\boldsymbol{A}}_{11}-\tilde{\boldsymbol{B}}_1\tilde{\boldsymbol{K}}_1 & \tilde{\boldsymbol{A}}_{12}-\tilde{\boldsymbol{B}}_1\tilde{\boldsymbol{K}}_2\\ \boldsymbol{0} & \tilde{\boldsymbol{A}}_{22}\end{bmatrix} \tag{6.11}$$

进而可得闭环系统特征多项式为

$$|s\boldsymbol{I}-(\tilde{\boldsymbol{A}}-\tilde{\boldsymbol{B}}\tilde{\boldsymbol{K}})|=|s\boldsymbol{I}_1-(\tilde{\boldsymbol{A}}_{11}-\tilde{\boldsymbol{B}}_1\tilde{\boldsymbol{K}}_1)||s\boldsymbol{I}_2-\tilde{\boldsymbol{A}}_{22}| \tag{6.12}$$

比较式（6.10）与式（6.12），可以发现：引入状态反馈矩阵 $\tilde{\boldsymbol{K}}=\begin{bmatrix}\tilde{\boldsymbol{K}}_1 & \tilde{\boldsymbol{K}}_2\end{bmatrix}$ 后，只能通过选择 $\tilde{\boldsymbol{K}}_1$ 来使得 $(\tilde{\boldsymbol{A}}_{11}-\tilde{\boldsymbol{B}}_1\tilde{\boldsymbol{K}}_1)$ 的特征值具有负实部，从而使 $\tilde{\Sigma}_{\mathrm{C}}$ 可控子系统渐进稳定。但状态反馈矩阵 $\tilde{\boldsymbol{K}}$ 的选择并不影响不可控子系统 $\tilde{\Sigma}_{\mathrm{nc}}$ 的特征值分布。因此，当且仅当 $\tilde{\Sigma}_{\mathrm{nc}}$ 渐进稳定时（$\tilde{\boldsymbol{A}}_{22}$ 的特征值均具有负实部），系统 $\Sigma(\boldsymbol{A},\boldsymbol{B},\boldsymbol{C})$ 是状态反馈能镇定的。定理 6-3 得证。

基于以上原理，可得如下状态反馈镇定算法步骤。

（1）对可镇定的系统 $\Sigma(\boldsymbol{A},\boldsymbol{B},\boldsymbol{C})$ 进行可控性分解，获得变换矩阵 $\boldsymbol{P}_{\mathrm{C}}$，可得

$$\tilde{\boldsymbol{A}}=\boldsymbol{P}_{\mathrm{C}}^{-1}\boldsymbol{A}\boldsymbol{P}_{\mathrm{C}}=\begin{bmatrix}\tilde{\boldsymbol{A}}_{11} & \tilde{\boldsymbol{A}}_{12}\\ \boldsymbol{0} & \tilde{\boldsymbol{A}}_{22}\end{bmatrix},\quad \tilde{\boldsymbol{B}}=\boldsymbol{P}_{\mathrm{C}}^{-1}\boldsymbol{B}=\begin{bmatrix}\tilde{\boldsymbol{B}}_{1}\\ \boldsymbol{0}\end{bmatrix},\quad \tilde{\boldsymbol{C}}=\boldsymbol{C}\boldsymbol{P}_{\mathrm{C}}=[\tilde{\boldsymbol{C}}_{1}\ \ \tilde{\boldsymbol{C}}_{2}]$$

其中，$\tilde{\Sigma}(\tilde{\boldsymbol{A}}_{11},\tilde{\boldsymbol{B}}_{1},\tilde{\boldsymbol{C}}_{1})$ 为完全可控部分；$\tilde{\Sigma}(\tilde{\boldsymbol{A}}_{22},\boldsymbol{0},\tilde{\boldsymbol{C}}_{2})$ 为完全不可控部分，但该部分渐进稳定。

（2）利用极点配置算法求状态反馈矩阵 $\tilde{\boldsymbol{K}}_1$，使得 $\tilde{\boldsymbol{A}}_{11}-\tilde{\boldsymbol{B}}_1\tilde{\boldsymbol{K}}_1$ 具有一组稳定特征值。

（3）计算原系统 $\Sigma(\boldsymbol{A},\boldsymbol{B},\boldsymbol{C})$ 可镇定的状态反馈矩阵 $\boldsymbol{K}=\begin{bmatrix}\tilde{\boldsymbol{K}}_1 & \boldsymbol{0}\end{bmatrix}\boldsymbol{P}_C^{-1}$。

【例 6-4】 给定线性定常系统的状态空间表达式为

$$\dot{\boldsymbol{x}}=\begin{bmatrix}0 & 1 & 2\\ 0 & 1 & 0\\ 1 & 1 & 1\end{bmatrix}\boldsymbol{x}+\begin{bmatrix}0 & 1\\ 1 & 0\\ 0 & 1\end{bmatrix}\boldsymbol{u}$$

试设计使系统镇定的状态反馈矩阵 $\boldsymbol{K}$。

解：（1）对系统进行可控性分解。

$$\operatorname{rank}\begin{bmatrix} \boldsymbol{B} & \boldsymbol{AB} & \boldsymbol{A}^2\boldsymbol{B} \end{bmatrix} = \operatorname{rank}\begin{bmatrix} 0 & 1 & 1 & 2 \\ 1 & 0 & 1 & 0 \\ 0 & 1 & 1 & 2 \end{bmatrix} = 2 < n = 3$$

上式表明矩阵秩为 2，小于系统阶次 3，所以系统不完全可控，取可控性分解变换矩阵 $\boldsymbol{P}_{\mathrm{C}}$ 为

$$\boldsymbol{P}_{\mathrm{C}} = \left[\begin{array}{cc:c} 0 & 1 & 1 \\ 1 & 0 & 0 \\ 0 & 1 & 0 \end{array}\right], \quad \boldsymbol{P}_{\mathrm{C}}^{-1} = \begin{bmatrix} 0 & 1 & 0 \\ 0 & 0 & 1 \\ 1 & 0 & -1 \end{bmatrix}$$

可得

$$\tilde{\boldsymbol{A}} = \boldsymbol{P}_{\mathrm{C}}^{-1}\boldsymbol{A}\boldsymbol{P}_{\mathrm{C}} = \left[\begin{array}{cc:c} 1 & 0 & 0 \\ 1 & 2 & 1 \\ \hdashline 0 & 0 & -1 \end{array}\right], \quad \tilde{\boldsymbol{B}} = \boldsymbol{P}_{\mathrm{C}}^{-1}\boldsymbol{B} = \left[\begin{array}{cc} 1 & 0 \\ 0 & 1 \\ \hdashline 0 & 0 \end{array}\right]$$

则原系统的可控性分解为

$$\begin{bmatrix} \dot{\tilde{\boldsymbol{x}}}_1 \\ \dot{\tilde{\boldsymbol{x}}}_2 \end{bmatrix} = \left[\begin{array}{cc:c} 1 & 0 & 0 \\ 1 & 2 & 1 \\ \hdashline 0 & 0 & -1 \end{array}\right] \begin{bmatrix} \tilde{\boldsymbol{x}}_1 \\ \tilde{\boldsymbol{x}}_2 \end{bmatrix} + \left[\begin{array}{cc} 1 & 0 \\ 0 & 1 \\ \hdashline 0 & 0 \end{array}\right] u$$

因为该系统的不可控部分只有一个具有负实部的极点 -1，故不可控子系统是稳定的，系统是可镇定的。

（2）对可控部分进行极点配置。

由上可知，系统的可控部分为

$$\tilde{\boldsymbol{A}}_{11} = \begin{bmatrix} 1 & 0 \\ 1 & 2 \end{bmatrix}, \ \tilde{\boldsymbol{B}}_1 = \begin{bmatrix} 1 & 0 \\ 0 & 1 \end{bmatrix}$$

设 $\boldsymbol{A}^*$ 为具有期望特征值的闭环系统矩阵，且 $\boldsymbol{A}^* = \tilde{\boldsymbol{A}}_{11} - \tilde{\boldsymbol{B}}_1\tilde{\boldsymbol{K}}_1$，本例中设期望的闭环极点为 -3 和 -2，因此有

$$\boldsymbol{A}^* = \tilde{\boldsymbol{A}}_{11} - \tilde{\boldsymbol{B}}_1\tilde{\boldsymbol{K}}_1 = \begin{bmatrix} 1 & 0 \\ 1 & 2 \end{bmatrix} - \begin{bmatrix} 1 & 0 \\ 0 & 1 \end{bmatrix}\begin{bmatrix} k_{11} & k_{12} \\ k_{21} & k_{22} \end{bmatrix} = \begin{bmatrix} 1-k_{11} & -k_{12} \\ 1-k_{21} & 2-k_{22} \end{bmatrix}$$

显然，当状态反馈矩阵 $\tilde{\boldsymbol{K}}_1$ 为 $\tilde{\boldsymbol{K}}_1 = \begin{bmatrix} k_{11} & k_{12} \\ k_{21} & k_{22} \end{bmatrix} = \begin{bmatrix} 4 & 0 \\ 1 & 4 \end{bmatrix}$ 时，闭环系统矩阵 $\boldsymbol{A}^*$ 为

$$\boldsymbol{A}^* = \begin{bmatrix} -3 & 0 \\ 0 & -2 \end{bmatrix}$$

（3）求原系统的状态反馈镇定矩阵 $\boldsymbol{K}$。

$$\boldsymbol{K} = \begin{bmatrix} \tilde{\boldsymbol{K}}_1 & 0 \end{bmatrix}\boldsymbol{P}_{\mathrm{C}}^{-1} = \left[\begin{array}{cc:c} 4 & 0 & 0 \\ 1 & 4 & 0 \end{array}\right]\begin{bmatrix} 0 & 1 & 0 \\ 0 & 0 & 1 \\ 1 & 0 & -1 \end{bmatrix} = \begin{bmatrix} 0 & 4 & 0 \\ 0 & 1 & 4 \end{bmatrix}$$

经检验，状态反馈后得到的闭环系统矩阵 $\boldsymbol{A} - \boldsymbol{BK} = \begin{bmatrix} 0 & 0 & -2 \\ 0 & -3 & -1 \\ 1 & 0 & -3 \end{bmatrix}$ 为镇定的。

6.3.2 输出反馈镇定

线性定常连续系统输出反馈镇定问题可以描述为：对于给定的线性定常连续系统 $\Sigma(\boldsymbol{A},\boldsymbol{B},\boldsymbol{C})$，找到一个输出反馈控制规律

$$\boldsymbol{u}=-\boldsymbol{H}\boldsymbol{y}+\boldsymbol{v}$$

其中，$\boldsymbol{H}$ 为输出反馈矩阵；$\boldsymbol{v}$ 为参考输入。

引入输出反馈矩阵 $\boldsymbol{H}$ 后，闭环系统状态方程为

$$\dot{\boldsymbol{x}}=(\boldsymbol{A}-\boldsymbol{BHC})\boldsymbol{x}+\boldsymbol{B}\boldsymbol{v}$$

对是否可经输出反馈进行系统镇定问题有如下定理。

定理 6-4 系统 $\Sigma(\boldsymbol{A},\boldsymbol{B},\boldsymbol{C})$ 通过输出反馈能镇定的充要条件是，系统 $\Sigma(\boldsymbol{A},\boldsymbol{B},\boldsymbol{C})$ 结构分解中的可控且可观测部分是能输出反馈极点配置的，其余部分是渐进稳定的。

证明：对 $\Sigma(\boldsymbol{A},\boldsymbol{B},\boldsymbol{C})$ 进行可控性、可观测性结构分解，可得

$$\tilde{\boldsymbol{A}}=\begin{bmatrix}\tilde{\boldsymbol{A}}_{11} & \tilde{\boldsymbol{A}}_{12} & \tilde{\boldsymbol{A}}_{13} & \tilde{\boldsymbol{A}}_{14}\\ \boldsymbol{0} & \tilde{\boldsymbol{A}}_{22} & \boldsymbol{0} & \tilde{\boldsymbol{A}}_{24}\\ \boldsymbol{0} & \boldsymbol{0} & \tilde{\boldsymbol{A}}_{33} & \tilde{\boldsymbol{A}}_{34}\\ \boldsymbol{0} & \boldsymbol{0} & \boldsymbol{0} & \tilde{\boldsymbol{A}}_{44}\end{bmatrix},\quad \tilde{\boldsymbol{B}}=\begin{bmatrix}\tilde{\boldsymbol{B}}_1\\ \tilde{\boldsymbol{B}}_2\\ \boldsymbol{0}\\ \boldsymbol{0}\end{bmatrix}$$

$$\tilde{\boldsymbol{C}}=\begin{bmatrix}\boldsymbol{0} & \tilde{\boldsymbol{C}}_2 & \boldsymbol{0} & \tilde{\boldsymbol{C}}_4\end{bmatrix}$$

由于输出反馈系统可以视为状态反馈 $\boldsymbol{K}=\boldsymbol{HC}$ 时的特例，且原系统 $\Sigma(\boldsymbol{A},\boldsymbol{B},\boldsymbol{C})$ 与结构分解后的系统 $\tilde{\Sigma}(\tilde{\boldsymbol{A}},\tilde{\boldsymbol{B}},\tilde{\boldsymbol{C}})$ 在可观测性和可控性上等价，同定理 6-3 证明过程，对系统 $\tilde{\Sigma}(\tilde{\boldsymbol{A}},\tilde{\boldsymbol{B}},\tilde{\boldsymbol{C}})$ 引入输出反馈矩阵 $\tilde{\boldsymbol{H}}$，可得闭环系统的系统矩阵：

$$\tilde{\boldsymbol{A}}-\tilde{\boldsymbol{B}}\tilde{\boldsymbol{H}}\tilde{\boldsymbol{C}}=\begin{bmatrix}\tilde{\boldsymbol{A}}_{11} & \tilde{\boldsymbol{A}}_{12} & \tilde{\boldsymbol{A}}_{13} & \tilde{\boldsymbol{A}}_{14}\\ \boldsymbol{0} & \tilde{\boldsymbol{A}}_{22} & \boldsymbol{0} & \tilde{\boldsymbol{A}}_{24}\\ \boldsymbol{0} & \boldsymbol{0} & \tilde{\boldsymbol{A}}_{33} & \tilde{\boldsymbol{A}}_{34}\\ \boldsymbol{0} & \boldsymbol{0} & \boldsymbol{0} & \tilde{\boldsymbol{A}}_{44}\end{bmatrix}-\begin{bmatrix}\tilde{\boldsymbol{B}}_1\\ \tilde{\boldsymbol{B}}_2\\ \boldsymbol{0}\\ \boldsymbol{0}\end{bmatrix}\tilde{\boldsymbol{H}}\begin{bmatrix}\boldsymbol{0} & \tilde{\boldsymbol{C}}_2 & \boldsymbol{0} & \tilde{\boldsymbol{C}}_4\end{bmatrix}$$

$$=\begin{bmatrix}\tilde{\boldsymbol{A}}_{11} & \tilde{\boldsymbol{A}}_{12}-\tilde{\boldsymbol{B}}_1\tilde{\boldsymbol{H}}\tilde{\boldsymbol{C}}_2 & \tilde{\boldsymbol{A}}_{13} & \tilde{\boldsymbol{A}}_{14}-\tilde{\boldsymbol{B}}_1\tilde{\boldsymbol{H}}\tilde{\boldsymbol{C}}_4\\ \boldsymbol{0} & \tilde{\boldsymbol{A}}_{22}-\tilde{\boldsymbol{B}}_2\tilde{\boldsymbol{H}}\tilde{\boldsymbol{C}}_2 & \boldsymbol{0} & \tilde{\boldsymbol{A}}_{24}-\tilde{\boldsymbol{B}}_2\tilde{\boldsymbol{H}}\tilde{\boldsymbol{C}}_4\\ \boldsymbol{0} & \boldsymbol{0} & \tilde{\boldsymbol{A}}_{33} & \tilde{\boldsymbol{A}}_{34}\\ \boldsymbol{0} & \boldsymbol{0} & \boldsymbol{0} & \tilde{\boldsymbol{A}}_{44}\end{bmatrix}$$

相应的闭环系统特征多项式为

$$\left|s\boldsymbol{I}-(\tilde{\boldsymbol{A}}-\tilde{\boldsymbol{B}}\tilde{\boldsymbol{H}}\tilde{\boldsymbol{C}})\right|=\left|s\boldsymbol{I}-\tilde{\boldsymbol{A}}_{11}\right|\left|s\boldsymbol{I}-(\tilde{\boldsymbol{A}}_{22}-\tilde{\boldsymbol{B}}_2\tilde{\boldsymbol{H}}\tilde{\boldsymbol{C}}_2)\right|\left|s\boldsymbol{I}-\tilde{\boldsymbol{A}}_{33}\right|\left|s\boldsymbol{I}-\tilde{\boldsymbol{A}}_{44}\right|$$

由可控可观测性分解可知，当且仅当 $\tilde{\boldsymbol{A}}_{11}$、$(\tilde{\boldsymbol{A}}_{22}-\tilde{\boldsymbol{B}}_2\tilde{\boldsymbol{H}}\tilde{\boldsymbol{C}}_2)$、$\tilde{\boldsymbol{A}}_{33}$、$\tilde{\boldsymbol{A}}_{44}$ 的特征值均具有负实部时，闭环系统才能渐进稳定。因此，系统 $\Sigma(\boldsymbol{A},\boldsymbol{B},\boldsymbol{C})$ 通过输出反馈能镇定的充要条件是，系统 $\Sigma(\boldsymbol{A},\boldsymbol{B},\boldsymbol{C})$ 结构分解中的可控且可观测部分 $\Sigma(\tilde{\boldsymbol{A}}_{22},\tilde{\boldsymbol{B}}_2,\tilde{\boldsymbol{C}}_2)$ 是能输出反馈极点配置的，其余部分是渐进稳定的。

【例 6-5】 考虑线性定常系统 $\Sigma(\boldsymbol{A},\boldsymbol{B},\boldsymbol{C})$，其中：

$$\boldsymbol{A}=\begin{bmatrix}0 & 0 & 5\\ 1 & 0 & -1\\ 0 & 1 & -3\end{bmatrix},\quad \boldsymbol{B}=\begin{bmatrix}-2 & 0\\ 1 & -2\\ 0 & 1\end{bmatrix},\quad \boldsymbol{C}=\begin{bmatrix}0 & 0 & 1\end{bmatrix}$$

分析通过输出反馈的系统的能镇定性。

解：由系统的可控可观测性判据可知，该系统是可控且可观测的。因此，系统通过输出反馈能镇定的条件是，整个系统都应是能镇定的。先求系统的特征多项式为

$$f(s)=|s\boldsymbol{I}-\boldsymbol{A}|=s^3+3s^2+s-5$$

由劳斯判据可知，开环系统不稳定。

设输出反馈矩阵为 $\boldsymbol{H}=\begin{bmatrix}h_1 & h_2\end{bmatrix}^{\mathrm{T}}$，则闭环系统的系统矩阵为

$$\boldsymbol{A}-\boldsymbol{BHC}=\begin{bmatrix}0&0&5\\1&0&-1\\0&1&-3\end{bmatrix}-\begin{bmatrix}-2&0\\1&-2\\0&1\end{bmatrix}\begin{bmatrix}h_1\\h_2\end{bmatrix}\begin{bmatrix}0&0&1\end{bmatrix}=\begin{bmatrix}0&0&5+2h_1\\1&0&-h_1+2h_2-1\\0&1&-h_2-3\end{bmatrix}$$

相应的闭环系统特征多项式为

$$f_{\mathrm{H}}(s)=|s\boldsymbol{I}-(\boldsymbol{A}-\boldsymbol{BHC})|=s^3+(3+h_2)s^2+(1+h_1-2h_2)s+(-2h_1-5)$$

由劳斯判据，可以得出特征方程根均具有负实部（能够镇定）的 h_1 及 h_2 取值范围为

$$h_1<-5/2,\ \ h_2>-3,\ \ h_1-2h_2>-1$$

在本例中，若取 $h_1=-3,\ h_2=-2$，则闭环系统特征多项式化为

$$f_{\mathrm{H}}(s)=s^3+s^2+2s+1$$

其特征根为 -0.57 和 $-0.22\pm \mathrm{j}1.3$。因此原系统经过输出反馈矩阵 $\boldsymbol{H}=\begin{bmatrix}-3 & -2\end{bmatrix}^{\mathrm{T}}$ 能够镇定。

6.4 解耦控制

对于一个多输入多输出系统：

$$\begin{cases}\dot{\boldsymbol{x}}=\boldsymbol{Ax}+\boldsymbol{Bu}\\ \boldsymbol{y}=\boldsymbol{Cx}\end{cases} \tag{6.13}$$

假设输入向量和输出向量的维数相同（即 $r=m$），且 $m\leqslant n$，则输出和输入之间的传递关系为

$$\begin{bmatrix}y_1(s)\\y_2(s)\\\vdots\\y_m(s)\end{bmatrix}=\begin{bmatrix}G_{11}(s)&G_{12}(s)&\cdots&G_{1m}(s)\\G_{21}(s)&G_{22}(s)&\cdots&G_{2m}(s)\\\vdots&\vdots&&\vdots\\G_{m1}(s)&G_{m2}(s)&\cdots&G_{mm}(s)\end{bmatrix}\cdot\begin{bmatrix}u_1(s)\\u_2(s)\\\vdots\\u_m(s)\end{bmatrix} \tag{6.14}$$

将其展开后有

$$y_i(s)=G_{i1}(s)u_1(s)+G_{i2}(s)u_2(s)+\cdots+G_{im}(s)u_m(s),\quad i=1,2,\cdots,m \tag{6.15}$$

由式（6.15）可知，每一个输出都会受到每一个输入的控制，也就是每一个输入都会对每一个输出产生控制作用。我们把这种输入和输出间存在相互耦合关系的系统称为耦合系统。

解耦控制，即寻求适当的控制规律，从而使输入输出相互关联的多变量系统实现每一个输出仅受一个输入的控制，每一个输入也仅可控制一个输出，这就是解耦控制。

系统解耦后，其传递函数阵就化为对角矩阵，即

$$\tilde{G}(s)=\begin{bmatrix}\tilde{G}_{11}(S) & & & \\ & \tilde{G}_{22}(S) & & \\ & & \ddots & \\ & & & \tilde{G}_{mm}(S)\end{bmatrix} \tag{6.16}$$

对角矩阵中主对角线的元素都是线性无关的，因此，系统中只有相同序号的输入输出间才存在传递关系，而非相同序列的输入输出间是不存在传递关系的。多输入多输出系统达到解耦后，就可以认为其是由多个独立的单输入单输出子系统组成的，进而可以实现自治控制。

要完全解决上述解耦问题，必须解决两个方面的问题，一方面是确定系统能解耦的充要条件；另一方面是确定解耦控制规律和系统的结构。

6.4.1 串联解耦

对于具有耦合关系的多输入多输出系统，其输入和输出的维数相同。串联解耦就是采用输出反馈加补偿器的方法来解耦，其方块图如图 6-4 所示。

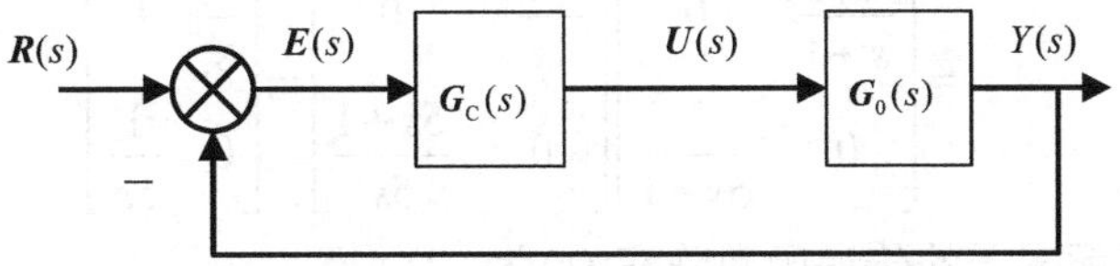

图 6-4 串联解耦系统的方块图

图 6-4 中，$\boldsymbol{G}_0(s)$ 为被控对象的传递函数阵；$\boldsymbol{G}_C(s)$ 为串联解耦器的传递函数阵。

闭环系统有下列关系：

$$\boldsymbol{G}_K(s)=\boldsymbol{G}_0(s)\boldsymbol{G}_C(s),\ \boldsymbol{Y}(s)=\boldsymbol{G}_K(s)\boldsymbol{E}(s),\ \boldsymbol{E}(s)=\boldsymbol{R}(s)-\boldsymbol{Y}(s)$$

$$\boldsymbol{Y}(s)=\left[\boldsymbol{I}+\boldsymbol{G}_K(s)\right]^{-1}\boldsymbol{G}_K(s)\boldsymbol{R}(s)=\tilde{\boldsymbol{G}}(s)\boldsymbol{R}(s) \tag{6.17}$$

$$\tilde{\boldsymbol{G}}(s)=\left[\boldsymbol{I}+\boldsymbol{G}_K(s)\right]^{-1}\boldsymbol{G}_K(s)$$

其中，$\boldsymbol{G}_K(s)$ 为控制系统的开环传递函数阵。当系统解耦以后，$\tilde{\boldsymbol{G}}(s)$ 就是一个非奇异的对角矩阵，其对角线上的元素就是在满足输入输出之间动静态关系的条件下确定的传递函数，由式（6.17）解出系统的开环传递函数阵 $\boldsymbol{G}_K(s)$ 为

$$\boldsymbol{G}_K(s)=\tilde{\boldsymbol{G}}(s)\left[\boldsymbol{I}-\tilde{\boldsymbol{G}}(s)\right]^{-1} \tag{6.18}$$

因为 $\tilde{\boldsymbol{G}}(s)$ 为对角矩阵，则 $\left[\boldsymbol{I}-\tilde{\boldsymbol{G}}(s)\right]$ 也为对角矩阵，一般情况下它的逆总是存在的。因为 $\boldsymbol{G}_K(s)$ 为两个对角矩阵的乘积，则它也必然是对角矩阵。

开环传递函数阵为

$$\boldsymbol{G}_K(s)=\boldsymbol{G}_0(s)\boldsymbol{G}_C(s)$$

要想从中解出串联解耦器的传递函数阵 $\boldsymbol{G}_C(s)$，$\boldsymbol{G}_0(s)$ 的逆就必须存在。当 $\boldsymbol{G}_0^{-1}(s)$ 存在时，通过：

$$\boldsymbol{G}_C(s)=\boldsymbol{G}_0^{-1}(s)\boldsymbol{G}_K(s) \tag{6.19}$$

即可解出串联解耦器的传递函数阵 $\boldsymbol{G}_C(s)$。但是，这种方法不能保证导出的 $\boldsymbol{G}_C(s)$ 一定为真或

严真，因而不具有物理可实现性。

【例 6-6】 已知双输入双输出系统被控对象的传递函数阵为$\boldsymbol{G}_0(s)$，系统解耦后，要求闭环传递函数阵为$\tilde{\boldsymbol{G}}(s)$。$\boldsymbol{G}_0(s)$和$\boldsymbol{G}(s)$如下所示：

$$\boldsymbol{G}_0(s)=\begin{bmatrix}\dfrac{1}{2s+1} & 0\\ 1 & \dfrac{1}{s+1}\end{bmatrix},\quad \tilde{\boldsymbol{G}}(s)=\begin{bmatrix}\dfrac{1}{s+1} & 0\\ 1 & \dfrac{1}{5s+1}\end{bmatrix}$$

试求解耦器的传递函数阵$\boldsymbol{G}_\text{C}(s)$。

解：由式（6.18）可得系统开环传递函数为

$$\begin{aligned}\boldsymbol{G}_\text{K}(s)&=\tilde{\boldsymbol{G}}(s)\left[\boldsymbol{I}-\tilde{\boldsymbol{G}}(s)\right]^{-1}\\
&=\begin{bmatrix}\dfrac{1}{s+1} & 0\\ 0 & \dfrac{1}{5s+1}\end{bmatrix}\begin{bmatrix}1-\dfrac{1}{s+1} & 0\\ 0 & 1-\dfrac{1}{5s+1}\end{bmatrix}^{-1}\\
&=\begin{bmatrix}\dfrac{1}{s+1} & 0\\ 0 & \dfrac{1}{5s+1}\end{bmatrix}\begin{bmatrix}\dfrac{s+1}{s} & 0\\ 0 & \dfrac{5s+1}{5s}\end{bmatrix}=\begin{bmatrix}\dfrac{1}{s} & 0\\ 0 & \dfrac{1}{5s}\end{bmatrix}\end{aligned}$$

由式（6.19）可得解耦器的传递函数阵$\boldsymbol{G}_\text{C}(s)$为

$$\begin{aligned}\boldsymbol{G}_\text{C}(s)&=\begin{bmatrix}\dfrac{1}{2s+1} & 0\\ 0 & \dfrac{1}{s+1}\end{bmatrix}^{-1}\begin{bmatrix}\dfrac{1}{s} & 0\\ 0 & \dfrac{1}{5s}\end{bmatrix}\\
&=\begin{bmatrix}2s+1 & 0\\ -(s+1)(2s+1) & s+1\end{bmatrix}\begin{bmatrix}\dfrac{1}{s} & 0\\ 0 & \dfrac{1}{5s}\end{bmatrix}=\begin{bmatrix}\dfrac{2s+1}{s} & 0\\ -\dfrac{(s+1)(2s+1)}{s} & \dfrac{s+1}{5s}\end{bmatrix}\\
&=\begin{bmatrix}\boldsymbol{G}_\text{C11}(s) & \boldsymbol{G}_\text{C12}(s)\\ \boldsymbol{G}_\text{C21}(s) & \boldsymbol{G}_\text{C22}(s)\end{bmatrix}\end{aligned}$$

上式求出的解耦器的传递函数阵$\boldsymbol{G}_\text{C}(s)$中，$\boldsymbol{G}_\text{C11}(s)$和$\boldsymbol{G}_\text{C22}(s)$为比例积分（PI）控制器，$\boldsymbol{G}_\text{C21}(s)$为比例积分微分（PID）控制器。

6.4.2 反馈解耦

对于输入和输出维数相同的具有相互耦合的多输入多输出系统，采用状态反馈结合输入变换也可实现其解耦。

对于多输入多输出系统，如果采用输入变换的线性状态反馈控制，则有

$$\boldsymbol{u}=-\boldsymbol{K}\boldsymbol{x}+\boldsymbol{F}\boldsymbol{r} \tag{6.20}$$

其中，$\boldsymbol{K}$为$m\times m$的实常数反馈矩阵；$\boldsymbol{F}$为$m\times m$的实常数非奇异变换矩阵；$\boldsymbol{r}$为m维的输入向量。

状态反馈解耦系统状态变量图如图 6-5 所示，图 6-5 中的虚线框内为待解耦的系统。

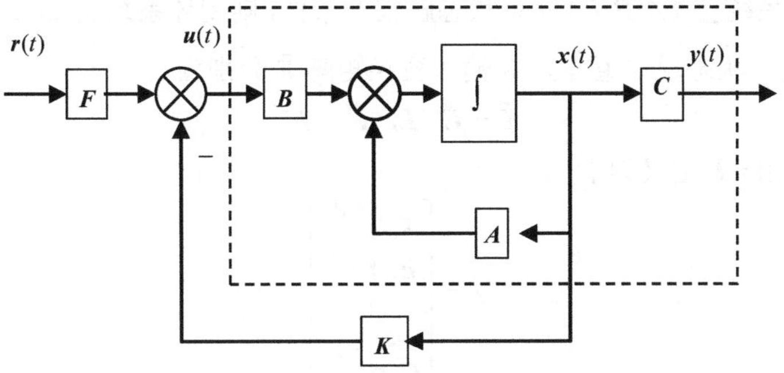

图 6-5　状态反馈解耦系统状态变量图

将式（6.20）代入式（6.13）中，可得带输入变换状态反馈闭环控制系统的状态空间表达式为

$$\begin{cases}\dot{\boldsymbol{x}}=(\boldsymbol{A}-\boldsymbol{BK})\boldsymbol{x}+\boldsymbol{BFr}\\ \boldsymbol{y}=\boldsymbol{Cx}\end{cases}$$

则闭环系统的传递函数阵为

$$\boldsymbol{G}_{\mathrm{KF}}(s)=\boldsymbol{C}(s\boldsymbol{I}-\boldsymbol{A}+\boldsymbol{BK})^{-1}\boldsymbol{BF}$$

如果能找到某个 $\boldsymbol{K}$ 矩阵和 $\boldsymbol{F}$ 矩阵使 $\boldsymbol{G}_{\mathrm{KF}}(s)$ 变为式（6.16）所示对角矩阵，就可实现系统的解耦。需要解决的问题是如何求 $\boldsymbol{K}$ 矩阵和 $\boldsymbol{F}$ 矩阵，以及在什么条件下通过状态反馈可以实现解耦。

1．传递函数阵的两个特征量

定义：若已知待解耦系统状态空间表达式，则 d_i 是 0 到 $n-1$ 之间使不等式 $\boldsymbol{c}_i\boldsymbol{A}^{d_i}\boldsymbol{B}\neq\boldsymbol{0}$ 成立的最小的整数。其中，$\boldsymbol{c}_i$ 为矩阵 $\boldsymbol{C}$ 的 i 行向量。当 $\boldsymbol{c}_i\boldsymbol{A}^{d_i}\boldsymbol{B}=\boldsymbol{0}$，$j=1,2,\cdots,n-1$ 成立时，则取

$$d_i=n-1$$

也可以这样定义，设 $\boldsymbol{c}_i$ 为矩阵 $\boldsymbol{C}$ 的第 i 行向量，可做如下定义

$$d_i=\begin{cases}\mu, & \boldsymbol{c}_i\boldsymbol{A}^k\boldsymbol{B}=0,\quad k=1,2,\cdots,\mu-1,\ \boldsymbol{c}_i\boldsymbol{A}^{\mu}\boldsymbol{B}\neq 0\\ n-1, & \boldsymbol{c}_i\boldsymbol{A}^k\boldsymbol{B}=0,\quad k=1,2,\cdots,n-1\end{cases}$$

定义：若已知待解耦系统状态空间表达式，则定义 $\boldsymbol{E}_i$ 为

$$\boldsymbol{E}_i=\boldsymbol{c}_i\boldsymbol{A}^{d_i}\boldsymbol{B},\quad i=1,2,\cdots,m$$

2．能解耦性判据

定理 6-5　待解耦系统 $\varSigma_0(\boldsymbol{A},\boldsymbol{B},\boldsymbol{C})$ 可采用状态反馈和输入变换进行解耦的充分必要条件是，$m\times m$ 矩阵 $\boldsymbol{E}=\begin{bmatrix}\boldsymbol{E}_1\\ \boldsymbol{E}_2\\ \vdots\\ \boldsymbol{E}_m\end{bmatrix}$ 为非奇异矩阵。

3. 积分型解耦

定理 6-6 若系统 $\sum_0(\boldsymbol{A},\boldsymbol{B},\boldsymbol{C})$ 满足状态解耦的条件，则闭环系统 $\sum_{\overline{\text{KF}}}(\boldsymbol{A}-\boldsymbol{B}\overline{\boldsymbol{K}},\boldsymbol{B}\overline{\boldsymbol{F}},\boldsymbol{C})$ 是一个积分型解耦系统。状态反馈矩阵 $\overline{\boldsymbol{K}}$ 和输入变换矩阵 $\overline{\boldsymbol{F}}$ 分别为

$$\tilde{\boldsymbol{K}}=\boldsymbol{E}^{-1}\boldsymbol{L},\quad \overline{\boldsymbol{F}}=\boldsymbol{E}^{-1}$$

其中，$m\times n$ 维的矩阵 $\boldsymbol{L}$ 定义如下：

$$\boldsymbol{L}=\begin{bmatrix}\boldsymbol{c}_1\boldsymbol{A}^{d_1+1}\\ \boldsymbol{c}_2\boldsymbol{A}^{d_2+1}\\ \vdots\\ \boldsymbol{c}_m\boldsymbol{A}^{d_m+1}\end{bmatrix}$$

闭环系统的传递函数阵 $\boldsymbol{G}_{\overline{\text{KF}}}(s)$ 为

$$\begin{aligned}\boldsymbol{G}_{\overline{\text{KF}}}(s)&=\boldsymbol{C}(s\boldsymbol{I}-\boldsymbol{A}+\boldsymbol{B}\overline{\boldsymbol{K}})^{-1}\boldsymbol{B}\overline{\boldsymbol{F}}\\&=\begin{bmatrix}\dfrac{1}{s^{d_1+1}}&&&\\&\dfrac{1}{s^{d_2+1}}&&\\&&\ddots&\\&&&\dfrac{1}{s^{d_m+1}}\end{bmatrix}\end{aligned}$$

由于积分解耦的极点都在 s 平面原点，所以它是不稳定系统，在实际中无法使用。因此，在积分解耦的基础上，按单输入单输出系统的极点配置方法，用状态反馈把每一个子系统位于原点的极点配置到期望的位置上。这样，不仅使系统实现了解耦，还满足了性能指标的要求。

4. 解耦控制的综合设计

对于满足可解耦条件的多输入多输出系统，可采用 $\overline{\boldsymbol{F}}=\boldsymbol{E}^{-1}$ 和 $\overline{\boldsymbol{K}}=\boldsymbol{E}^{-1}\boldsymbol{L}$ 的输入变换和状态反馈实现积分解耦。下面介绍在此基础上根据要求配置各子系统的极点的方法。

系统积分解耦后状态空间表达式为

$$\begin{cases}\dot{\boldsymbol{x}}=\overline{\boldsymbol{A}}\boldsymbol{x}+\overline{\boldsymbol{B}}\boldsymbol{r}\\ \boldsymbol{y}=\overline{\boldsymbol{C}}\boldsymbol{x}\end{cases}$$

其中，$\overline{\boldsymbol{A}}=\boldsymbol{A}-\boldsymbol{B}\boldsymbol{E}^{-1}\boldsymbol{L}$，$\overline{\boldsymbol{B}}=\boldsymbol{B}\boldsymbol{E}^{-1}$，$\overline{\boldsymbol{C}}=\boldsymbol{C}$。

当系统 $\sum(\boldsymbol{A},\boldsymbol{B})$ 完全可控时，$\sum(\overline{\boldsymbol{A}},\overline{\boldsymbol{B}})$ 仍保持完全可控性。但要判别系统的可观测性，当 $\sum(\overline{\boldsymbol{A}},\overline{\boldsymbol{C}})$ 为完全可观测时，一定可以通过线性非奇异变换将 $\sum(\overline{\boldsymbol{A}},\overline{\boldsymbol{B}},\overline{\boldsymbol{C}})$ 化为解耦标准型，即

$$\tilde{\boldsymbol{A}}=\boldsymbol{T}^{-1}\overline{\boldsymbol{A}}\boldsymbol{T}=\begin{bmatrix}\tilde{\boldsymbol{A}}_1&&&\\&\tilde{\boldsymbol{A}}_2&&\\&&\ddots&\\&&&\tilde{\boldsymbol{A}}_m\end{bmatrix},\quad \tilde{\boldsymbol{B}}=\boldsymbol{T}^{-1}\overline{\boldsymbol{B}}=\begin{bmatrix}\tilde{\boldsymbol{b}}_1&&&\\&\tilde{\boldsymbol{b}}_2&&\\&&\ddots&\\&&&\tilde{\boldsymbol{b}}_m\end{bmatrix}$$

$$\tilde{C} = \bar{C}T = \begin{bmatrix} \tilde{c}_1 & & & \\ & \tilde{c}_2 & & \\ & & \ddots & \\ & & & \tilde{c}_m \end{bmatrix}$$

其中，$\tilde{A}_i = \left[\begin{array}{c|ccc} 0 & 1 & & 0 \\ \vdots & & \ddots & \\ 0 & 0 & & 1 \\ \hline 0 & 0 & \cdots & 0 \end{array}\right]_{m_i \times m_i}$，$\tilde{b}_i = \begin{bmatrix} 0 \\ \vdots \\ 0 \\ 1 \end{bmatrix}_{m_i \times 1}$，$\tilde{c}_i = \begin{bmatrix} 1 & 0 & \cdots & 0 \end{bmatrix}_{1 \times m_i}$，$m_i = d_i + 1$，$i = 1,2,\cdots m$，$\sum_{i=1}^{m} m_i = n$。

线性变换矩阵T可通过计算下列公式得到：

$$T = \bar{U}_C \tilde{U}_C (\tilde{U}_C \tilde{U}_C^T)^{-1}, T^{-1} = (\tilde{V}_0 \tilde{V}_0^T)^{-1} \tilde{V}_0^T \bar{V}_0$$

$$\bar{U}_C = \begin{bmatrix} \bar{B} & \bar{A}\bar{B} & \cdots & \bar{A}^{n-1}\bar{B} \end{bmatrix}, \ \tilde{U}_C = \begin{bmatrix} \tilde{B} & \tilde{A}\tilde{B} & \cdots & \tilde{A}^{n-1}\tilde{B} \end{bmatrix}$$

$$\bar{V}_0 = \begin{bmatrix} \bar{C} \\ \overline{CA} \\ \vdots \\ \overline{CA}^{n-1} \end{bmatrix}, \ \tilde{V}_0 = \begin{bmatrix} \tilde{C} \\ \tilde{C}\tilde{A} \\ \vdots \\ \tilde{C}\tilde{A}^{n-1} \end{bmatrix}$$

设状态反馈矩阵为

$$\tilde{K} = \begin{bmatrix} \tilde{K}_1 & & & \\ & \tilde{K}_2 & & \\ & & \ddots & \\ & & & \tilde{K}_m \end{bmatrix} \tag{6.21}$$

其中，$\tilde{K}_i = \begin{bmatrix} \tilde{k}_{i0} & \tilde{k}_{i1} & \cdots & \tilde{k}_{id_i} \end{bmatrix}$，$i = 1,2,\cdots,m$，$\tilde{K}_i$为对应于每一个独立的单输入单输出系统的状态反馈矩阵。

按照式（6.21）的形式选择$\tilde{K}$，闭环系统的传递函数阵为

$$\tilde{C}(sI - \tilde{A} + \tilde{B}\tilde{K})^{-1}\tilde{B} = \begin{bmatrix} \tilde{c}_1(sI - \tilde{A}_1 + \tilde{b}_1\tilde{K}_1)^{-1}\tilde{b}_1 & & \\ & \ddots & \\ & & \tilde{c}_m(sI - \tilde{A}_m + \tilde{b}_m\tilde{K}_m)^{-1}\tilde{b}_m \end{bmatrix}$$

上式仍然是解耦系统，其中

$$\tilde{A}_i - \tilde{b}_i\tilde{K}_i = \begin{bmatrix} 0 & 1 & & \\ \vdots & & \ddots & \\ 0 & & & 1 \\ -\tilde{k}_{i0} & -\tilde{k}_{i1} & \cdots & -\tilde{k}_{id_i} \end{bmatrix}_{m_i \times m_i}, \ i = 1,2,\cdots,m$$

则有

$$f_{\tilde{K}_i}(s) = \left| sI - \tilde{A}_i + \tilde{b}_i\tilde{K}_i \right| = s^{d_i+1} + \tilde{k}_{id_i}s^{d_i} + \cdots + \tilde{k}_{i1}s + \tilde{k}_{i0}$$

依据性能指标确定每一个子系统期望的极点，即已知$\lambda_{i0}^*, \lambda_{i1}^*, \cdots, \lambda_{id_i}^*$时，各子系统期望的特

征方程为

$$f_i^*(s)=\sum_{j=0}^{d_i}(s-\lambda_{ij}^*)$$

让 $f_i^*(s)$ 和 $f_{K_i}^*(s)$ 对应系数相等，即可求出 $\tilde{\boldsymbol{K}}_i$ 及 $\tilde{\boldsymbol{K}}$ 。

满足原系统 $\Sigma(\boldsymbol{A},\boldsymbol{B},\boldsymbol{C})$ 动态解耦和期望极点配置的输入变换矩阵 $\boldsymbol{F}$ 和状态反馈矩阵 $\boldsymbol{K}$ 分别为

$$\boldsymbol{K}=\boldsymbol{E}^{-1}\boldsymbol{L}+\boldsymbol{E}^{-1}\tilde{\boldsymbol{K}}\boldsymbol{T}^{-1}，\ \boldsymbol{F}=\boldsymbol{E}^{-1}$$

当 $\Sigma(\bar{\boldsymbol{A}},\bar{\boldsymbol{C}})$ 为不完全观测时，先对系统进行可观测性结构分解，将可控可观测子系统化为解耦标准型，再进行极点配置。

【例 6-7】 已知系统 $\Sigma(\boldsymbol{A},\boldsymbol{B},\boldsymbol{C})$ 有

$$\boldsymbol{A}=\begin{bmatrix}0&1&0&0\\3&0&0&2\\0&0&0&1\\0&-2&0&0\end{bmatrix}，\ \boldsymbol{B}=\begin{bmatrix}0&0\\1&0\\0&0\\0&1\end{bmatrix}，\ \boldsymbol{C}=\begin{bmatrix}1&0&0&0\\0&0&1&0\end{bmatrix}$$

要求使系统解耦并将极点配置在 $-1,-1,-1,-1$ 上。

解：（1）计算 $\{\boldsymbol{d}_1,\boldsymbol{d}_2\}$ 和 $\{\boldsymbol{E}_1,\boldsymbol{E}_2\}$ 。

$$\boldsymbol{c}_1\boldsymbol{A}^0\boldsymbol{B}=[0\quad 0]，\ \boldsymbol{c}_1\boldsymbol{A}^1\boldsymbol{B}=[1\quad 0]，\ 则\ d_1=1$$

$$\boldsymbol{c}_2\boldsymbol{A}^0\boldsymbol{B}=[0\quad 0]，\ \boldsymbol{c}_2\boldsymbol{A}^1\boldsymbol{B}=[0\quad 1]，\ 则\ d_2=1$$

$$\boldsymbol{E}=\begin{bmatrix}\boldsymbol{c}_1\boldsymbol{AB}\\\boldsymbol{c}_2\boldsymbol{AB}\end{bmatrix}=\begin{bmatrix}1&0\\0&1\end{bmatrix}，\ \boldsymbol{L}=\begin{bmatrix}\boldsymbol{c}_1\boldsymbol{A}^2\\\boldsymbol{c}_2\boldsymbol{A}^2\end{bmatrix}=\begin{bmatrix}3&0&0&2\\0&-2&0&0\end{bmatrix}$$

（2）判断系统的可解耦性。

因为 $\boldsymbol{E}=\begin{bmatrix}1&0\\0&1\end{bmatrix}$ 是非奇异矩阵，所以该系统可以采用状态反馈实现解耦。

（3）积分型解耦系统。

依照定理 6-6 状态反馈矩阵为

$$\bar{\boldsymbol{K}}=\boldsymbol{E}^{-1}\boldsymbol{L}=\begin{bmatrix}3&0&0&2\\0&-2&0&0\end{bmatrix}$$

输入变换矩阵为

$$\bar{\boldsymbol{F}}=\boldsymbol{E}^{-1}=\begin{bmatrix}1&0\\0&1\end{bmatrix}$$

积分型解耦系统的系数矩阵为

$$\bar{\boldsymbol{A}}=\boldsymbol{A}-\boldsymbol{BE}^{-1}\boldsymbol{L}=\begin{bmatrix}0&1&0&0\\0&0&0&0\\0&0&0&1\\0&0&0&0\end{bmatrix}，\ \bar{\boldsymbol{B}}=\boldsymbol{BE}^{-1}\boldsymbol{L}=\begin{bmatrix}0&0\\1&0\\0&0\\0&1\end{bmatrix}$$

$$\bar{\boldsymbol{C}}=\boldsymbol{C}=\begin{bmatrix}1&0&0&0\\0&0&1&0\end{bmatrix}$$

（4）判别 $(\bar{A},\bar{C})$ 的可观测性。

$$\begin{bmatrix} \bar{C} \\ \overline{CA} \\ \vdots \\ \overline{CA}^{n-1} \end{bmatrix} = \begin{bmatrix} 1 & 0 & 0 & 0 \\ 0 & 0 & 1 & 0 \\ 0 & 1 & 0 & 0 \\ 0 & 0 & 0 & 1 \\ * & * & * & * \end{bmatrix}$$

其中，*代表没必要再计算的其余行。由上式可知 $\Sigma(\bar{A},\bar{C})$ 是完全可观测的，且 $\Sigma(\bar{A},\bar{B},\bar{C})$ 是解耦标准型，则 $\tilde{A}=\bar{A}$、$\tilde{B}=\bar{B}$、$\tilde{C}=\bar{C}$ 。

（5）确定状态反馈矩阵 $\tilde{K}$ 。

基于上述 $\Sigma(\tilde{A},\tilde{B},\tilde{C})$ 的计算结果，设 2×4 反馈矩阵 $\tilde{K}$ 为两个分块对角矩阵，其结构形式为

$$\tilde{K} = \begin{bmatrix} \tilde{k}_{10} & \tilde{k}_{11} & 0 & 0 \\ 0 & 0 & \tilde{k}_{20} & \tilde{k}_{21} \end{bmatrix}$$

解耦后单输入单输出系统均为二阶系统，因此将期望的极点分为两组 $\lambda_{10}^*=-1$、$\lambda_{11}^*=-1$ 和 $\lambda_{20}^*=-1$、$\lambda_{21}^*=-1$。

则两个期望的特征多项式为

$$f_1^*(s)=s^2+2s+1,\ f_2^*(s)=s^2+2s+1$$

加上状态反馈矩阵 $\tilde{K}$ 后，系统矩阵为

$$\tilde{A}-\tilde{B}\tilde{K} = \begin{bmatrix} 0 & 1 & 0 & 0 \\ -\tilde{k}_{10} & -\tilde{k}_{11} & 0 & 0 \\ 0 & 0 & 0 & 1 \\ 0 & 0 & -\tilde{k}_{20} & -\tilde{k}_{21} \end{bmatrix}$$

按照设计状态反馈矩阵的计算方法可求得

$$\tilde{k}_{10}=1,\ \tilde{k}_{11}=2,\ \tilde{k}_{20}=1,\ \tilde{k}_{21}=2$$

（6）计算原系统 $\Sigma(A,B,C)$ 的输入变换矩阵 F 和状态反馈矩阵 K 。

$$K = E^{-1}L + E^{-1}\tilde{K}T^{-1} = \begin{bmatrix} 3 & 0 & 0 & 2 \\ 0 & -2 & 0 & 0 \end{bmatrix} + \begin{bmatrix} 1 & 2 & 0 & 0 \\ 0 & 0 & 1 & 2 \end{bmatrix}$$

$$= \begin{bmatrix} 4 & 2 & 0 & 2 \\ 0 & -2 & 1 & 2 \end{bmatrix}$$

$$F = E^{-1} = \begin{bmatrix} 1 & 0 \\ 0 & 1 \end{bmatrix}$$

则解耦系统的传递函数阵为

$$G_{KF}(s) = C(sI - A + BK)^{-1}BF = \begin{bmatrix} \dfrac{1}{s^2+2s+1} & 0 \\ 0 & \dfrac{1}{s^2+2s+1} \end{bmatrix}$$

6.5 状态观测器

6.5.1 全维状态观测器及其设计方法

设线性定常连续系统的状态空间模型为$\Sigma(\boldsymbol{A},\boldsymbol{B},\boldsymbol{C})$，系统的系统矩阵$\boldsymbol{A}$、输入矩阵$\boldsymbol{B}$和输出矩阵$\boldsymbol{C}$都已知，系统的输入变量$\boldsymbol{u}(t)$和输出变量$\boldsymbol{y}(t)$通过测量是可得到的。当系统的状态变量$\boldsymbol{x}(t)$不能够完全直接测量时，一个直观的想法就是利用仿真技术构造一个与被控系统有同样动力学性质（即系数矩阵$\boldsymbol{A}$、$\boldsymbol{B}$和$\boldsymbol{C}$相同）的如下系统来重构被控系统的状态变量

$$\begin{cases}\dot{\hat{\boldsymbol{x}}}=\boldsymbol{A}\hat{\boldsymbol{x}}+\boldsymbol{B}\boldsymbol{u}\\ \hat{\boldsymbol{y}}=\boldsymbol{C}\hat{\boldsymbol{x}}\end{cases}$$

其中，$\hat{\boldsymbol{x}}$为被控系统状态变量$\boldsymbol{x}(t)$的估计值。

如果对任意系统矩阵$\boldsymbol{A}$都能设计出相应的状态观测系统$\hat{\Sigma}$，对于任意的被控系统的初始状态都能满足

$$\lim_{t\to\infty}\boldsymbol{x}(t)-\hat{\boldsymbol{x}}(t)=0$$

即经过一段时间后，状态估计值可以渐进逼近被估计系统的状态，则称该类状态估计系统为渐进状态观测器。

根据上述利用输出变量对状态估计值进行修正的思想和状态估计误差须渐进趋近于零的状态观测器的条件，可得如下状态观测器：

$$\dot{\hat{\boldsymbol{x}}}=(\boldsymbol{A}-\boldsymbol{G}\boldsymbol{C})\hat{\boldsymbol{x}}+\boldsymbol{B}\boldsymbol{u}+\boldsymbol{G}\boldsymbol{y} \tag{6.22}$$

其中，$\boldsymbol{G}$为状态观测器的反馈矩阵。进一步可以写出全维观测器的状态方程式为

$$\dot{\hat{\boldsymbol{x}}}=\boldsymbol{A}\hat{\boldsymbol{x}}+\boldsymbol{B}\boldsymbol{u}+\boldsymbol{G}(\boldsymbol{y}-\hat{\boldsymbol{y}}) \tag{6.23}$$

式（6.22）也被称为全维状态观测器，简称状态观测器，渐进状态观测器的状态变量图如图 6-6 所示。

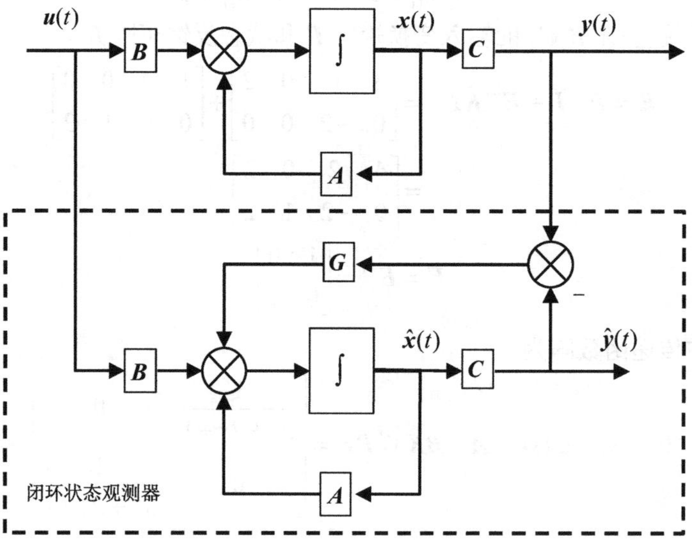

图 6-6　渐进状态观测器的状态变量图

下面分析状态估计误差是否能趋于零。先定义状态估计误差为

$$\bar{\boldsymbol{x}} = \boldsymbol{x} - \hat{\boldsymbol{x}}$$

则有

$$\begin{aligned}\dot{\bar{\boldsymbol{x}}} &= \dot{\boldsymbol{x}} - \dot{\hat{\boldsymbol{x}}} = \boldsymbol{A}(\boldsymbol{x} - \hat{\boldsymbol{x}}) - \boldsymbol{G}(\boldsymbol{y} - \hat{\boldsymbol{y}}) = \boldsymbol{A}(\boldsymbol{x} - \hat{\boldsymbol{x}}) - \boldsymbol{GC}(\boldsymbol{x} - \hat{\boldsymbol{x}}) \\ &= (\boldsymbol{A} - \boldsymbol{GC})(\boldsymbol{x} - \hat{\boldsymbol{x}}) = (\boldsymbol{A} - \boldsymbol{GC})\bar{\boldsymbol{x}}\end{aligned} \tag{6.24}$$

其中，$(\boldsymbol{A}-\boldsymbol{GC})$ 称为状态观测器的系统矩阵。

根据式（6.24），式（6.22）亦可简记为 $\hat{\Sigma}(\boldsymbol{A}-\boldsymbol{GC},\boldsymbol{B},\boldsymbol{C})$。式（6.24）的解为

$$\bar{\boldsymbol{x}}(t) = \mathrm{e}^{(\boldsymbol{A}-\boldsymbol{GC})t}\bar{\boldsymbol{x}}(0) = \mathrm{e}^{(\boldsymbol{A}-\boldsymbol{GC})t}\left[\boldsymbol{x}(0) - \hat{\boldsymbol{x}}(0)\right] \tag{6.25}$$

显然，当选择状态观测器的系统矩阵 $(\boldsymbol{A}-\boldsymbol{GC})$ 的所有特征值都位于 s 平面的左半开平面，即具有负实部时，无论 $\hat{\boldsymbol{x}}(0)$ 是否等于 $\boldsymbol{x}(0)$，状态估计误差 $\bar{\boldsymbol{x}}(t)$ 都将随时间 $t \to \infty$ 而衰减至零，状态观测器为渐进稳定的。因此，状态观测器的设计问题可归结为求状态反馈矩阵 $\boldsymbol{G}$，使 $(\boldsymbol{A}-\boldsymbol{GC})$ 的所有特征值具有负实部及期望的衰减速度，即状态观测器的极点是否可任意配置问题。

状态观测器的极点可任意配置，即通过矩阵 $\boldsymbol{G}$ 任意配置 $(\boldsymbol{A}-\boldsymbol{GC})$ 的特征值的充分必要条件为矩阵对 $(\boldsymbol{A},\boldsymbol{C})$ 为可观测的。

类似于状态反馈的极点配置技术，状态观测器有如下设计方法。

方法一：利用对偶性原理，将状态观测器的设计问题转化为状态反馈的极点配置问题，然后利用状态反馈极点配置技术求相应的状态观测器的反馈矩阵 $\boldsymbol{G}$。其具体方法是，将可观矩阵对 $(\boldsymbol{A},\boldsymbol{C})$ 转换成对偶的可控矩阵对 $(\boldsymbol{A}^{\mathrm{T}},\boldsymbol{C}^{\mathrm{T}})$，再利用极点配置求状态反馈矩阵 $\boldsymbol{G}^{\mathrm{T}}$，使 $\boldsymbol{A}^{\mathrm{T}}-\boldsymbol{C}^{\mathrm{T}}\boldsymbol{G}^{\mathrm{T}}$ 的极点配置在指定的期望极点上。相应的，$\boldsymbol{G}$ 即被控系统 $\Sigma(\boldsymbol{A},\boldsymbol{B},\boldsymbol{C})$ 的状态观测器 $\hat{\Sigma}(\boldsymbol{A}-\boldsymbol{GC},\boldsymbol{B},\boldsymbol{C})$ 的反馈矩阵。

下面利用对偶原理根据求单输入单输出系统状态反馈矩阵 $\boldsymbol{K}$ 的设计方法，介绍确定单输入单输出系统全维观测器的反馈矩阵 $\boldsymbol{L}$ 的设计方法。

若系统 $\begin{cases}\dot{\boldsymbol{x}} = \boldsymbol{Ax} + \boldsymbol{b}u \\ y = \boldsymbol{cx}\end{cases}$ 是完全可观测的，那么其对偶系统 $\begin{cases}\dot{\boldsymbol{z}} = \boldsymbol{A}^{\mathrm{T}}\boldsymbol{z} + \boldsymbol{c}^{\mathrm{T}}\eta \\ w = \boldsymbol{b}^{\mathrm{T}}\boldsymbol{z}\end{cases}$ 便是完全可控的，这时采用状态反馈矩阵 $\boldsymbol{L}^{\mathrm{T}}$，有

$$\eta = r - \boldsymbol{L}^{\mathrm{T}}\boldsymbol{z}$$

闭环后的状态方程是

$$\dot{\boldsymbol{z}} = (\boldsymbol{A}^{\mathrm{T}} - \boldsymbol{c}^{\mathrm{T}}\boldsymbol{L}^{\mathrm{T}})\boldsymbol{z} + \boldsymbol{c}^{\mathrm{T}}r$$

根据式（6.7），可得反馈矩阵 $\boldsymbol{L}^{\mathrm{T}}$ 的解为

$$\begin{aligned}\boldsymbol{L}^{\mathrm{T}} &= \begin{bmatrix}0 & \cdots & 0 & 1\end{bmatrix}\boldsymbol{U}_{\mathrm{C}}^{-1}f_0^*(\boldsymbol{A}^{\mathrm{T}}) \\ &= \begin{bmatrix}0 & \cdots & 0 & 1\end{bmatrix}\begin{bmatrix}\boldsymbol{c}^{\mathrm{T}} & \boldsymbol{A}^{\mathrm{T}}\boldsymbol{c}^{\mathrm{T}} & \cdots & (\boldsymbol{A}^{\mathrm{T}})^{n-1}\boldsymbol{c}^{\mathrm{T}}\end{bmatrix}^{-1}f_0^*(\boldsymbol{A}^{\mathrm{T}})\end{aligned}$$

类比可得观测器的反馈矩阵 $\boldsymbol{L}$ 为

$$\boldsymbol{L}=f_0^*(\boldsymbol{A})\begin{bmatrix}\boldsymbol{c}\\ \boldsymbol{cA}\\ \vdots\\ \boldsymbol{cA}^{n-1}\end{bmatrix}^{-1}\begin{bmatrix}0\\ \vdots\\ 0\\ 1\end{bmatrix}=f_0^*(\boldsymbol{A})\boldsymbol{V}_0^{-1}\begin{bmatrix}0\\ \vdots\\ 0\\ 1\end{bmatrix} \tag{6.26}$$

其中，$f_0^*(\boldsymbol{A})$为将期望的特征多项式$f_0^*(s)$中的s换成$\boldsymbol{A}$后的矩阵多项式。

另一种比较实用的求矩阵$\boldsymbol{L}$的方法是根据观测器的特征多项式：

$$f_0(s)=|s\boldsymbol{I}-(\boldsymbol{A}-\boldsymbol{L}\boldsymbol{c})|$$

和期望的特征多项式：

$$f_0^*(s)=(s-\lambda_1)(s-\lambda_2)\cdots(s-\lambda_n)$$

使其多项式对应项的系数相等，从而得到n个代数方程，即可求出反馈矩阵

$$\boldsymbol{L}=\begin{bmatrix}l_1\\ l_2\\ \vdots\\ l_n\end{bmatrix}$$

【例 6-8】已知系统的状态空间表达式为

$$\begin{cases}\dot{\boldsymbol{x}}=\begin{bmatrix}-1&1\\0&-2\end{bmatrix}\boldsymbol{x}+\begin{bmatrix}0\\1\end{bmatrix}u\\ y=\begin{bmatrix}2&0\end{bmatrix}\boldsymbol{x}\end{cases}$$

试设计一个状态观测器，使其极点为-10，-10。

解：（1）判断系统的可观测性。因$\operatorname{rank}\boldsymbol{V}_0=\operatorname{rank}\begin{bmatrix}\boldsymbol{c}\\ \boldsymbol{cA}\end{bmatrix}=2$，所以系统是完全可观测的，可构造能任意配置极点的全维状态观测器。

（2）观测器的期望特征多项式为

$$f_0^*(s)=(s+10)(s+10)=s^2+20s+100$$

（3）计算$f_0^*(\boldsymbol{A})$。

$$\begin{aligned}f_0^*(\boldsymbol{A})&=\boldsymbol{A}^2+20\boldsymbol{A}+100\boldsymbol{I}\\&=\begin{bmatrix}1&-3\\0&4\end{bmatrix}+\begin{bmatrix}-20&20\\0&-40\end{bmatrix}+\begin{bmatrix}100&0\\0&100\end{bmatrix}=\begin{bmatrix}81&17\\0&64\end{bmatrix}\end{aligned}$$

（4）求观测器的反馈矩阵$\boldsymbol{L}=\begin{bmatrix}l_1\\l_2\end{bmatrix}$。根据式（6.26），可得

$$\boldsymbol{L}=f_0^*(\boldsymbol{A})\boldsymbol{V}_0^{-1}\begin{bmatrix}0\\1\end{bmatrix}=f_0^*(\boldsymbol{A})\begin{bmatrix}\boldsymbol{C}\\ \boldsymbol{CA}\end{bmatrix}^{-1}\begin{bmatrix}0\\1\end{bmatrix}=\begin{bmatrix}8.5\\32\end{bmatrix}$$

方法二：通过非奇异线性变换$\boldsymbol{x}=\boldsymbol{T}_{O2}\tilde{\boldsymbol{x}}$，将状态完全可观的被控系统$\Sigma(\bar{\boldsymbol{A}},\bar{\boldsymbol{C}})$变换成可观测标准Ⅱ型$\Sigma(\tilde{\boldsymbol{A}},\tilde{\boldsymbol{C}})$，即有

$$\tilde{A} = T_{O2}^{-1} A T_{O2} = \begin{bmatrix} 0 & 0 & \cdots & 0 & -a_n \\ 1 & 0 & \cdots & 0 & -a_{n-1} \\ 0 & 1 & \cdots & 0 & -a_{n-2} \\ \vdots & \vdots & & \vdots & \vdots \\ 0 & 0 & 0 & 1 & -a_1 \end{bmatrix}, \quad \tilde{C} = C T_{O2} = [0 \quad 0 \quad \cdots \quad 0 \quad 1]$$

对可观测标准Ⅱ型 $\Sigma(\tilde{A},\tilde{C})$ 进行极点配置，求得相应的可观测标准Ⅱ型的观测器的反馈矩阵 $\tilde{G}$ 为

$$\tilde{G} = \left[a_n^* - a_n \quad a_{n-1}^* - a_{n-1} \quad \cdots \quad a_1^* - a_1 \right]^{\mathrm{T}}$$

其中，a_i^* 和 $a_i (i=1,2,\cdots,n)$ 分别为期望的状态观测器的极点决定的特征多项式的系数和被控系统的特征多项式的系数。因此，原系统 $\Sigma(A,B,C)$ 相应的状态观测器的反馈矩阵 G 为

$$G = T_{O2}\tilde{G}$$

上述结论的证明不再赘述。

【例 6-9】 设线性定常系统的状态空间模型为

$$\begin{cases} \dot{x} = \begin{bmatrix} 1 & 0 & 0 \\ 3 & -1 & 1 \\ 0 & 2 & 0 \end{bmatrix} x + \begin{bmatrix} 2 \\ 1 \\ 1 \end{bmatrix} u \\ y = [0 \quad 0 \quad 1] x \end{cases}$$

试设计一个状态观测器使其极点配置为–3，–4，–5。

解：(1) 用方法一求解。

利用对偶性方法，求得原系统的对偶系统为

$$\tilde{\Sigma}(\tilde{A},\tilde{B},\tilde{C}) = \Sigma\left\{ \begin{bmatrix} 1 & 3 & 0 \\ 0 & -1 & 2 \\ 0 & 1 & 0 \end{bmatrix}, \begin{bmatrix} 0 \\ 0 \\ 1 \end{bmatrix}, [2 \quad 1 \quad 1] \right\}$$

将该可控状态空间模型化为可控标准Ⅱ型的变换矩阵为

$$T_{C2}^{-1} = \begin{bmatrix} T_1 \\ T_1\tilde{A} \\ T_1\tilde{A}^2 \end{bmatrix} = \frac{1}{6}\begin{bmatrix} 1 & 0 & 0 \\ 1 & 3 & 0 \\ 1 & 0 & 6 \end{bmatrix}$$

其中，$T_1 = [0 \quad 0 \quad 1]\left[\tilde{B} \quad \tilde{A}\tilde{B} \quad \tilde{A}^2\tilde{B}\right]^{-1} = \begin{bmatrix} \frac{1}{6} & 0 & 0 \end{bmatrix}$

由于被控系统的特征多项式和期望极点的特征多项式分别为

$$f(s) = |sI - A| = s^3 - 3s + 2$$

和

$$f^*(s) = (s+3)(s+4)(s+5) = s^3 + 12s^2 + 47s + 60$$

则对偶系统的状态反馈矩阵 K 为

$$K = \tilde{K} T_{C2}^{-1} = \left[a_3^* - a_3 \quad a_2^* - a_2 \quad a_1^* - a_1 \right] T_{C2}^{-1}$$

$$=\begin{bmatrix}58 & 50 & 12\end{bmatrix}\times\frac{1}{6}\begin{bmatrix}1 & 0 & 0\\1 & 3 & 0\\1 & 0 & 6\end{bmatrix}=\begin{bmatrix}20 & 25 & 12\end{bmatrix}$$

即所求状态观测器的反馈矩阵为

$$\boldsymbol{G}=\boldsymbol{K}^{\mathrm{T}}=\begin{bmatrix}20 & 25 & 12\end{bmatrix}^{\mathrm{T}}$$

则相应状态观测器为

$$\begin{cases}\dot{\hat{\boldsymbol{x}}}=\begin{bmatrix}1 & 0 & 0\\3 & -1 & 1\\0 & 2 & 0\end{bmatrix}\hat{\boldsymbol{x}}+\begin{bmatrix}2\\1\\1\end{bmatrix}\boldsymbol{u}+\begin{bmatrix}20\\25\\12\end{bmatrix}(\boldsymbol{y}-\hat{\boldsymbol{y}})\\ \hat{\boldsymbol{y}}=\begin{bmatrix}0 & 0 & 1\end{bmatrix}\hat{\boldsymbol{x}}\end{cases}$$

（2）用方法二求解。

将原系统转化为可控标准Ⅱ型，其变换矩阵 $\boldsymbol{T}_{\mathrm{O2}}$ 为

$$\boldsymbol{T}_{\mathrm{O2}}=\begin{bmatrix}\boldsymbol{R}_1 & \boldsymbol{A}\boldsymbol{R}_1 & \boldsymbol{A}^2\boldsymbol{R}_1\end{bmatrix}=\frac{1}{6}\begin{bmatrix}1 & 1 & 1\\0 & 3 & 0\\0 & 0 & 6\end{bmatrix}$$

其中，$\boldsymbol{R}_1=\begin{bmatrix}\boldsymbol{C}\\\boldsymbol{C}\boldsymbol{A}\\\boldsymbol{C}\boldsymbol{A}^2\end{bmatrix}^{-1}\begin{bmatrix}0\\0\\1\end{bmatrix}=\begin{bmatrix}0 & 0 & 1\\0 & 2 & 0\\6 & -2 & 2\end{bmatrix}^{-1}\begin{bmatrix}0\\0\\1\end{bmatrix}=\begin{bmatrix}1/6\\0\\0\end{bmatrix}$

因此可观测标准Ⅱ型的状态观测器的反馈矩阵为

$$\tilde{\boldsymbol{G}}=\begin{bmatrix}a_3^*-a_3 & a_2^*-a_2 & a_1^*-a_1\end{bmatrix}^{\mathrm{T}}=\begin{bmatrix}58 & 50 & 12\end{bmatrix}^{\mathrm{T}}$$

原被控系统的状态观测器的反馈矩阵 $\boldsymbol{G}$ 为

$$\boldsymbol{G}=\boldsymbol{T}_{\mathrm{O2}}\tilde{\boldsymbol{G}}=\frac{1}{6}\begin{bmatrix}1 & 1 & 1\\0 & 3 & 0\\0 & 0 & 6\end{bmatrix}\begin{bmatrix}58\\50\\12\end{bmatrix}=\begin{bmatrix}20\\25\\12\end{bmatrix}$$

可见，用方法二求得的 $\boldsymbol{G}$ 矩阵与方法一求得的结果完全相同。

本例中的计算过程，可以用 MATLAB 程序编程实现，其代码如下：

```
%全维状态观测器
A = [1 0 0;3 -1 1;0 2 0];
B = [2;1;1];
C = [0 0 1];
D = 0;
%求对偶系统
A2 = A';
B2 = C';
C2 = B';
Gd = ss(A2,B2,C2,D);
%判断系统的可控性
```

```
Rm = ctrb(A2, B2)
R = rank(Rm)
%求可控标准型
P1 = [0 0 1]*Rm^-1;
P = [P1;P1*A2;P1*A2*A2];
[A3 B3 C3 D3] = ss2ss(A2,B2,C2,D,P)            %求其可控标准I型
p = poly(A3)                                   %求得系统的开环特征多项式系数
p2 = poly([-3 -4 -5])                          %求得系统的闭环特征多项式系数
K = [p2(4)-p(4) p2(3)-p(3) p2(2)-p(2)]*P       %求得系统的状态反馈矩阵
%所求状态观测器的反馈矩阵
G = K'
```

6.5.2 降维状态观测器

前面讨论的状态观测器其维数和被控系统的维数是相同的，故称为全维观测器。实际上，系统的输出量 $\boldsymbol{y}$ 是可以量测的。因此，可以利用系统的输出量 $\boldsymbol{y}$ 直接得到部分状态变量，从而降低观测器的维数。可以证明，在系统是能够观测的情况下，若输出量 $\boldsymbol{y}$ 为 m 维，待观测的状态为 n 维，当 $\mathrm{rank}\boldsymbol{C}=m$ 时，观测器状态的维数就可以减少为 $n-m$ 维，也就是说可以用 $n-m$ 维的状态观测器代替全维观测器，这样观测器的结构就是降维观测器。

定理 6-7 已知线性定常系统的状态空间表达式为

$$\begin{cases}\dot{\boldsymbol{x}}=\boldsymbol{A}\boldsymbol{x}+\boldsymbol{B}\boldsymbol{u}\\ \boldsymbol{y}=\boldsymbol{C}\boldsymbol{x}\end{cases} \tag{6.27}$$

其中，$\boldsymbol{x}$ 为 n 维状态向量；$\boldsymbol{u}$ 为 r 维输入向量；$\boldsymbol{y}$ 为 m 维输出向量；$\boldsymbol{A}$ 为 $n\times n$ 矩阵；$\boldsymbol{B}$ 为 $n\times r$ 矩阵；$\boldsymbol{C}$ 为 $m\times n$ 矩阵。

设系统状态完全可观测，且 $\mathrm{rank}\boldsymbol{C}=m$，则存在 $n-m$ 维降维观测器为

$$\begin{cases}\dot{\boldsymbol{z}}=(\bar{\boldsymbol{A}}_{22}-\bar{\boldsymbol{L}}\bar{\boldsymbol{A}}_{12})\boldsymbol{z}+\left[(\bar{\boldsymbol{A}}_{22}-\bar{\boldsymbol{L}}\bar{\boldsymbol{A}}_{12})\bar{\boldsymbol{L}}+(\bar{\boldsymbol{A}}_{21}-\bar{\boldsymbol{L}}\bar{\boldsymbol{A}}_{11})\right]\boldsymbol{y}+(\bar{\boldsymbol{B}}_2-\bar{\boldsymbol{L}}\bar{\boldsymbol{B}}_1)\boldsymbol{u}\\ \hat{\bar{\boldsymbol{x}}}_2=\boldsymbol{z}+\bar{\boldsymbol{L}}\boldsymbol{y}\end{cases}$$

此时，状态 $\boldsymbol{x}$ 的渐进估计为

$$\hat{\boldsymbol{x}}=\boldsymbol{T}\hat{\bar{\boldsymbol{x}}}=\boldsymbol{T}\begin{bmatrix}\hat{\bar{\boldsymbol{x}}}_1\\ \hat{\bar{\boldsymbol{x}}}_2\end{bmatrix}=\boldsymbol{T}\begin{bmatrix}\boldsymbol{y}\\ \boldsymbol{z}+\bar{\boldsymbol{L}}\boldsymbol{y}\end{bmatrix}$$

将式（6.27）变换为

$$\begin{cases}\dot{\bar{\boldsymbol{x}}}=\bar{\boldsymbol{A}}\bar{\boldsymbol{x}}+\bar{\boldsymbol{B}}\boldsymbol{u}\\ \boldsymbol{y}=\bar{\boldsymbol{C}}\bar{\boldsymbol{x}}\end{cases}$$

其中，$\bar{\boldsymbol{A}}=\boldsymbol{T}^{-1}\boldsymbol{A}\boldsymbol{T}=\begin{bmatrix}\bar{\boldsymbol{A}}_{11} & \bar{\boldsymbol{A}}_{12}\\ \bar{\boldsymbol{A}}_{21} & \bar{\boldsymbol{A}}_{22}\end{bmatrix}$，$\bar{\boldsymbol{B}}=\boldsymbol{T}^{-1}\boldsymbol{B}=\begin{bmatrix}\bar{\boldsymbol{B}}_1\\ \bar{\boldsymbol{B}}_2\end{bmatrix}$，$\bar{\boldsymbol{C}}=\boldsymbol{C}\boldsymbol{T}=\begin{bmatrix}\boldsymbol{I}_m & 0\end{bmatrix}$，$\boldsymbol{T}^{-1}=\begin{bmatrix}\boldsymbol{C}\\ \boldsymbol{C}_2\end{bmatrix}$，$\boldsymbol{C}_2$ 为 $(n-m)\times n$ 且在保证 $\mathrm{rank}\boldsymbol{T}^{-1}=n$ 前提下任选。

证明： 为了对原系统 $\Sigma(\boldsymbol{A},\boldsymbol{B},\boldsymbol{C})$ 构造 $n-m$ 维状态观测器，先将 m 个输出量相当的状态变量分离出来。为此，令

$$T^{-1}=\begin{bmatrix} C \\ C_2 \end{bmatrix}=\begin{bmatrix} C_{11} & C_{12} \\ C_{21} & C_{22} \end{bmatrix}$$

其中，C_{11} 和 C_{12} 分别为 $m\times m$ 和 $m\times(n-m)$ 矩阵；C_{21} 和 C_{22} 分别为 $(n-m)\times m$ 和 $(n-m)\times(n-m)$ 矩阵。令非奇异线性变换矩阵 T 具有和 T^{-1} 相同的分块形式，即

$$T=\begin{bmatrix} E_{11} & E_{12} \\ E_{21} & E_{22} \end{bmatrix}$$

则

$$T^{-1}T=\begin{bmatrix} C_{11} & C_{12} \\ C_{21} & C_{22} \end{bmatrix}\begin{bmatrix} E_{11} & E_{12} \\ E_{21} & E_{22} \end{bmatrix}=\begin{bmatrix} C_{11}E_{11}+C_{12}E_{21} & C_{11}E_{12}+C_{12}E_{22} \\ C_{21}E_{11}+C_{22}E_{21} & C_{21}E_{12}+C_{22}E_{22} \end{bmatrix}$$
$$=\begin{bmatrix} I_m & 0 \\ 0 & I_{n-m} \end{bmatrix}$$

取线性变换

$$x=T\bar{x}$$

则式（6.27）可变换为

$$\begin{cases} \dot{\bar{x}}=\bar{A}\bar{x}+\bar{B}u \\ y=\bar{C}\bar{x} \end{cases} \tag{6.28}$$

其中，$\bar{A}=T^{-1}AT=\begin{bmatrix} \bar{A}_{11} & \bar{A}_{12} \\ \bar{A}_{21} & \bar{A}_{22} \end{bmatrix}$，$\bar{B}=T^{-1}B=\begin{bmatrix} \bar{B}_1 \\ \bar{B}_2 \end{bmatrix}$，$\bar{C}=CT=\begin{bmatrix} C_{11} & C_{12} \end{bmatrix}\begin{bmatrix} E_{11} & E_{12} \\ E_{21} & E_{22} \end{bmatrix}=\begin{bmatrix} I_m & 0 \end{bmatrix}$。

或有

$$\begin{cases} \dot{\bar{x}}_1=\bar{A}_{11}\bar{x}_1+\bar{A}_{12}\bar{x}_2+\bar{B}_1u \\ \dot{\bar{x}}_2=\bar{A}_{21}\bar{x}_1+\bar{A}_{22}\bar{x}_2+\bar{B}_2u \\ y=\bar{x}_1 \end{cases} \tag{6.29}$$

由式（6.29）可看出，状态 $\bar{x}_1$ 能够直接由输出量 y 获得，不必再通过观测器观测，所以只要估计 $\bar{x}_2$ 的值即可，现将 $n-m$ 维状态变量由观测器进行重构。由式（6.29）可得关于 $\bar{x}_2$ 的表达式为

$$\begin{cases} \dot{\bar{x}}_2=\bar{A}_{22}\bar{x}_2+\bar{A}_{21}y+\bar{B}_2u \\ \dot{y}=\bar{A}_{11}y+\bar{A}_{12}\bar{x}_2+\bar{B}_1u \end{cases}$$

如令

$$\begin{cases} \bar{u}=\bar{A}_{21}y+\bar{B}_2u \\ w=\dot{y}-\bar{A}_{11}y-\bar{B}_1u \end{cases} \tag{6.30}$$

则有

$$\begin{cases} \dot{\bar{x}}_2=\bar{A}_{22}\bar{x}_2+\bar{u} \\ w=\bar{A}_{12}\bar{x}_2 \end{cases} \tag{6.31}$$

式（6.31）是 n 维系统式（6.29）的 $n-m$ 维子系统，其中，$\bar{u}$ 为输入量；w 为输出量。系统式（6.28）的状态变量是完全可观测的，所以子系统式（6.31）就一定是可观测的。根据式（6.23），可写出子系统 $\Sigma(\bar{A}_{22},\bar{A}_{12})$ 的观测器方程为

$$\dot{\hat{\bar{x}}}_2 = (\bar{A}_{22} - \bar{L}\bar{A}_{12})\hat{\bar{x}}_2 + \bar{u} + \bar{L}w$$

将式（6.30）代入上式，得

$$\dot{\hat{\bar{x}}}_2 = (\bar{A}_{22} - \bar{L}\bar{A}_{12})\hat{\bar{x}}_2 + \bar{A}_{21}y + \bar{B}_2u + \bar{L}(\dot{y} - \bar{A}_{11}y - \bar{B}_1u) \tag{6.32}$$

为了消去等式右边 y 的导数项，做如下变换：

$$z = \hat{\bar{x}}_2 - \bar{L}y$$

则式（6.32）可写成

$$\dot{z} = (\bar{A}_{22} - \bar{L}\bar{A}_{12})(z + \bar{L}y) + (\bar{A}_{21} - \bar{L}A_{11})y + (\bar{B}_2 - \bar{L}\bar{B}_1)u \tag{6.33}$$

即有

$$\begin{cases} \dot{z} = (\bar{A}_{22} - \bar{L}\bar{A}_{12})(z + \bar{L}y) + (\bar{A}_{21} - \bar{L}A_{11})y + (\bar{B}_2 - \bar{L}\bar{B}_1)u \\ \hat{\bar{x}}_2 = z + \bar{L}y \end{cases}$$

以上两式为在 $\mathrm{rank}C = m$ 的条件下，降维观测器的计算公式。根据上式可对状态变量 z 进行估计，在得到 z 之后，根据 $\hat{\bar{x}}_2 = z + \bar{L}y$ 即可得到 $\hat{\bar{x}}_2$，即状态变量 $\bar{x}_2$ 的估计值。其中，$\bar{L}$ 为要求选择的降维观测器的反馈矩阵；u 和 y 为原系统的输入变量和输出变量。

经变换后系统状态变量的估计值可表示为

$$\hat{\bar{x}} = \begin{bmatrix} \hat{\bar{x}}_1 \\ \hat{\bar{x}}_2 \end{bmatrix} = \begin{bmatrix} y \\ z + \bar{L}y \end{bmatrix}$$

而原系统的状态变量估计值为

$$\hat{x} = T\hat{\bar{x}} = T\begin{bmatrix} y \\ z + \bar{L}y \end{bmatrix}$$

【例 6-10】系统的状态空间表达式为

$$\begin{cases} \dot{x} = \begin{bmatrix} 0 & 1 & 0 \\ 0 & 0 & 1 \\ -6 & -11 & -6 \end{bmatrix} x + \begin{bmatrix} 0 \\ 0 \\ 1 \end{bmatrix} u \\ y = \begin{bmatrix} 1 & 0 & 0 \\ 0 & 1 & 0 \end{bmatrix} x \end{cases}$$

试求降维观测器，并使它的极点位于 -5 处。

解：因系统完全可观测和 $\mathrm{rank}\,C = m = 2$，且 $n = 3$，则 $n - m = 1$，所以只要设计一个一维观测器即可。

（1）系统的输出矩阵 C 为

$$C = \begin{bmatrix} 1 & 0 & 0 \\ 0 & 1 & 0 \end{bmatrix}$$

（2）求线性变换矩阵 T 。

由 $T^{-1} = \begin{bmatrix} C \\ C_2 \end{bmatrix} = \begin{bmatrix} 1 & 0 & 0 \\ 0 & 1 & 0 \\ 0 & 0 & 1 \end{bmatrix}$ 可得

$$T=\begin{bmatrix}1&0&0\\0&1&0\\0&0&1\end{bmatrix}$$

（3）求 $\overline{A}$ 矩阵和 $\overline{B}$ 矩阵。

$$\overline{A}=T^{-1}AT=\begin{bmatrix}0&1&0\\0&0&1\\-6&-11&-6\end{bmatrix},\quad \overline{B}=T^{-1}b=\begin{bmatrix}0\\0\\1\end{bmatrix}$$

将 $\overline{A}$ 和 $\overline{B}$ 分块得

$$\overline{A}_{11}=\begin{bmatrix}0&1\\0&0\end{bmatrix},\quad \overline{A}_{12}=\begin{bmatrix}0\\1\end{bmatrix},\quad \overline{A}_{21}=[-6\quad -11]$$

$$\overline{A}_{22}=[-6],\quad \overline{b}_1=\begin{bmatrix}0\\0\end{bmatrix},\quad \overline{b}_2=[1]$$

（4）求降维观测器的反馈矩阵 $\overline{L}=\begin{bmatrix}\overline{l}_{11} & \overline{l}_{12}\end{bmatrix}$。

降维观测器的特征多项式为

$$\begin{aligned}f_O(s)&=\det\left[sI-(\overline{A}_{22}-\overline{L}\overline{A}_{12})\right]\\&=\left|s-\left(-6-\begin{bmatrix}\overline{l}_{11}&\overline{l}_{12}\end{bmatrix}\begin{bmatrix}0\\1\end{bmatrix}\right)\right|\\&=s+6+\overline{l}_{12}\end{aligned}$$

期望特征多项式为

$$f^*(s)=s+5$$

比较以上两式的 s 同次幂可得 $\overline{l}_{12}=-1$，而 $\overline{l}_{11}$ 可任意选，如 $\overline{l}_{11}=0$，则有

$$\overline{L}=\begin{bmatrix}\overline{l}_{11}&\overline{l}_{12}\end{bmatrix}=[0\quad -1]$$

（5）求降维观测器方程。

根据式（6.33），可得降维观测器的状态方程为

$$\begin{aligned}\dot{z}&=(\overline{A}_{22}-\overline{L}\overline{A}_{12})(z+\overline{L}y)+(\overline{A}_{21}-\overline{L}\overline{A}_{11})y+(\overline{b}_2-\overline{L}\overline{b}_1)u\\&=(-6+1)\left(z+[0\quad -1]\begin{bmatrix}y_1\\y_2\end{bmatrix}\right)+\left([-6\quad -11]-[0\quad 0]\right)\begin{bmatrix}y_1\\y_2\end{bmatrix}+(1-0)u\\&=-5z-6y_1-6y_2+u\end{aligned}$$

（6）求状态变量估计值。因变换前后系统状态变量的估计值为

$$\hat{\overline{x}}=\begin{bmatrix}\hat{\overline{x}}_1\\\hat{\overline{x}}_2\end{bmatrix}=\begin{bmatrix}y\\z+\overline{L}y\end{bmatrix}=\begin{bmatrix}y\\z-y_2\end{bmatrix}=\begin{bmatrix}y_1\\y_2\\z-y_2\end{bmatrix}$$

则原系统的状态变量估计值为

$$\hat{x}=T\hat{\overline{x}}=\hat{\overline{x}}=\begin{bmatrix}y_1\\y_2\\z-y_2\end{bmatrix}$$

6.5.3　带状态观测器的闭环控制系统

状态观测器解决了被控系统的状态重构问题，为那些不能直接测量状态变量的系统实现状态反馈创造了条件。然而，这种依靠状态观测器构成的状态反馈系统和直接进行状态反馈的系统之间究竟有何异同呢？本小节就要针对这个问题进行讨论。

1．闭环控制系统的结构和状态空间表达式

现在要通过状态反馈改善系统的性能，而状态变量信息是由观测器提供的，这时，整个系统便由三部分组成，即被控系统、观测器和控制器。带状态观测器的状态反馈系统状态变量图如图 6-7 所示。

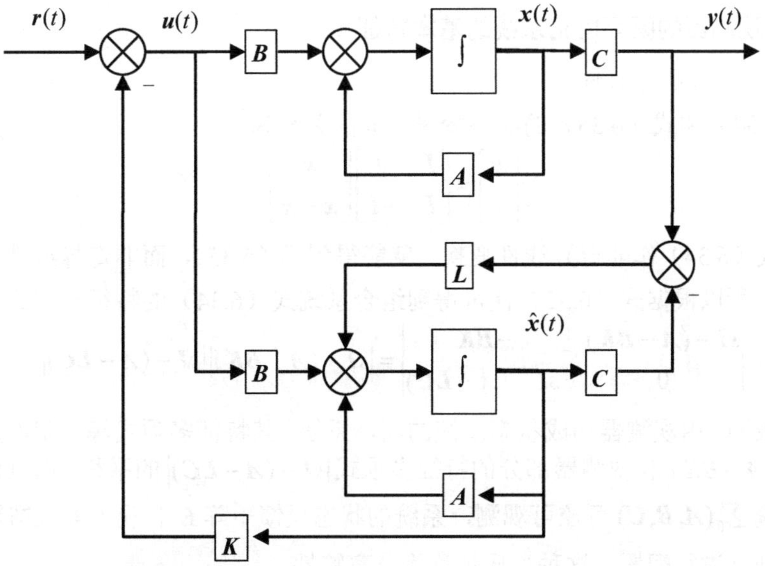

图 6-7　带状态观测器的状态反馈系统状态变量图

设可控且可观测的被控系统状态空间表达式为

$$\begin{cases}\dot{x} = Ax + Bu \\ y = Cx\end{cases}$$

状态反馈控制规律为

$$u = r - K\hat{x}$$

状态观测器方程为

$$\dot{\hat{x}} = (A - LC)\hat{x} + Bu + Ly$$

由以上三式可得整个闭环系统的状态空间表达式为

$$\begin{cases}\dot{x} = Ax - BK\hat{x} + Br \\ \dot{\hat{x}} = LCx + (A - LC - BK)\hat{x} + Br \\ y = Cx\end{cases}$$

将上式写成分块矩阵的形式为

$$
\begin{cases}
\begin{bmatrix} \dot{x} \\ \dot{\hat{x}} \end{bmatrix} = \begin{bmatrix} A & -BK \\ LC & A-LC-BK \end{bmatrix} \begin{bmatrix} x \\ \hat{x} \end{bmatrix} + \begin{bmatrix} B \\ B \end{bmatrix} r \\
y = \begin{bmatrix} C & 0 \end{bmatrix} \begin{bmatrix} x \\ \hat{x} \end{bmatrix}
\end{cases} \tag{6.34}
$$

或

$$
\begin{cases}
\begin{bmatrix} \dot{x} \\ \dot{x}-\dot{\hat{x}} \end{bmatrix} = \begin{bmatrix} A-BK & BK \\ 0 & A-LC \end{bmatrix} \begin{bmatrix} x \\ x-\hat{x} \end{bmatrix} + \begin{bmatrix} B \\ 0 \end{bmatrix} r \\
y = \begin{bmatrix} C & 0 \end{bmatrix} \begin{bmatrix} x \\ x-\hat{x} \end{bmatrix}
\end{cases} \tag{6.35}
$$

2．带状态观测器的闭环控制系统的基本特征

1）闭环极点设计的分离性

由于式（6.34）和式（6.35）的状态变量之间的关系为

$$
\begin{bmatrix} x \\ \hat{x} \end{bmatrix} = \begin{bmatrix} I & 0 \\ I & -I \end{bmatrix} \begin{bmatrix} x \\ x-\hat{x} \end{bmatrix}
$$

也就是说，将式（6.34）作非奇异线性变换，就能得到式（6.35），而非奇异线性变换并不改变系统的特征值，所以根据式（6.35）便可得到组合系统式（6.34）的特征多项式为

$$
\begin{vmatrix} sI-(A-BK) & -BK \\ 0 & sI-(A-LC) \end{vmatrix} = |sI-(A-BK)||sI-(A-LC)|
$$

以上结果表明，由观测器构成状态反馈的闭环系统，其特征多项式等于状态反馈部分的特征多项式$|sI-(A-BK)|$和观测器部分的特征多项式$|sI-(A-LC)|$的乘积，而且两者相互独立。因此，只要系统$\Sigma_0(A,B,C)$可控可观测，系统的状态反馈矩阵K和观测器反馈矩阵L就可根据各自的要求独立进行配置，这种性质被称为分离特性。

同样可以证明，用降维观测器构成的状态反馈系统也具有分离特性。

2）传递函数阵的不变性

因为非奇异线性变换同样不改变系统输入和输出之间的关系，所以组合系统式（6.34）的传递函数阵同样可由式（6.35）求得，即

$$
G(s) = \begin{bmatrix} C & 0 \end{bmatrix} \begin{bmatrix} sI-(A-BK) & -BK \\ 0 & sI-(A-LC) \end{bmatrix}^{-1} \begin{bmatrix} B \\ 0 \end{bmatrix}
$$

根据分块矩阵求逆公式：

$$
\begin{bmatrix} R & S \\ 0 & T \end{bmatrix}^{-1} = \begin{bmatrix} R^{-1} & -R^{-1}ST^{-1} \\ 0 & T^{-1} \end{bmatrix}
$$

有

$$
\begin{aligned}
G(s) &= \begin{bmatrix} C & 0 \end{bmatrix} \begin{bmatrix} [sI-(A-BK)]^{-1} & [sI-(A-BK)]^{-1}BK[sI-(A-LC)]^{-1} \\ 0 & sI-(A-LC) \end{bmatrix} \begin{bmatrix} B \\ 0 \end{bmatrix} \\
&= C[sI-(A-BK)]^{-1}B
\end{aligned}
$$

上式表明，带观测器的状态反馈闭环系统的传递函数阵等于直接状态反馈闭环系统的传

递函数矩阵，或者说，系统的传递函数阵与系统是否采用观测器反馈无关。因此，观测器渐进给出 $\hat{\boldsymbol{x}}$ 并不影响组合系统的特性。

3）观测器反馈与直接状态反馈的等效性

$$\boldsymbol{x}-\hat{\boldsymbol{x}}=\mathrm{e}^{(\boldsymbol{A}-\boldsymbol{LC})t}[\boldsymbol{x}(0)-\hat{\boldsymbol{x}}(0)]$$

由式（6.25）可看出，通过选择观测器反馈矩阵 $\boldsymbol{L}$，可使 $\boldsymbol{A}-\boldsymbol{LC}$ 的特征值均具有负实部，所以必有 $\lim\limits_{t\to\infty}|\boldsymbol{x}-\hat{\boldsymbol{x}}|=\boldsymbol{0}$，因此，当 $t\to\infty$ 时，必有

$$\begin{cases}\dot{\boldsymbol{x}}=(\boldsymbol{A}-\boldsymbol{BK})\boldsymbol{x}+\boldsymbol{Br}\\ \boldsymbol{y}=\boldsymbol{Cx}\end{cases}$$

成立。这表明，有观测器的状态反馈系统只有当 $t\to\infty$ 进入稳定时，才会与自己状态反馈系统完全等价。但是，可通过选择观测器反馈矩阵 $\boldsymbol{L}$ 来加快 $|\boldsymbol{x}-\hat{\boldsymbol{x}}|\to\boldsymbol{0}$ 的速度，即加快 $\hat{\boldsymbol{x}}$ 渐进于 $\boldsymbol{x}$ 的速度。

【例 6-11】被控系统的传递函数为

$$G_0(s)=\frac{1}{s(s+6)}$$

用状态反馈将闭环系统极点配置为 $-4\pm \mathrm{j}6$，并设计实现这个反馈的全维及降维观测器。

解：（1）由传递函数可知，此系统可控又可观测，因而存在状态反馈及状态观测器。下面根据分离特性分别设计 $\boldsymbol{K}$ 矩阵和 $\boldsymbol{L}$ 矩阵。

（2）求状态反馈矩阵 $\boldsymbol{K}$。

为方便 $\boldsymbol{K}$ 矩阵和降维观测器的设计，可直接写出系统的可控标准型实现，即

$$\begin{cases}\dot{\boldsymbol{x}}=\begin{bmatrix}0 & 1\\ 0 & -6\end{bmatrix}\boldsymbol{x}+\begin{bmatrix}0\\ 1\end{bmatrix}u\\ y=\begin{bmatrix}1 & 0\end{bmatrix}\boldsymbol{x}\end{cases}$$

令

$$\boldsymbol{K}=\begin{bmatrix}k_1 & k_2\end{bmatrix}$$

闭环特征多项式为

$$f(s)=\det[s\boldsymbol{I}-(\boldsymbol{A}-\boldsymbol{bK})]=\begin{vmatrix}s & -1\\ k_1 & s+6+k_2\end{vmatrix}=s^2+(6+k_2)s+k_1$$

期望特征多项式为

$$f^*(s)=(s+4-j6)(s+4+j6)=s^2+8s+52$$

比较上两式的 s 的同次幂系数，得

$$k_1=52,\ k_2=2$$

即

$$\boldsymbol{K}=\begin{bmatrix}52 & 2\end{bmatrix}$$

（3）求全维观测器。

为了使观测器的状态变量 $\hat{\boldsymbol{x}}$ 能较快地趋向原系统的状态变量 $\boldsymbol{x}$，又考虑到噪声过滤及 $\boldsymbol{L}$ 矩阵系数值不要太大，一般观测器的极点离虚轴的距离比闭环系统期望极点的位置大 2~3 倍为宜。本例取观测器的极点位于 -10 处。

$$L=\begin{bmatrix}l_1\\l_2\end{bmatrix}$$

则观测器的特征多项式为

$$f_O(s)=|sI-(A-Lc)|=\begin{vmatrix}s+l_1 & -1\\ l_2 & s+6\end{vmatrix}$$
$$=s^2+(6+l_1)s+6l_1+l_2$$

期望特征多项式为

$$f_O^*(s)=(s+10)^2=s^2+20s+100$$

比较上两式的 s 的同次幂系数，得

$$l_1=14,l_2=16$$

即

$$L=\begin{bmatrix}14\\16\end{bmatrix}$$

则全维观测器方程为

$$\dot{\hat{x}}=(A-Lc)\hat{x}+Ly+bu$$
$$=\begin{bmatrix}-14 & 1\\-16 & -6\end{bmatrix}\hat{x}+\begin{bmatrix}14\\16\end{bmatrix}y+\begin{bmatrix}0\\1\end{bmatrix}u$$

全维观测器状态变量图如图 6-8 所示。

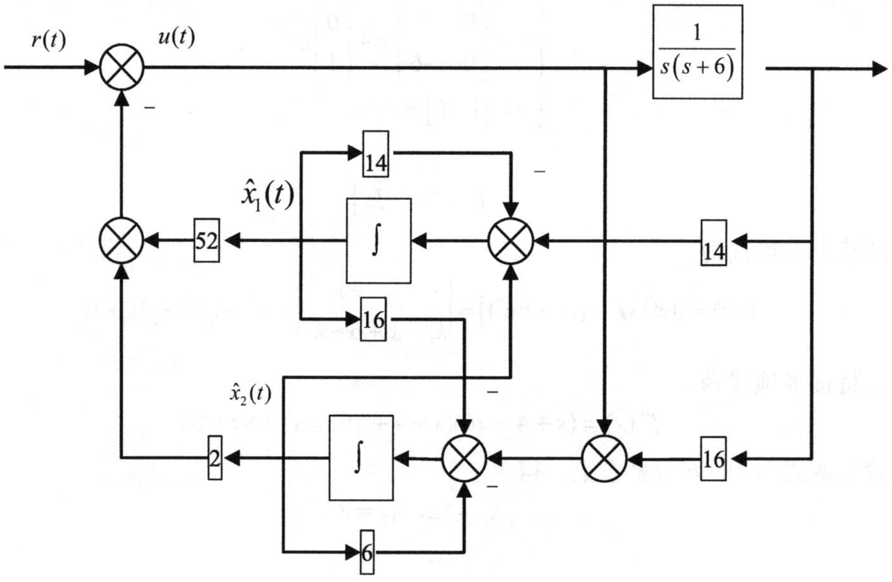

图 6-8　全维观测器状态变量图

（4）求降维观测器。

因 rank$C=m=1$，$n=2$，$n-m=1$，所以设计一个一维观测器即可。

设降维观测器的极点为 -10，$\bar{L}=\bar{l}_1$。因有 $\bar{A}_{11}=0$，$\bar{A}_{12}=1$，$\bar{A}_{21}=0$，$\bar{A}_{22}=-6$，$\bar{b}_1=0$，

$\bar{b}_2 = 1$。

故降维观测器的特征多项式为

$$f_O(s) = \left| s\boldsymbol{I} - (\bar{A}_{22} - \bar{L}\bar{A}_{12}) \right| = s + 6 + \bar{l}_1$$

期望特征多项式为

$$f_O^*(s) = (s+10)$$

比较上两式可得

$$\bar{l}_1 = 4$$

即

$$\bar{L} = 4$$

降维观测器方程为

$$\begin{cases} \dot{z} = (\bar{A}_{22} - \bar{L}\bar{A}_{12})(z + \bar{L}y) + (\bar{A}_{21} - \bar{L}\bar{A}_{11})y + (\bar{b}_2 - \bar{L}\bar{b}_1)u \\ \quad = -10z - 40y + u \\ \hat{x}_1 = y \\ \hat{x}_2 = z + \bar{L}y = z + 4y \end{cases}$$

阵维观测器状态变量图如图 6-9 所示。

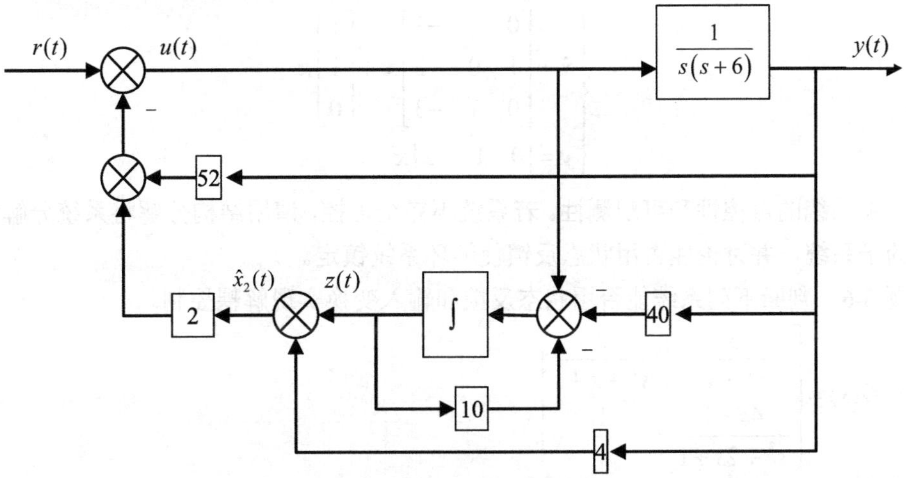

图 6-9　降维观测器状态变量图

6.6　习　　题

习题 6-1　判断下列系统能否用状态反馈任意配置特征值。

（1）$\dot{\boldsymbol{x}} = \begin{bmatrix} 1 & 2 \\ 3 & 1 \end{bmatrix} \boldsymbol{x} + \begin{bmatrix} 1 \\ 0 \end{bmatrix} \boldsymbol{u}$

（2）$\dot{\boldsymbol{x}} = \begin{bmatrix} 1 & 0 & 0 \\ 0 & -2 & 1 \\ 0 & 0 & -2 \end{bmatrix} \boldsymbol{x} + \begin{bmatrix} 1 & 0 \\ 0 & 1 \\ 0 & 0 \end{bmatrix} \boldsymbol{u}$

习题 6-2　已知系统为

$$\dot{x}_1 = x_2$$
$$\dot{x}_2 = x_3$$
$$\dot{x}_3 = -x_1 - x_2 - x_3 + 3u$$

试确定该系统使闭环极点都是 -3 的线性状态反馈控制率，并画出闭环系统的状态变量图。

习题 6-3　已知系统的传递函数为

$$\frac{Y(s)}{U(s)} = \frac{10}{s(s+1)(s+2)}$$

试设计一个状态反馈矩阵，使闭环系统的极点为 -2，$-1 \pm \mathrm{j}$。

习题 6-4　已知系统的状态方程为

$$\dot{\boldsymbol{x}} = \begin{bmatrix} -1 & 0 & 0 \\ 0 & 0 & 1 \\ 0 & -3 & 1 \end{bmatrix} \boldsymbol{x} + \begin{bmatrix} 0 \\ 0 \\ 1 \end{bmatrix} \boldsymbol{u}$$

试判断系统是否可采用状态反馈分别配置以下两组闭环特征值：$\{-2,-2,-1\}$；$\{-2,-2,-3\}$，若能配置，试求状态反馈矩阵 $\boldsymbol{K}$。

习题 6-5　已知系统的状态空间表达式为

$$\begin{cases} \dot{\boldsymbol{x}} = \begin{bmatrix} 0 & 0 & -1 \\ 1 & 0 & -3 \\ 0 & 1 & -3 \end{bmatrix} \boldsymbol{x} + \begin{bmatrix} 1 \\ 1 \\ 0 \end{bmatrix} \boldsymbol{u} \\ \boldsymbol{y} = \begin{bmatrix} 0 & 1 & -2 \end{bmatrix} \boldsymbol{x} \end{cases}$$

试判断系统的可控性和可观测性。若系统不完全可控，请用结构分解将系统分解为可控和不可控的子系统，并讨论能否用状态反馈使闭环系统镇定。

习题 6-6　判断下列系统能否用状态反馈和输入变换实现解耦控制。

（1）$\boldsymbol{G}(s) = \begin{bmatrix} \dfrac{3}{s^2+2} & \dfrac{2}{s^2+s+1} \\ \dfrac{4s+1}{s^3+2s+1} & \dfrac{1}{s} \end{bmatrix}$

（2）$\begin{cases} \dot{\boldsymbol{x}} = \begin{bmatrix} 3 & 1 & 0 \\ 0 & 0 & -1 \\ 0 & 1 & -1 \end{bmatrix} \boldsymbol{x} + \begin{bmatrix} 0 & 0 \\ 1 & 0 \\ 0 & 1 \end{bmatrix} \boldsymbol{u} \\ \boldsymbol{y} = \begin{bmatrix} 2 & -1 & 1 \\ 0 & 2 & 1 \end{bmatrix} \boldsymbol{x} \end{cases}$

习题 6-7　已知系统状态空间表达式为

$$\begin{cases} \dot{\boldsymbol{x}} = \begin{bmatrix} 0 & 1 \\ 0 & 0 \end{bmatrix} \boldsymbol{x} + \begin{bmatrix} 0 \\ 1 \end{bmatrix} \boldsymbol{u} \\ \boldsymbol{y} = \begin{bmatrix} 1 & 0 \end{bmatrix} \boldsymbol{x} \end{cases}$$

试设计一状态观测器，使观测器的极点为 $-r, -2r$，且 $r > 0$。

第 7 章 最 优 控 制

最优控制主要研究的问题是根据已建立的被控对象的数学模型，选择一个容许的控制律，以使被控对象按预定要求运行，并使给定的某一性能指标达到极小值（或极大值）。

最优控制在工业和农业生产中扮演着重要的角色。

7.1 最优控制的基本概念

7.1.1 最优控制问题

最典型的最优控制问题是月球着陆器着陆控制问题。

设某飞船要在月球着陆，飞船靠发动机产生一个与月球重力方向相反的推力 $f(t)$，从而控制飞船实现软着陆（即使飞船落到月球上时的速度为零），要求选择一个合适推力 $f(t)$，以使燃料消耗最少。

设飞船质量为 $m(t)$，它的高度和垂直速度分别为 $h(t)$ 和 $v(t)$，月球的重力加速度可视为常数 g，飞船自身质量及所带燃料质量分别是 M 和 $F(t)$。

若飞船在 $t=0$ 时刻开始进入着陆过程，则其运动方程为

$$\begin{cases} \dot{h}(t)=v(t) \\ \dot{v}(t)=\dfrac{f(t)}{m(t)}-\mathrm{g} \\ \dot{m}(t)=-kf(t) \end{cases} \tag{7.1}$$

其中，k 为常数。

要求控制飞船的初始状态为

$$h(0)=h_0,\ v(0)=v_0,\ m(0)=M+F(0) \tag{7.2}$$

在某一终端 t_{f} 时刻实现软着陆，即

$$h(t_{\mathrm{f}})=0,\ v(t_{\mathrm{f}})=0 \tag{7.3}$$

控制过程中推力 $f(t)$ 不能超过发动机所能提供的最大推力 $f_{\max}$，即

$$0\leqslant f(t)\leqslant f_{\max} \tag{7.4}$$

满足上述约束，使飞船实现软着陆的推力程序 $f(t)$ 不止一种，其中消耗燃料最少的才是问题要求的最适推力程序，即问题可归纳为求性能指标：

$$J=m(t_{\mathrm{f}}) \tag{7.5}$$

最大的数学问题。

1．受控系统的数学模型

受控系统的数学模型即系统的微分方程，它反映了动态系统在运动过程中应遵循的物理或化学规律。在集中参数情况下，动态系统的运动规律可以用一组一阶常微分方程，即状态方程来描述：

$$\dot{\boldsymbol{x}}(t)=\boldsymbol{f}\left[\boldsymbol{x}(t),\boldsymbol{u}(t),t\right] \tag{7.6}$$

其中，$\boldsymbol{x}(t)$为n维状态向量；$\boldsymbol{u}(t)$为r维控制向量；$\boldsymbol{f}(\cdot)$为关于$\boldsymbol{x}(t)$、$\boldsymbol{u}(t)$和t的n维函数向量；t为实数自变量。

2．边界条件与目标集

动态系统的运动过程是系统从状态空间的一个状态到另一个状态的转移，其运动轨迹就是转移过程中在状态空间中形成的曲线$\boldsymbol{x}(t)$。若要确定要求的曲线$\boldsymbol{x}(t)$，需要确定系统的初始状态$\boldsymbol{x}(t_0)$和终端状态$\boldsymbol{x}(t_{\mathrm{f}})$，这是求解状态方程式（7.6）必需的边界条件。

在最优控制问题中，初始时刻t_0和初始状态$\boldsymbol{x}(t_0)$通常是已知的，但是终端时刻t_{f}和终端状态$\boldsymbol{x}(t_{\mathrm{f}})$可以固定也可以不固定。

一般来说，对终端的要求可以用式（7.7）的约束条件来表示：

$$\begin{cases}N_1\left[\boldsymbol{x}(t_{\mathrm{f}}),t_{\mathrm{f}}\right]=0\\N_2\left[\boldsymbol{x}(t_{\mathrm{f}}),t_{\mathrm{f}}\right]\leqslant 0\end{cases} \tag{7.7}$$

式(7.7)概括了对终端的一般要求。实际上，终端约束规定了状态空间的一个时变或非时变的集合，这种满足终端约束的状态集合称为目标集，用M来表示，并可表示为

$$M=\left\{\boldsymbol{x}(t_{\mathrm{f}})\middle|\boldsymbol{x}(t_{\mathrm{f}})\in\mathbf{R}^n,N_1\left[\boldsymbol{x}(t_{\mathrm{f}}),t_{\mathrm{f}}\right]=0,N_2=\left[\boldsymbol{x}(t_{\mathrm{f}}),t_{\mathrm{f}}\right]\leqslant 0\right\}$$

3．容许控制

控制向量$\boldsymbol{u}(t)$的各个分量$u_i(t)$往往是具有不同物理属性的控制量。在实际控制问题中，大多数控制量受客观条件限制只能取值于一定范围，如式（7.4）。这种限制范围，通常可用如下不等式的约束条件来表示：

$$\mathbf{0}\leqslant\boldsymbol{u}(t)\leqslant\boldsymbol{u}_{\max} \tag{7.8}$$

或

$$\left|u_i\right|\leqslant m_i,\quad i=1,2,\cdots,r \tag{7.9}$$

式（7.8）和式（7.9）规定了控制空间$\mathbf{R}^r$中的一个闭集。

4．性能指标

从给定初始状态$\boldsymbol{x}(t_0)$到目标集M的转移可通过不同的控制律$\boldsymbol{u}(t)$来实现，为了在各种可行的控制律中找出一种效果最好的控制，需要先建立一种评价控制效果好坏或控制品质优劣的性能指标函数。性能指标的内容与形式取决于最优控制问题要完成的任务，不同的最优控制问题有不同的性能指标，即使同一问题其性能指标也可能不同。在通常情况下，连续系统时间函数性能指标可归纳为以下3种类型。

1）综合型或波尔扎（Bolza）型性能指标

综合型性能指标表达式为

$$J\left[\boldsymbol{u}(\cdot)\right]=F\left[\boldsymbol{x}(t_{\mathrm{f}}),t_{\mathrm{f}}\right]+\int_{t_0}^{t_{\mathrm{f}}}L\left[\boldsymbol{x}(t),\boldsymbol{u}(t),t\right]\mathrm{d}t \tag{7.10}$$

其中，$L(\cdot)$为标量函数，它是向量$\boldsymbol{x}(t)$和$\boldsymbol{u}(t)$的函数，称为动态性能指标；F为标量函数，与终端时间t_{f}及终端状态$\boldsymbol{x}(t_{\mathrm{f}})$有关，$F\left[\boldsymbol{x}(t_{\mathrm{f}},t_{\mathrm{f}})\right]$称为终端性能指标；$J(\cdot)$为标量，每个控制函数都对应着一个$J(\cdot)$；$\boldsymbol{u}(\cdot)$表示控制函数整体；$\boldsymbol{u}(t)$表示$t$时刻的控制向量。

2）积分型或拉格朗日（Lagrange）型性能指标

若不计终端性能指标，则式（7.10）变为如下形式：

$$J[\boldsymbol{u}(\cdot)] = \int_{t_0}^{t_f} L[\boldsymbol{x}(t), \boldsymbol{u}(t), t] \mathrm{d}t \tag{7.11}$$

这时的性能指标称为积分型或拉格朗日型性能指标，它更强调系统的过程要求。在自动控制中，要求调节过程某种积分评价为最小（或最大）就属于这一类问题。

3）终端型或麦耶尔（Mager）型性能指标

若不计动态性能指标，则式（7.10）变为如下形式：

$$J[\boldsymbol{u}(\cdot)] = F[\boldsymbol{x}(t_f), t_f] \tag{7.12}$$

这时的性能指标称为终端型或麦耶尔型性能指标，它要求找出使终端的某一函数为最小（或最大）值的 $\boldsymbol{u}(t)$，终端处某些变量的最终值不是预先规定的。

7.1.2 静态最优控制

最优控制分为静态最优和动态最优。本章研究的最优控制主要指动态最优，但考虑到由浅入深，本小节先简单介绍静态最优，在后面的章节我们再研究动态最优控制。其中，静态最优是指在稳定工况下实现最优，它反映系统达到稳态后的静态关系。大多数生产过程的受控对象可以用静态最优控制来处理，并且能达到足够的精度。静态最优控制一般可用一个目标函数 $J = f(\boldsymbol{x})$ 和若干个等式约束条件或不等式约束条件来描述，其要求在满足约束条件的同时使目标函数 J 为最大值或最小值。

【例 7-1】 已知函数 $f(x) = x_1^2 + x_2^2$ 的约束条件为 $x_1 + x_2 = 3$，求该函数的条件极值。

解：求此类问题有多种方法，如消元法和拉格朗日乘子法。

方法一：消元法

根据题意，由约束条件得

$$x_2 = 3 - x_1$$

将上式代入已知函数，得

$$f(x) = x_1^2 + (3 - x_1)^2$$

为了求极值，现将 f 对 x_1 微分，并令微分结果等于零，得

$$\frac{\partial f}{\partial x_1} = 2x_1 - 2(3 - x_1) = 0$$

求解得

$$x_1 = 3/2$$

则

$$x_2 = 3 - 3/2 = 3/2$$

方法二：拉格朗日乘子法

先引入一个拉格朗日乘子 λ，得到一个可调整的新函数：

$$H(x_1, x_2, \lambda) = x_1^2 + x_2^2 + \lambda(x_1 + x_2 - 3)$$

其中，H 为没有约束条件的三元函数，它与 x_1、x_2 和 λ 有关。求 H 极值问题就是求无条件极值的问题，其极值条件为

$$\frac{\partial H}{\partial x_1}=2x_1+\lambda=0,\quad \frac{\partial H}{\partial x_2}=2x_2+\lambda=0,\quad \frac{\partial H}{\partial \lambda}=x_1+x_2-3=0$$

联立上式求解得

$$x_1=x_2=3/2\text{，}\quad \lambda=-3$$

计算结果表明，两种方法得到的结果一样。但消元法只适用于简单的情况，而拉格朗日乘子法具有普遍意义。

根据以上最优控制问题的基本组成部分，动态最优控制问题的数学描述为：在一定约束条件下，受控系统的状态方程：

$$\dot{\boldsymbol{x}}(t)=\boldsymbol{f}\left[\boldsymbol{x}(t),\boldsymbol{u}(t),t\right] \tag{7.13}$$

和目标函数：

$$J\left[\boldsymbol{u}(\cdot)\right]=F\left[\boldsymbol{x}(t_{\mathrm{f}}),t_{\mathrm{f}}\right]+\int_{t_0}^{t_{\mathrm{f}}}L\left[\boldsymbol{x}(t),\boldsymbol{u}(t),t\right]\mathrm{d}t \tag{7.14}$$

为最小的最优控制向量 $\boldsymbol{u}^*(t)$。

7.2 最优控制中的变分法

7.2.1 变分法

1. 变分法的基本概念

求泛函极大值和极小值的问题称为变分问题，求泛函极值的方法称为变分法。

1）泛函

设对自变量 t，存在一类函数 $\{x(t)\}$。如果对于每个函数 $x(t)$，都有一个 J 值与之对应，则称变量 J 为依赖于函数 $x(t)$ 的泛函数，简称泛函，记作：

$$J=J\left[x(t)\right]$$

如同函数 $x(t)$ 规定了 x 与 t 的对应关系一样，泛函规定了 J 与函数 $x(t)$ 的对应关系。需要指出的是，$J\left[x(t)\right]$ 中的 $x(t)$ 应理解为某一特定函数的整体，而不是对应于 t 的函数值 $x(t)$。函数 $x(t)$ 称为泛函 J 的宗量（自变量），为强调泛函的宗量 $x(t)$ 是函数的整体，有时将泛函表示为

$$J=J\left[x(\cdot)\right]$$

由上述泛函定义可见，泛函为标量，该值由选取的函数决定。

2）泛函的变分

变分在泛函研究中的作用和微分在函数研究中的作用一样，泛函的变分与函数的微分的定义式几乎完全相当。

（1）泛函变分的定义。

连续泛函 $J\left[x(t)\right]$ 的增量可以表示为

$$\Delta J=J\left[x(t)+\delta x(t)\right]-J\left[x(t)\right]=L\left[x(t),\delta x(t)\right]+r\left[x(t),\delta x(t)\right] \tag{7.15}$$

其中，$L\left[x(t),\delta x(t)\right]$ 为泛函增量的线性主部，它是 $\delta x(t)$ 的线性连续泛函；$r\left[x(t),\delta x(t)\right]$ 为关于 $\delta x(t)$ 的高阶无穷小。第一项 $L\left[x(t),\delta x(t)\right]$ 被称为泛函的变分，并记为

$$\delta J=L\left[x(t),\delta x(t)\right]$$

由于泛函的变分是泛函增量的线性主部，所以泛函的变分也可称为泛函的微分。当泛函具有微分时，即其增量ΔJ可用式（7.15）表达时，则称泛函是可微的。

（2）泛函变分的方法。

定理 7-1 连续泛函$J=J\left[x(t)\right]$的变分等于泛函$J\left[x(t)+\alpha\delta x(t)\right]$对$\alpha$的导数在$\alpha=0$时的值，即

$$\delta J=\frac{\partial}{\partial\alpha}J\left[x(t)+\alpha\delta x(t)\right]\Big|_{\alpha=0}=L\left[x(t),\delta x(t)\right] \tag{7.16}$$

3）极值

（1）泛函极值的定义。

如果泛函$J=J\left[x(t)\right]$在任何一条与$x=x_0(t)$接近的曲线上的值都不小于$J\left[x_0(t)\right]$，即

$$J\left[x(t)\right]-J\left[x_0(t)\right]\geqslant 0$$

则称泛函$J=J\left[x(t)\right]$在曲线$x_0(t)$上达到极小值。反之，如果泛函$J=J[x(t)]$在任何一条与$x=x_0(t)$接近的曲线上的值都不大于$J[x_0(t)]$，即

$$J\left[x(t)\right]-J\left[x_0(t)\right]\leqslant 0$$

则称泛函$J=J\left[x(t)\right]$在曲线$x_0(t)$上达到极大值。

（2）泛函极值的必要条件。

定理 7-2 如果可微泛函$J\left[x(t)\right]$在$x_0(t)$上达到极小（大）值，则在$x=x_0(t)$上有

$$\delta J=0$$

【例 7-2】 试求泛函$J=\int_{t_1}^{t_2}x^2(t)\mathrm{d}t$的变分。

解：（1）根据式（7.15）和题意可得

$$\begin{aligned}\Delta J&=J\left[x(t)+\delta x(t)\right]-J\left[x(t)\right]=\int_{t_1}^{t_2}\left[x(t)+\delta x(t)\right]^2\mathrm{d}t-\int_{t_1}^{t_2}x^2(t)\mathrm{d}t\\&=\int_{t_1}^{t_2}2x(t)\delta x(t)\mathrm{d}t+\int_{t_1}^{t_2}\left[\delta x(t)\right]^2\mathrm{d}t\end{aligned}$$

泛函增量的线性主部：

$$L\left[x(t),\delta x(t)\right]=\int_{t_1}^{t_2}\left[2x(t)\delta x(t)\right]\mathrm{d}t$$

所以有

$$\delta J=\int_{t_1}^{t_2}\left[2x(t)\delta x(t)\right]\mathrm{d}t$$

（2）若按式（7.16），则泛函的变分为

$$\begin{aligned}\delta J&=\frac{\partial}{\partial\alpha}J\left[x(t)+\alpha\delta x(t)\right]\Big|_{\alpha=0}=\frac{\partial}{\partial\alpha}\int_{t_1}^{t_2}\left[x(t)+\alpha\delta x(t)\right]^2\mathrm{d}t\Big|_{\alpha=0}\\&=\int_{t_1}^{t_2}2\left[x(t)+\alpha\delta x(t)\right]\delta x(t)\mathrm{d}t\Big|_{\alpha=0}=\int_{t_1}^{t_2}2x(t)\delta x(t)\mathrm{d}t\end{aligned}$$

由此可知，两种方法得到的结果是一样的。

2．固定端点的变分问题

当系统终端状态固定时$x(t_f)=x_f$，所以性能指标中的终值项就没有存在的必要了。在这种情况下仅需讨论积分型性能指标泛函，并给出以下定理。

定理 7-3 已知容许曲线 $x(t)$ 的始端状态 $x_0(t_0)=x_0$ 和终端状态 $x(t_f)=x_f$，则使积分型性能指标泛函为 $J=\int_{t_0}^{t_f}L[x(t),\dot{x}(t),t]\mathrm{d}t$ 取极值的必要条件是，容许极值曲线 $x^*(t)$ 满足如下欧拉方程：

$$\frac{\partial L}{\partial x}-\frac{\mathrm{d}}{\mathrm{d}t}\frac{\partial L}{\partial \dot{x}}=0$$

及边界条件

$$x(t_0)=x_0 \text{ 和 } x(t_f)=x_f$$

其中，$L[x(t),\dot{x}(t),t]$ 及 $x(t)$ 在 $[t_0,t_f]$ 上至少二次连续可微。

证明：设 $x^*(t)$ 是满足条件 $x(t_0)=x_0$，$x(t_f)=x_f$，并使泛函 J 达到极值的极值曲线；$x(t)$ 是 $x^*(t)$ 在无穷小 $\delta x(t)$ 领域内的一条容许曲线（见图 7-1）。则 $x(t)$ 和 $x^*(t)$ 之间有如下关系：

$$x(t)=x^*(t)+\delta x(t),\quad \dot{x}(t)=\dot{x}^*(t)+\delta\dot{x}(t)$$

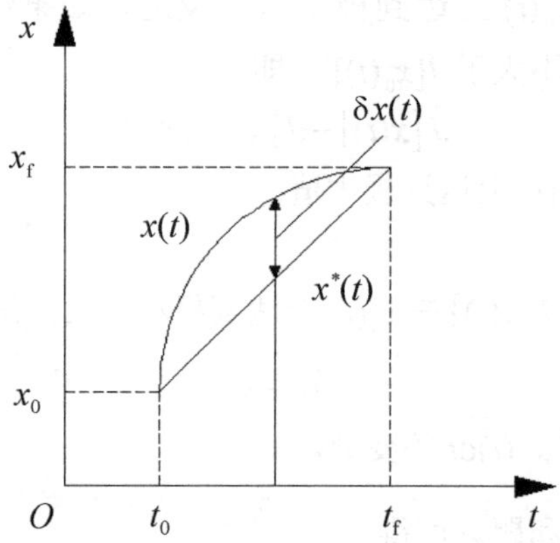

图 7-1 固定端点的情况

取泛函增量

$$\begin{aligned}\Delta J&=J[x^*(t)+\delta x(t)]-J[x^*(t)]\\&=\int_{t_0}^{t_f}\{L(x^*(t)+\delta(t),\dot{x}^*(t)+\delta\dot{x}(t),t]-L[x^*(t),\dot{x}^*(t),t]\}\mathrm{d}t\end{aligned}$$

泛函 $L[x(t),\dot{x}(t),t]$ 若具有连续偏导数，则在 $\delta x(t)$ 的邻域内就有如下泰勒级数展开式：

$$\Delta J=\int_{t_0}^{t_f}\left\{\frac{\partial L}{\partial x}\delta x(t)+\frac{\partial L}{\partial \dot{x}}\delta\dot{x}(t)+r\left[x^*(t),\dot{x}^*(t),t\right]\right\}\mathrm{d}t \tag{7.17}$$

其中，$r[x^*(t),\dot{x}^*(t),t]$ 为泰勒级数展开式中的高次项。

由变分定义可知，取式（7.17）主部可得泛函 J 的变分为

$$\delta J=\int_{t_0}^{t_f}\left[\frac{\partial L}{\partial x}\delta x(t)+\frac{\partial L}{\partial \dot{x}}\delta\dot{x}(t)\right]\mathrm{d}t \tag{7.18}$$

对式（7.18）右边的第二项运用分部积分法，可得

$$\delta J=\int_{t_0}^{t_f}\left[\frac{\partial L}{\partial x}-\frac{\mathrm{d}}{\mathrm{d}t}\frac{\partial L}{\partial \dot{x}}\right]\delta x(t)\mathrm{d}t+\frac{\partial L}{\partial \dot{x}}\delta x(t)\Big|_{t=t_0}^{t=t_f}$$

令 $\delta J=0$，因为 $\delta x(t)$ 是一个满足 $\delta x(t_0)=\delta x(t_f)=0$ 的任意可微函数，所以可得如下欧拉方程：

$$\frac{\partial L}{\partial x}-\frac{\mathrm{d}}{\mathrm{d}t}\frac{\partial L}{\partial \dot{x}}=0 \tag{7.19}$$

及横截条件

$$\left.\frac{\partial L}{\partial \dot{x}}\right|_{t=t_\mathrm{f}}\delta x(t_\mathrm{f})-\left.\frac{\partial L}{\partial \dot{x}}\right|_{t=t_0}\delta x(t_0)=0 \tag{7.20}$$

式(7.19)是无约束及有约束泛函存在极值的必要条件之一，它与函数的性质有关，式(7.20)与函数性质和边界条件有关。在 t_0 和 t_f 固定且 $x(t_0)$ 和 $x(t_\mathrm{f})$ 不变的情况下，必有 $\delta x(t_0)$ 和 $\delta x(t_\mathrm{f})=0$，因此式（7.20）在两端固定的情况下，可退化为已知边界条件：

$$x(t_0)=x_0\text{ 和 }x(t_\mathrm{f})=x_\mathrm{f}$$

定理证毕。

【例 7-3】 设有泛函 $J[x]=\int_0^{\pi/2}\left[\dot{x}^2(t)-x^2(t)\right]\mathrm{d}t$，已知边界条件为 $x(0)=0$，$x(\pi/2)=2$。求使泛函达到极值的最优曲线 $x^*(t)$。

解：本例中 $L(x,\dot{x})=\dot{x}^2-x^2$，因有

$$\frac{\partial L}{\partial x}=-2x,\quad \frac{\partial L}{\partial \dot{x}}=2\dot{x},\quad \frac{\mathrm{d}}{\mathrm{d}t}\frac{\partial L}{\partial \dot{x}}=2\ddot{x}$$

故欧拉方程为

$$\ddot{x}(t)+x(t)=0$$

其通解为

$$x(t)=c_1\cos t+c_2\sin t$$

将已知边界条件 $x(0)=0$ 和 $x(\pi/2)=2$ 分别代入上式，可求得

$$c_1=0,\quad c_2=2$$

于是求得

$$x^*(t)=2\sin t$$

以上阐述的问题都属于单变量的欧拉问题，它可以很容易地推广到多变量系统中。设多变量系统的积分型性能指标泛函为

$$J=\int_{t_0}^{t_\mathrm{f}}L[\boldsymbol{x}(t),\dot{\boldsymbol{x}}(t),t]\mathrm{d}t$$

其中，$\boldsymbol{x}(t)$ 为系统的 n 维状态向量；$\boldsymbol{x}(t_0)=\boldsymbol{x}_0$。

求多变量泛函 J 的极值的方法和求单变量时一样，可推导出极值存在的必要条件为满足如下欧拉方程：

$$\frac{\partial L}{\partial \boldsymbol{x}}-\frac{\mathrm{d}}{\mathrm{d}t}\frac{\partial L}{\partial \dot{\boldsymbol{x}}}=\boldsymbol{0} \tag{7.21}$$

及横截条件

$$\left.\left(\frac{\partial L}{\partial \dot{\boldsymbol{x}}}\right)^\mathrm{T}\right|_{t=t_\mathrm{f}}\delta \boldsymbol{x}(t_\mathrm{f})-\left.\left(\frac{\partial L}{\partial \dot{\boldsymbol{x}}}\right)^\mathrm{T}\right|_{t=t_0}\delta \boldsymbol{x}(t_0)=\boldsymbol{0}$$

其中，$\frac{\partial L}{\partial \boldsymbol{x}}=\left[\frac{\partial L}{\partial x_1},\frac{\partial L}{\partial x_2},\cdots,\frac{\partial L}{\partial x_n}\right]^\mathrm{T}$，$\frac{\partial L}{\partial \dot{\boldsymbol{x}}}=\left[\frac{\partial L}{\partial \dot{x}_1},\frac{\partial L}{\partial \dot{x}_2},\cdots,\frac{\partial L}{\partial \dot{x}_n}\right]^\mathrm{T}$。

式(7.21)为多变量的欧拉方程，它是一个二阶矩阵微分方程，该式的解就是极值曲线 $\boldsymbol{x}^*(t)$。

3．可变端点的变分问题

求解欧拉方程需要先通过横截条件得知两点边界值。上文讨论的是固定端点的变分问题，在实际工程问题中经常会碰到可变端点的变分问题，即曲线的始端或终端是变动的。为使问题简单又不失一般性，假定始端时刻 t_0 和始端状态 $\boldsymbol{x}(t_0)$ 都是固定的，即 $\boldsymbol{x}(t_0)=\boldsymbol{x}_0$；终端时刻 t_f 可变，终端状态 $\boldsymbol{x}(t_f)$ 受到终端边界线约束。假设沿着前者目标曲线 $\boldsymbol{\varphi}(t_f)$ 变动，即应满足 $\boldsymbol{x}(t_f)=\boldsymbol{\varphi}(t_f)$，所以终端状态 $\boldsymbol{x}(t_f)$ 是终端时刻 t_f 的函数，如图 7-2 所示。

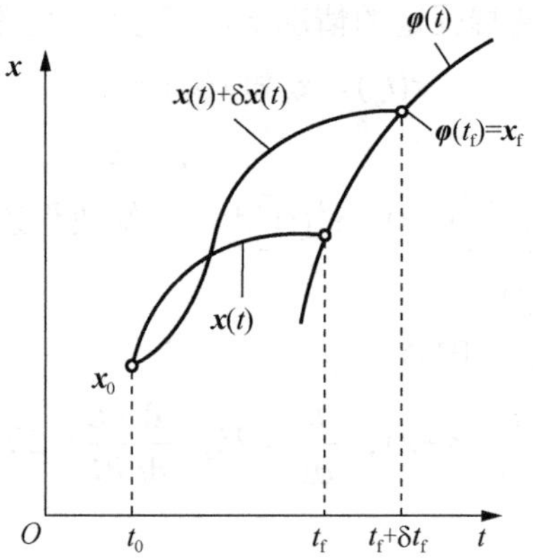

图 7-2　终端为可动边界的情况

由图 7-2 可知，当状态曲线的终端时间 t_f 可变时，变分 δt_f 不等于零。终端可变情况的典型例子是导弹的拦截问题，拦截器为了完成拦截导弹的任务，在某一时刻拦截器的运动曲线的终端必须与导弹的运动曲线相遇。假设导弹的运动曲线为 $\boldsymbol{\varphi}(t)$，拦截器的运动曲线为 $\boldsymbol{x}(t)$，则在 $t=t_f$ 时刻必须有 $\boldsymbol{x}(t_f)=\boldsymbol{\varphi}(t_f)$，即拦截器的状态位置与导弹的状态位置重合。

因此，这类问题的提法是：寻找一条连续可微的极值曲线 $\boldsymbol{x}^*(t)$，它由给定的点 $(t_0,\boldsymbol{x}_0)$ 到给定的曲线 $\boldsymbol{x}(t_f)=\boldsymbol{\varphi}(t_f)$ 上的 $[t_f,\boldsymbol{\varphi}(t_f)]$ 点，使性能指标泛函：

$$J=\int_{t_0}^{t_f} L\left[\boldsymbol{x}(t),\dot{\boldsymbol{x}}(t),t\right]\mathrm{d}t \tag{7.22}$$

达到极值（见图 7-3）。其中，$\boldsymbol{x}(t)$ 是 n 维状态向量；t_f 是一待定的量。

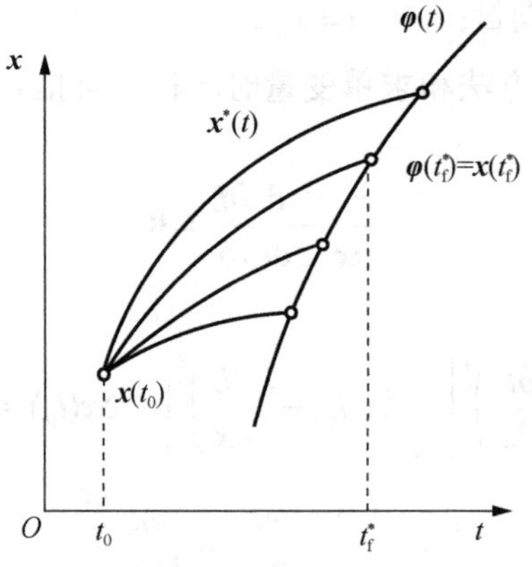

图 7-3　最优状态曲线和最优终端时间

定理 7-4 设容许曲线 $\boldsymbol{x}(t)$ 自一给定的点 $(t_0,\boldsymbol{x}_0)$ 达到给定的曲线 $\boldsymbol{x}(t_\mathrm{f})=\boldsymbol{\varphi}(t_\mathrm{f})$ 上某一点 $[t_\mathrm{f},\boldsymbol{\varphi}(t_\mathrm{f})]$，则使性能函数 $J=\int_{t_0}^{t_\mathrm{f}}L[\boldsymbol{x}(t),\dot{\boldsymbol{x}}(t),t]\mathrm{d}t$ 取极值的必要条件是，极值曲线 $\boldsymbol{x}^*(t)$ 满足如下欧拉方程：

$$\frac{\partial L}{\partial \boldsymbol{x}}-\frac{\mathrm{d}}{\mathrm{d}t}\frac{\partial L}{\partial \dot{\boldsymbol{x}}}=\boldsymbol{0}$$

且始端边界条件和终端横截条件为

$$\boldsymbol{x}(t_0)=\boldsymbol{x}_0$$

$$\left\{L[\boldsymbol{x},\dot{\boldsymbol{x}},t]+(\dot{\boldsymbol{\varphi}}-\dot{\boldsymbol{x}})^\mathrm{T}\frac{\partial L}{\partial \dot{\boldsymbol{x}}}\right\}\bigg|_{t=t_\mathrm{f}}=\boldsymbol{0}$$

$$\boldsymbol{x}(t_\mathrm{f})=\boldsymbol{\varphi}(t_\mathrm{f})$$

其中，$\boldsymbol{x}(t)$ 应有连续的二阶导数；L 应至少两次连续可微；$\boldsymbol{\varphi}(t)$ 应有连续的一次导数。

证明：始端固定、终端时刻 t_f 可变、终端状态受约束条件为 $\boldsymbol{x}(t_\mathrm{f})=\boldsymbol{\varphi}(t_\mathrm{f})$ 的变分问题可用图 7-4 来表示。图 7-4 中，$\boldsymbol{x}^*(t)$ 为极值曲线；$\boldsymbol{x}(t)$ 为 $\boldsymbol{x}^*(t)$ 邻域内的任意一条容许曲线；$(t_0,\boldsymbol{x}_0)$ 表示始点；点 $(t_\mathrm{f},\boldsymbol{x}_\mathrm{f})$ 到点 $(t_\mathrm{f}+\delta t_\mathrm{f},\boldsymbol{x}_\mathrm{f}+\delta\boldsymbol{x}_\mathrm{f})$ 表示变动端；$\boldsymbol{\varphi}(t)$ 表示终端约束曲线，要求 $\boldsymbol{x}(t_\mathrm{f})=\boldsymbol{\varphi}(t_\mathrm{f})$，$\delta t_\mathrm{f}$ 和 $\delta\boldsymbol{x}_\mathrm{f}$ 表示为变量，分别表示终端时刻 t_f 的变分和在终端时刻容许曲线 $\boldsymbol{x}(t)$ 的变分；$\delta\boldsymbol{x}(t_\mathrm{f})$ 表示容许曲线 $\boldsymbol{x}(t)$ 的变分在 t_f 时刻的值。由图 7-4 可知它们之间存在如下近似关系式

$$\delta\boldsymbol{x}_\mathrm{f}=\delta\boldsymbol{x}(t_\mathrm{f})+\dot{\boldsymbol{x}}(t_\mathrm{f})\delta t_\mathrm{f} \tag{7.23}$$

$$\delta\boldsymbol{x}_\mathrm{f}=\dot{\boldsymbol{\varphi}}(t_\mathrm{f})\delta t_\mathrm{f} \tag{7.24}$$

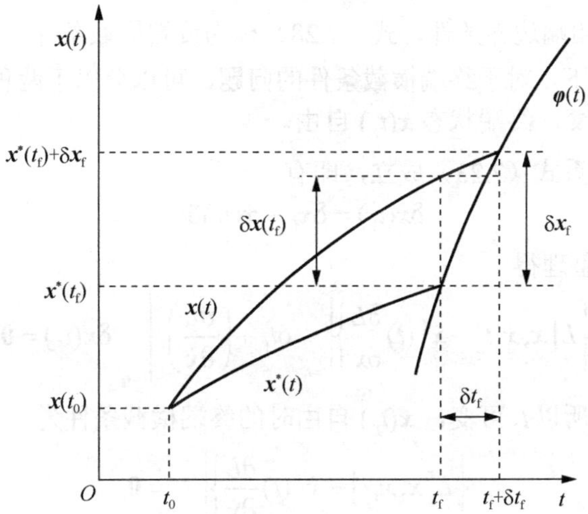

图 7-4 终端时刻可变的变分问题

观察图 7-4 可以看出，式（7.23）、式（7.24）的表达式可以近似用曲线的斜率（基本微积分的原理）求得。

不难理解，如果某一极值曲线 $\boldsymbol{x}^*(t)$ 能使式（7.22）所示的泛函，在端点可变的情况下取极值，那么对于和极值曲线 $\boldsymbol{x}^*(t)$ 有同样边界点的更狭窄的函数类来说，自然也能使式（7.22）达到极值。因此，$\boldsymbol{x}^*(t)$ 必能满足端点固定时泛函极值的必要条件是，$\boldsymbol{x}^*(t)$ 应当满足欧拉方程：

$$\frac{\partial L}{\partial \boldsymbol{x}}-\frac{\mathrm{d}}{\mathrm{d}t}\frac{\partial L}{\partial \dot{\boldsymbol{x}}}=\boldsymbol{0}$$

若对 $\boldsymbol{x}$ 、 $\dot{\boldsymbol{x}}$ 和 t_{f} 取变分，则泛函的增量为

$$\begin{aligned}\Delta J&=\int_{t_0}^{t_{\mathrm{f}}+\delta t_{\mathrm{f}}} L[\boldsymbol{x}+\delta\boldsymbol{x},\dot{\boldsymbol{x}}+\delta\dot{\boldsymbol{x}},t]\mathrm{d}t-\int_{t_0}^{t_{\mathrm{f}}} L[\boldsymbol{x},\dot{\boldsymbol{x}},t]\mathrm{d}t\\&=\int_{t_{\mathrm{f}}}^{t_{\mathrm{f}}+\delta t_{\mathrm{f}}} L[\boldsymbol{x}+\delta\boldsymbol{x},\dot{\boldsymbol{x}}+\delta\dot{\boldsymbol{x}},t]\mathrm{d}t+\int_{t_0}^{t_{\mathrm{f}}}\{L[\boldsymbol{x}+\delta\boldsymbol{x},\dot{\boldsymbol{x}}+\delta\dot{\boldsymbol{x}},t]-L[\boldsymbol{x},\dot{\boldsymbol{x}},t]\}\mathrm{d}t\end{aligned}$$

一阶变分为

$$\delta J=\int_{t_{\mathrm{f}}}^{t_{\mathrm{f}}+\delta t_{\mathrm{f}}} L[\boldsymbol{x}+\delta\boldsymbol{x},\dot{\boldsymbol{x}}+\delta\dot{\boldsymbol{x}},t]\mathrm{d}t+\int_{t_0}^{t_{\mathrm{f}}}\left[\left(\frac{\partial L}{\partial \boldsymbol{x}}\right)^{\mathrm{T}}\delta\boldsymbol{x}+\left(\frac{\partial L}{\partial \dot{\boldsymbol{x}}}\right)^{\mathrm{T}}\delta\dot{\boldsymbol{x}}\right]\mathrm{d}t \tag{7.25}$$

对式(7.25)等号右边的第一项运用积分中值定理，第二项运用分部积分公式，并令 $\delta J=0$，可得

$$\delta J=L[\boldsymbol{x},\dot{\boldsymbol{x}},t]\big|_{t=t_{\mathrm{f}}}\delta t_{\mathrm{f}}+\int_{t_0}^{t_{\mathrm{f}}}\left[\frac{\partial L}{\partial \boldsymbol{x}}-\frac{\mathrm{d}}{\mathrm{d}t}\frac{\partial L}{\partial \dot{\boldsymbol{x}}}\right]^{\mathrm{T}}\delta\boldsymbol{x}\mathrm{d}t+\left(\frac{\partial L}{\partial \dot{\boldsymbol{x}}}\right)^{\mathrm{T}}\delta\boldsymbol{x}\Big|_{t=t_0}^{t=t_{\mathrm{f}}}=\boldsymbol{0} \tag{7.26}$$

式（7.26）就是终端为可变边界时极值解的必要条件。

上文已指出，在此情况下，欧拉方程 $\frac{\partial L}{\partial \boldsymbol{x}}-\frac{\mathrm{d}}{\mathrm{d}t}\frac{\partial L}{\partial \dot{\boldsymbol{x}}}=\boldsymbol{0}$ 仍然成立。又由于始端固定，$\delta\boldsymbol{x}(t_0)=0$，根据式（7.26）可得边界条件和横截条件为

$$\boldsymbol{x}(t_0)=\boldsymbol{x}_0 \tag{7.27}$$

$$L[\boldsymbol{x},\dot{\boldsymbol{x}},t]\big|_{t=t_{\mathrm{f}}}\delta t_{\mathrm{f}}+\left(\frac{\partial L}{\partial \dot{\boldsymbol{x}}}\right)^{\mathrm{T}}\Big|_{t=t_{\mathrm{f}}}\delta\boldsymbol{x}(t_{\mathrm{f}})=\boldsymbol{0} \tag{7.28}$$

其中，式（7.27）称为始端边界条件，式（7.28）称为终端横截条件。

在始端固定的情况下，对于终端横截条件的问题，可以分以下两种情况进行讨论。

（1）终端时刻 t_{f} 可变，终端状态 $\boldsymbol{x}(t_{\mathrm{f}})$ 自由。

在这种情况下，关系式（7.23）成立，即有

$$\delta\boldsymbol{x}(t_{\mathrm{f}})=\delta\boldsymbol{x}_{\mathrm{f}}-\dot{\boldsymbol{x}}(t_{\mathrm{f}})\delta t_{\mathrm{f}}$$

将上式代入式（7.28）整理得

$$\left\{L[\boldsymbol{x},\dot{\boldsymbol{x}},t]-\dot{\boldsymbol{x}}^{T}(t)\frac{\partial L}{\partial \dot{\boldsymbol{x}}}\right\}\Bigg|_{t=t_{\mathrm{f}}}\delta t_{\mathrm{f}}+\left(\frac{\partial L}{\partial \dot{\boldsymbol{x}}}\right)^{\mathrm{T}}\Bigg|_{t=t_{\mathrm{f}}}\delta\boldsymbol{x}(t_{\mathrm{f}})=\boldsymbol{0}$$

因为 $\delta\boldsymbol{x}_{\mathrm{f}}$ 和 δt_{f} 均任意，所以 t_{f} 可变，$\boldsymbol{x}(t_{\mathrm{f}})$ 自由时的终端横截条件为

$$\left\{L[\boldsymbol{x},\dot{\boldsymbol{x}},t]-\dot{\boldsymbol{x}}^{\mathrm{T}}(t)\frac{\partial L}{\partial \dot{\boldsymbol{x}}}\right\}\Bigg|_{t=t_{\mathrm{f}}}=\boldsymbol{0}$$

$$\left(\frac{\partial L}{\partial \dot{\boldsymbol{x}}}\right)^{\mathrm{T}}\Bigg|_{t=t_{\mathrm{f}}}=\boldsymbol{0}$$

（2）终端时刻 t_{f} 可变，终端状态 $\boldsymbol{x}(t_{\mathrm{f}})$ 有约束。

设终端约束方程为

$$\boldsymbol{x}(t_{\mathrm{f}})=\boldsymbol{\varphi}(t_{\mathrm{f}})$$

在这种情况下，$\delta\boldsymbol{x}_{\mathrm{f}}$ 不能任意，它受以上的条件约束，同时满足式（7.23）和式（7.24），

即有

$$\begin{cases}\delta \boldsymbol{x}(t_{\rm f}) = \delta \boldsymbol{x}_{\rm f} - \dot{\boldsymbol{x}}(t_{\rm f})\delta t_{\rm f} \\ \delta \boldsymbol{x}_{\rm f} = \dot{\boldsymbol{\varphi}}(t_{\rm f})\delta t_{\rm f}\end{cases}$$

将以上式代入式（7.28），整理得

$$\left\{L[\boldsymbol{x},\dot{\boldsymbol{x}},t] + [\dot{\boldsymbol{\varphi}}(t) - \dot{\boldsymbol{x}}(t)]^{\rm T}\frac{\partial L}{\partial \dot{\boldsymbol{x}}}\right\}\bigg|_{t=t_{\rm f}} \delta t_{\rm f} = 0$$

由于 $\delta x_{\rm f}$ 的任意性，即 $\delta x_{\rm f} \neq 0$，可得终端横截条件为

$$\left\{L[\boldsymbol{x},\dot{\boldsymbol{x}},t] + [\dot{\boldsymbol{\varphi}}(t) - \dot{\boldsymbol{x}}(t)]^{\rm T}\frac{\partial L}{\partial \dot{\boldsymbol{x}}}\right\}\bigg|_{t=t_{\rm f}} = 0 \tag{7.29}$$

式（7.29）建立了极值曲线的终端的斜率 $\dot{\boldsymbol{x}}(t)$ 与给定约束曲线 $\dot{\boldsymbol{\varphi}}(t)$ 的斜率之间的关系，这种关系称为终端可变边界的终端横截条件。

定理证毕。

在控制工程中，目标曲线大多是平行于 t 轴的一条直线，其相当于终端状态 $\boldsymbol{x}(t_{\rm f})$ 固定、终端时间 $t_{\rm f}$ 可变的情况。在这种情况下，$\dot{\boldsymbol{\varphi}}(t) = 0$，因此式（7.29）的终端横截条件可简化为

$$\left\{L[\boldsymbol{x},\dot{\boldsymbol{x}},t] - [\dot{\boldsymbol{x}}(t)]^{\rm T}\frac{\partial L}{\partial \dot{\boldsymbol{x}}}\right\}\bigg|_{t=t_{\rm f}} = 0$$

如果终端目标曲线 $\boldsymbol{\varphi}(t)$ 为垂直于 t 轴的直线，如图 7-5 所示，则 $\dot{\boldsymbol{\varphi}}(t) = \infty$，式（7.29）可写为

$$\left\{\frac{L[\boldsymbol{x},\dot{\boldsymbol{x}},t]}{[\dot{\boldsymbol{\varphi}}(t) - \dot{\boldsymbol{x}}(t)]^{\rm T}} + \frac{\partial L}{\partial \dot{\boldsymbol{x}}}\right\}\bigg|_{t=t_{\rm f}} = 0$$

故终端横截条件变为

$$\frac{\partial L}{\partial \dot{\boldsymbol{x}}}\bigg|_{t=t_{\rm f}} = 0 \tag{7.30}$$

若状态曲线 $\boldsymbol{x}(t)$ 的始端可变、终端固定。例如，始端状态 $\boldsymbol{x}(t_0)$ 只能沿着给定目标曲线 $\dot{\boldsymbol{\varphi}}(t)$ 变化时，则可用上面推证类似的方法求出始端横截条件为

$$\left\{[\dot{\boldsymbol{\varphi}}(t) - \dot{\boldsymbol{x}}(t)]^{\rm T}\frac{\partial L}{\partial \dot{\boldsymbol{x}}} + L[\boldsymbol{x},\dot{\boldsymbol{x}},t]\right\}\bigg|_{t=t_0} = 0$$

终端边界条件为

$$\boldsymbol{x}(t_{\rm f}) = \boldsymbol{x}_{\rm f}$$

【例 7-4】设性能指标泛函为

$$J = \int_0^{t_{\rm f}} (1 + \dot{x}^2)^{1/2}\,{\rm d}t$$

其终端时刻 $t_{\rm f}$ 未给定。已知 $x(0) = 1$，要求：

$$x(t_{\rm f}) = \varphi(t_{\rm f}) = 2 - t_{\rm f}$$

求使泛函为极值的最优曲线 $x^*(t)$ 及相应的 $t_{\rm f}^*$ 和 J^*。

解：本例给出的指标泛函就是 $x(t)$ 的弧长，约束方程 $\varphi(t) = 2 - t$ 为平面上的斜直线，如图 7-5 所示。本例问题的实质是，求从 $x(0)$ 到直线 $\varphi(t)$ 弧长最短的曲线 $x^*(t)$ 。在图 7-5 中，

$x(t)$ 为一条任意的容许曲线。

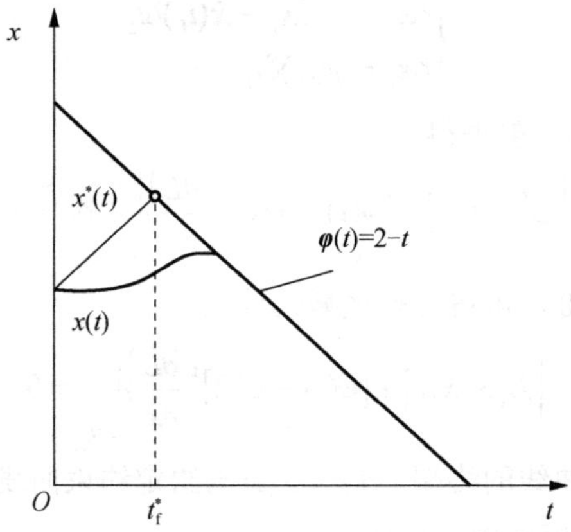

图 7-5　点到直线的最优曲线

由题意可得

$$L(x,\dot{x},t)=(1+\dot{x}^2)^{1/2}$$

其偏导数为

$$\frac{\partial L}{\partial x}=0,\qquad \frac{\partial L}{\partial \dot{x}}=\frac{\dot{x}}{(1+\dot{x}^2)^{1/2}}$$

根据欧拉方程：

$$\frac{\partial L}{\partial x}-\frac{\mathrm{d}}{\mathrm{d}t}\frac{\partial L}{\partial \dot{x}}=-\frac{\mathrm{d}}{\mathrm{d}t}\left[\frac{\dot{x}}{\sqrt{1+\dot{x}^2}}\right]=0$$

可得

$$\frac{\dot{x}}{\sqrt{1+\dot{x}^2}}=c\text{，}\quad \dot{x}^2=\frac{c^2}{1-c^2}=a^2$$

其中，c 为积分常数；a 为待定常数。
因此有

$$\dot{x}(t)=a\text{，}\quad x(t)=at+b$$

其中，b 是待定常数。

由 $x(0)=1$，求得 $b=1$ 。

由横截条件：

$$\left[L+(\dot{\varphi}-\dot{x})^{\mathrm{T}}\frac{\partial L}{\partial \dot{x}}\right]\Bigg|_{t=t_{\mathrm{f}}}=\left[\sqrt{1+\dot{x}^2}+(-1-\dot{x})\frac{\dot{x}}{\sqrt{1+\dot{x}^2}}\right]\Bigg|_{t=t_{\mathrm{f}}}=0$$

解得 $\dot{x}(t_f)=1$ 。

因为 $\dot{x}(t)=a$，所以 $a=1$。从而最优曲线为

$$x^*(t)=t+1$$

当 $t=t_{\mathrm{f}}$ 时，$x(t_{\mathrm{f}})=\varphi(t_{\mathrm{f}})$，即

$$t_{\mathrm{f}}+1=2-t_{\mathrm{f}}$$

求出最优终端时刻 t_{f}^*=0.5 。

将 $x^*(t)$ 及 t_f^* 代入指标泛函，可得最优性能指标为

$$J^* = 0.707$$

7.2.2 应用变分法求解最优控制问题

1．固定端点的最优控制问题

设系统的状态方程为

$$\dot{\boldsymbol{x}}(t) = \boldsymbol{f}\left[\boldsymbol{x}(t), \boldsymbol{u}(t), t\right] \tag{7.31}$$

其中，$\boldsymbol{x}(t)$ 为 n 维状态向量；$\boldsymbol{u}(t)$ 为 r 维控制向量；$\boldsymbol{f}(\cdot)$ 为 n 维向量函数。系统的始端和终端满足：

$$\boldsymbol{x}(t_0) = \boldsymbol{x}_0\text{，}\quad \boldsymbol{x}(t_f) = \boldsymbol{x}_f$$

系统的性能指标泛函为

$$J = \int_{t_0}^{t_f} L\left[\boldsymbol{x}(t), \boldsymbol{u}(t), t\right]\mathrm{d}t \tag{7.32}$$

试确定使式（7.31）系统由已知初态 $\boldsymbol{x}_0$ 转移到终态 $\boldsymbol{x}_f$，且给定的指标泛函式（7.32）达到极值的最优控制向量 $\boldsymbol{u}^*(t)$ 和最优曲线 $\boldsymbol{x}^*(t)$。

显然，上述问题是一个有等式约束的泛函极值问题，采用拉格朗日乘子法将有约束泛函极值问题转换为无约束泛函极值问题，即

$$J = \int_{t_0}^{t_f}\left\{L\left[\boldsymbol{x}, \boldsymbol{u}, t\right] + \boldsymbol{\lambda}^{\mathrm{T}}(t)\left[\boldsymbol{f}\left[\boldsymbol{x}, \boldsymbol{u}, t\right] - \dot{\boldsymbol{x}}(t)\right]\right\}\mathrm{d}t \tag{7.33}$$

其中，$\boldsymbol{\lambda}(t) = \left[\lambda_1(t), \lambda_2(t), \cdots \lambda_n(t)\right]^{\mathrm{T}}$ 为拉格朗日乘子向量。

现引入一个标量函数

$$H\left[\boldsymbol{x}(t), \boldsymbol{u}(t), \boldsymbol{\lambda}(t), t\right] = L\left[\boldsymbol{x}(t), \boldsymbol{u}(t), t\right] + \boldsymbol{\lambda}^{\mathrm{T}}(t)\boldsymbol{f}\left[\boldsymbol{x}(t), \boldsymbol{u}(t), t\right] \tag{7.34}$$

其中，H 为哈密顿函数，它是 $\boldsymbol{x}(t)$、$\boldsymbol{u}(t)$、$\boldsymbol{\lambda}(t)$ 和 t 的函数。

由式（7.33）和式（7.34），可得

$$J = \int_{t_0}^{t_f}\left\{H\left[\boldsymbol{x}(t), \boldsymbol{u}(t), \boldsymbol{\lambda}(t), t\right] - \boldsymbol{\lambda}^{\mathrm{T}}\dot{\boldsymbol{x}}(t)\right\}\mathrm{d}t \tag{7.35}$$

对式（7.35）的最后一项进行分部积分变换，可得

$$J = \int_{t_0}^{t_f}\left\{H\left[\boldsymbol{x}(t), \boldsymbol{u}(t), \boldsymbol{\lambda}(t), t\right] + \dot{\boldsymbol{\lambda}}^{\mathrm{T}}(t)\boldsymbol{x}(t)\right\}\mathrm{d}t - \boldsymbol{\lambda}^{\mathrm{T}}\boldsymbol{x}(t)\Big|_{t=t_0}^{t=t_f} \tag{7.36}$$

根据泛函极值存在的必要条件可知，式（7.36）取极值的必要条件是一阶变分为零，即 $\delta J = 0$。在式（7.36）中引起泛函 J 的变分的控制变量是控制变量 $\boldsymbol{u}(t)$ 和状态变量 $\boldsymbol{x}(t)$ 的变分 $\delta\boldsymbol{u}(t)$ 和 $\delta\boldsymbol{x}(t)$。将式（7.36）对它们分别取变分，则得

$$\delta J = \int_{t_0}^{t_f}\left[\left(\frac{\partial H}{\partial \boldsymbol{u}}\right)^{\mathrm{T}}\delta\boldsymbol{u} + \left(\frac{\partial H}{\partial \boldsymbol{x}}\right)^{\mathrm{T}}\delta\boldsymbol{x} + \dot{\boldsymbol{\lambda}}^{\mathrm{T}}\delta\boldsymbol{x}\right]\mathrm{d}t - \boldsymbol{\lambda}^{\mathrm{T}}\delta\boldsymbol{x}\Big|_{t=t_0}^{t=t_f} = 0 \tag{7.37}$$

其中，$\delta\boldsymbol{x} = \left[\delta x_1, \delta x_2, \cdots, \delta x_n\right]^{\mathrm{T}}$，$\delta\boldsymbol{u} = \left[\delta u_1, \delta u_2, \cdots, \delta u_n\right]^{\mathrm{T}}$。

由于应用了拉格朗日乘子法后 $\boldsymbol{x}(t)$ 和 $\boldsymbol{u}(t)$ 可看作是彼此独立的，$\delta\boldsymbol{x}$ 和 $\delta\boldsymbol{u}$ 不受约束，即 $\delta\boldsymbol{x}$ 和 $\delta\boldsymbol{u}$ 是任意的。换言之，$\delta\boldsymbol{x} \neq 0$，$\delta\boldsymbol{u} \neq 0$，因此由式（7.37）可得泛函极值存在的必要条件是，伴随方程（或称协状态方程）：

$$\dot{\boldsymbol{\lambda}} = -\frac{\partial H}{\partial \boldsymbol{x}} \quad (7.38)$$

控制方程：

$$\frac{\partial H}{\partial \boldsymbol{u}} = 0 \quad (7.39)$$

横截条件：

$$\boldsymbol{\lambda}^{\mathrm{T}} \delta \boldsymbol{x} \Big|_{t=t_0}^{t=t_f} = 0 \quad (7.40)$$

根据式（7.34）哈密尔顿函数，可得状态方程：

$$\dot{\boldsymbol{x}} = \frac{\partial H}{\partial \boldsymbol{\lambda}} = \boldsymbol{f}[\boldsymbol{x}(t), \boldsymbol{u}(t), t] \quad (7.41)$$

式（7.38）～式（7.41）即最优控制问题式（7.32）的最优解的必要条件，这些式子亦可由欧拉方程导出。若将式（7.35）中的被积分部分改写为

$$G[\boldsymbol{x}(t), \boldsymbol{u}(t), \boldsymbol{\lambda}(t), t] = H[\boldsymbol{x}(t), \boldsymbol{u}(t), \boldsymbol{\lambda}(t), t] - \boldsymbol{\lambda}^{\mathrm{T}}(t)\dot{\boldsymbol{x}}(t)$$

则

$$J = \int_{t_0}^{t_f} G[\boldsymbol{x}(t), \boldsymbol{u}(t), \boldsymbol{\lambda}(t), t]\mathrm{d}t$$

由此可得

$$\frac{\partial G}{\partial \boldsymbol{x}} - \frac{\mathrm{d}}{\mathrm{d}t}\frac{\partial G}{\partial \dot{\boldsymbol{x}}} = 0$$

即 $\frac{\partial H}{\partial \boldsymbol{x}} + \frac{d}{dt}\boldsymbol{\lambda}(t) = 0$， $\dot{\boldsymbol{\lambda}} = -\frac{\partial H}{\partial \boldsymbol{x}}$。

因有

$$\frac{\partial G}{\partial \boldsymbol{\lambda}} - \frac{\mathrm{d}}{\mathrm{d}t}\frac{\partial G}{\partial \dot{\boldsymbol{\lambda}}} = 0$$

则 $\dot{\boldsymbol{x}} = \frac{\partial H}{\partial \boldsymbol{\lambda}} = f[\boldsymbol{x}, \boldsymbol{u}, t]$。

因有

$$\frac{\partial G}{\partial \boldsymbol{u}} - \frac{\mathrm{d}}{\mathrm{d}t}\frac{\partial G}{\partial \dot{\boldsymbol{u}}} = 0$$

则 $\frac{\partial H}{\partial \boldsymbol{u}} = 0$。

鉴于上述内容极为重要，我们把它归纳成下列定理。

定理 7-5 设系统的状态方程是

$$\dot{\boldsymbol{x}}(t) = \boldsymbol{f}[\boldsymbol{x}(t), \boldsymbol{u}(t), t]$$

则把状态 $\boldsymbol{x}(t)$ 自始端 $\boldsymbol{x}(t_0) = \boldsymbol{x}_0$ 转移到终端 $\boldsymbol{x}(t_f) = \boldsymbol{x}_f$，并使性能指标泛函：

$$J = \int_{t_0}^{t_f} L[\boldsymbol{x}(t), \boldsymbol{u}(t), t]\mathrm{d}t$$

取极值，以实现最优控制的必要条件如下。

（1）最优曲线 $\boldsymbol{x}^*(t)$ 和最优伴随向量 $\boldsymbol{\lambda}^*(t)$ 满足正则方程：

$$\dot{\boldsymbol{x}} = \frac{\partial H}{\partial \boldsymbol{\lambda}}$$

$$\dot{\boldsymbol{\lambda}}(t)=-\frac{\partial H}{\partial \boldsymbol{x}}$$

其中，$H[\boldsymbol{x}(t),\boldsymbol{u}(t),t]=L[\boldsymbol{x},\boldsymbol{u},t]+\boldsymbol{\lambda}^{\mathrm{T}}(t)\boldsymbol{f}(\boldsymbol{x},\boldsymbol{u},t)$。

（2）最优曲线 $\boldsymbol{u}^*(t)$ 满足控制方程：

$$\frac{\partial H}{\partial \boldsymbol{u}}=0$$

（3）边界条件：

$$\boldsymbol{x}(t_0)=\boldsymbol{x}_0,\quad \boldsymbol{x}(t_{\mathrm{f}})=\boldsymbol{x}_{\mathrm{f}}$$

当然对于以上等式约束（状态方程约束）问题，也可先利用状态方程得到 $\boldsymbol{u}(t)$ 与 $\boldsymbol{x}(t)$ 和 $\dot{\boldsymbol{x}}(t)$ 的关系，然后将其代入性能指标泛函中可得如下形式：

$$J=\int_{t_0}^{t_{\mathrm{f}}}L[\boldsymbol{x}(t),\dot{\boldsymbol{x}}(t),t]\mathrm{d}t$$

此时就变为无约束的最优控制问题，它完全可利用上文的欧拉方程求解。

【例 7-5】 设人造地球卫星姿态控制系统的状态方程为

$$\dot{\boldsymbol{x}}(t)=\begin{bmatrix}0 & 1\\ 0 & 0\end{bmatrix}\boldsymbol{x}(t)+\begin{bmatrix}0\\ 1\end{bmatrix}u(t)$$

指标函数为

$$J=\frac{1}{2}\int_0^2 u^2(t)\mathrm{d}t$$

边界条件为

$$\boldsymbol{x}(0)=\begin{bmatrix}1\\ 1\end{bmatrix},\quad \boldsymbol{x}(2)=\begin{bmatrix}0\\ 0\end{bmatrix}$$

试求使指标函数取极值的最优曲线 $\boldsymbol{x}^*(t)$ 和最优控制 $u^*(t)$。

解：因有

$$L=\frac{1}{2}u^2,\quad \boldsymbol{\lambda}^{\mathrm{T}}=[\lambda_1\quad \lambda_2],\quad \boldsymbol{f}=\begin{bmatrix}f_1\\ f_2\end{bmatrix}=\begin{bmatrix}x_2\\ u\end{bmatrix}$$

则标量函数为

$$H=L+\boldsymbol{\lambda}^{\mathrm{T}}\boldsymbol{f}=\frac{1}{2}u^2+\lambda_1x_2+\lambda_2u$$

$$G=H-\boldsymbol{\lambda}^{\mathrm{T}}\dot{\boldsymbol{x}}(t)=\frac{1}{2}u^2+\lambda_1(x_2-\dot{x}_1)+\lambda_2(u-\dot{x}_2)$$

欧拉方程为

$$\begin{cases}\dfrac{\partial G}{\partial x_1}-\dfrac{\mathrm{d}}{\mathrm{d}t}\dfrac{\partial G}{\partial \dot{x}_1}=\dot{\lambda}_1=0, & \lambda_1=a\\[2ex] \dfrac{\partial G}{\partial x_2}-\dfrac{\mathrm{d}}{\mathrm{d}t}\dfrac{\partial G}{\partial \dot{x}_2}=\lambda_1+\dot{\lambda}_2=0, & \lambda_2=-at+b\\[2ex] \dfrac{\partial G}{\partial u}-\dfrac{\mathrm{d}}{\mathrm{d}t}\dfrac{\partial G}{\partial \dot{u}}=u+\lambda_2=0, & u=at-b\end{cases}$$

其中，常数 a 和 b 待定。

状态约束方程为

$$\dot{x}_2 = u = at - b, \qquad x_2 = \frac{1}{2}at^2 - bt + c$$

$$\dot{x}_1 = x_2 = \frac{1}{2}at^2 - bt + c, \quad x_1 = \frac{1}{6}at^3 - \frac{1}{2}bt^2 + ct + d$$

其中，常数c,d待定。

由题意可知边界条件为

$$x_1(0) = 1,\ x_2(0) = 1;\ x_1(2) = 0,\ x_2(2) = 0$$

将边界条件代入状态约束方程可求得

$$a = 3,\ b = 3.5,\ c = d = 1$$

于是最优曲线为

$$x_1^*(t) = 0.5t^3 - 1.75t^2 + t + 1$$
$$x_2^*(t) = 1.5t^2 - 3.5t + 1$$

最优控制为

$$u^*(t) = 3t - 3.5$$

2．可变端点的最优控制问题

为不失一般性，对可变端点的最优控制问题假定始端固定终端可变。

设系统状态方程为

$$\dot{\boldsymbol{x}}(t) = \boldsymbol{f}\left[\boldsymbol{x}(t), \boldsymbol{u}(t), t\right] \tag{7.42}$$

其中，$\boldsymbol{x}(t)$为n维状态向量；$\boldsymbol{u}(t)$为r维控制向量；$\boldsymbol{f}(\cdot)$为n维向量函数。

系统的始端满足：

$$\boldsymbol{x}(t_0) = \boldsymbol{x}_0$$

而系统的性能指标为

$$J = F\left[\boldsymbol{x}(t_{\mathrm{f}}), t_{\mathrm{f}}\right] + \int_{t_0}^{t_{\mathrm{f}}} L\left[\boldsymbol{x}(t), \boldsymbol{u}(t), t\right]\mathrm{d}t \tag{7.43}$$

试确定使式（7.42）系统由已知初态$\boldsymbol{x}_0$转移到要求的终端，并使给定的指标泛函式（7.43）达到极值的最优控制向量$\boldsymbol{u}^*(t)$和最优曲线$\boldsymbol{x}^*(t)$。

（1）终端时刻t_{f}固定，终端状态$\boldsymbol{x}(t_{\mathrm{f}})$自由。

首先引入拉格朗日乘子向量，将问题转化成无约束变分问题。其次定义一个如式（7.34）所示的哈密顿函数，则可得

$$\begin{aligned} J &= F\left[\boldsymbol{x}(t_{\mathrm{f}}), t_{\mathrm{f}}\right] + \int_{t_0}^{t_{\mathrm{f}}} \left\{H\left[\boldsymbol{x}(t), \boldsymbol{u}(t), \boldsymbol{\lambda}(t), t\right] - \boldsymbol{\lambda}^{\mathrm{T}}(t)\dot{\boldsymbol{x}}(t)\right\}\mathrm{d}t \\ &= F\left[\boldsymbol{x}(t_{\mathrm{f}}), t_{\mathrm{f}}\right] + \int_{t_0}^{t_{\mathrm{f}}} \left\{H\left[\boldsymbol{x}(t), \boldsymbol{u}(t), \boldsymbol{\lambda}(t), t\right] + \dot{\boldsymbol{\lambda}}^{\mathrm{T}}(t)\boldsymbol{x}(t)\right\}\mathrm{d}t - \boldsymbol{\lambda}^{\mathrm{T}}(t)\boldsymbol{x}(t)\Big|_{t=t_0}^{t=t_{\mathrm{f}}} \end{aligned} \tag{7.44}$$

系统性能指标J的一次变分为

$$\delta J = \left(\frac{\partial F}{\partial \boldsymbol{x}}\right)^{\mathrm{T}} \delta\boldsymbol{x}\Bigg|_{t=t_{\mathrm{f}}} + \int_{t_0}^{t_{\mathrm{f}}} \left[\left(\frac{\partial H}{\partial \boldsymbol{u}}\right)^{\mathrm{T}} \delta\boldsymbol{u} + \left(\frac{\partial H}{\partial \boldsymbol{x}}\right)^{\mathrm{T}} \delta\boldsymbol{x} + \dot{\boldsymbol{\lambda}}^{\mathrm{T}}\delta\boldsymbol{x}\right]\mathrm{d}t - \boldsymbol{\lambda}^{\mathrm{T}}\delta\boldsymbol{x}\Big|_{t=t_0}^{t=t_{\mathrm{f}}}$$

泛函极值存在的必要条件为$\delta J = 0$，考虑到$\delta\boldsymbol{x}(t_0) = 0$，可得

$$\delta J = \left[\left(\frac{\partial F}{\partial \boldsymbol{x}} \right)^{\mathrm{T}} - \boldsymbol{\lambda}^{\mathrm{T}} \right] \delta \boldsymbol{x} \Bigg|_{t=t_{\mathrm{f}}} + \int_{t_0}^{t_{\mathrm{f}}} \left[\left(\frac{\partial H}{\partial \boldsymbol{x}} \right)^{\mathrm{T}} + \dot{\boldsymbol{\lambda}}^{\mathrm{T}} \right] \delta \boldsymbol{x} \mathrm{d}t + \int_{t_0}^{t_{\mathrm{f}}} \left(\frac{\partial H}{\partial \boldsymbol{u}} \right)^{\mathrm{T}} \delta \boldsymbol{u} \mathrm{d}t = 0 \tag{7.45}$$

因此由式（7.45）可得式（7.43）存在极值的必要条件为

状态方程为

$$\dot{\boldsymbol{x}} = \frac{\partial H}{\partial \boldsymbol{\lambda}} = \boldsymbol{f}[\boldsymbol{x}, \boldsymbol{u}, t] \tag{7.46}$$

伴随方程为

$$\dot{\boldsymbol{\lambda}} = -\frac{\partial H}{\partial \boldsymbol{x}} \tag{7.47}$$

控制方程为

$$\frac{\partial H}{\partial \boldsymbol{u}} = \boldsymbol{0} \tag{7.48}$$

横截条件为

$$\boldsymbol{\lambda}(t_{\mathrm{f}}) = \frac{\partial F}{\partial \boldsymbol{x}} \bigg|_{t=t_{\mathrm{f}}} \tag{7.49}$$

（2）终端时刻 t_{f} 固定，终端状态 $\boldsymbol{x}(t_{\mathrm{f}})$ 有约束。

假设终端状态的约束条件为

$$\boldsymbol{N}_1\left[\boldsymbol{x}(t_{\mathrm{f}}), t_{\mathrm{f}}\right] = \boldsymbol{0} \tag{7.50}$$

其中，$\boldsymbol{N}_1 = [N_{11}, N_{12}, \cdots, N_{1m}]^{\mathrm{T}}$。

引用拉格朗日乘子向量 $\boldsymbol{v} = [v_1, v_2, \cdots, v_m]^{\mathrm{T}}$，将式（7.50）与式（7.44）中的泛函相连系，于是有

$$J = F[\boldsymbol{x}(t_{\mathrm{f}}), t_{\mathrm{f}}] + \boldsymbol{v}^{\mathrm{T}} \boldsymbol{N}_1[\boldsymbol{x}(t_{\mathrm{f}}), t_{\mathrm{f}}] + \int_{t_0}^{t_{\mathrm{f}}} \left[H - \boldsymbol{\lambda}^{\mathrm{T}} \dot{\boldsymbol{x}}(t)\right] \mathrm{d}t \tag{7.51}$$

令

$$F_1[\boldsymbol{x}(t_{\mathrm{f}}), t_{\mathrm{f}}] = F[\boldsymbol{x}(t_{\mathrm{f}}), t_{\mathrm{f}}] + \boldsymbol{v}^{\mathrm{T}} \boldsymbol{N}_1[\boldsymbol{x}(t_{\mathrm{f}}), t_{\mathrm{f}}]$$

则有

$$J = F_1[\boldsymbol{x}(t_{\mathrm{f}}), t_{\mathrm{f}}] + \int_{t_0}^{t_{\mathrm{f}}} \left[H - \boldsymbol{\lambda}^{\mathrm{T}} \dot{\boldsymbol{x}}(t)\right] \mathrm{d}t \tag{7.52}$$

将式（7.52）与式（7.44）相比较，可知式（7.46）至式（7.49）中，只有横截条件式（7.49）发生了变化。因此，只要将 F 换成 F_1，其他方程均不改变即可。终端状态有约束的泛函数极值存在的必要条件如下所示。

状态方程：

$$\dot{\boldsymbol{x}} = \frac{\partial H}{\partial \boldsymbol{\lambda}} = \boldsymbol{f}[\boldsymbol{x}, \boldsymbol{u}, t]$$

伴随方程：

$$\dot{\boldsymbol{\lambda}} = -\frac{\partial H}{\partial \boldsymbol{x}}$$

控制方程：

$$\frac{\partial H}{\partial \boldsymbol{u}} = \boldsymbol{0}$$

横截条件：

$$\boldsymbol{\lambda}(t_1) = \left[\frac{\partial F}{\partial \boldsymbol{x}} + \left(\frac{\partial \boldsymbol{N}_1^{\mathrm{T}}}{\partial \boldsymbol{x}}\right)\boldsymbol{v}\right]\Bigg|_{t=t_{\mathrm{f}}}$$

终端约束：

$$\boldsymbol{N}_1\left[\boldsymbol{x}(t_{\mathrm{f}}), t_{\mathrm{f}}\right] = \boldsymbol{0}$$

【例 7-6】 设系统方程为

$$\begin{cases} \dot{x}_1(t) = x_2(t) \\ \dot{x}_2(t) = u(t) \end{cases}$$

求从已知初态 $x_1(0)=0$ 和 $x_2(0)=0$，在 $t_{\mathrm{f}}=1$ 时转移到目标集（终端约束）：

$$x_1(1) + x_2(1) = 1$$

且使性能指标：

$$J = \frac{1}{2}\int_0^1 u^2(t)\mathrm{d}t$$

为最小的最优控制 $u^*(t)$ 和相应的最优曲线 $\boldsymbol{x}^*(t)$。

解：由题意可得

$$F\left[x(t_{\mathrm{f}}), t_{\mathrm{f}}\right] = 0，\ L(\cdot) = \frac{1}{2}u^2$$

$$\boldsymbol{N}_1\left[x(t_{\mathrm{f}})\right] = x_1(1) + x_2(1) - 1$$

构造哈密顿函数：

$$H = \frac{1}{2}u^2 + \lambda_1 x_2 + \lambda_2 u$$

伴随方程：

$$\dot{\lambda}_1 = -\frac{\partial H}{\partial x_1} = 0，\quad \lambda_1(t) = c_1，\quad \dot{\lambda}_2 = -\frac{\partial H}{\partial x_2} = -\lambda_1，\quad \lambda_2(t) = -c_1 t + c_2$$

极值条件：

$$\frac{\partial H}{\partial u} = u + \lambda_2 = 0，\quad u(t) = -\lambda_2(t) = c_1 t - c_2$$

状态方程：

$$\dot{x}_2 = u = c_1 t - c_2，\quad x_2(t) = \frac{1}{2}c_1 t^2 - c_2 t + c_3$$

$$\dot{x}_1 = x_2 = \frac{1}{2}c_1 t^2 - c_2 t + c_3，\quad x_1(t) = \frac{1}{6}c_1 t^3 - \frac{1}{2}c_2 t^2 + c_2 t + c_4$$

因已知初态为 $x_1(0) = x_2(0) = 0$，所以结合上式可求得：$c_3 = c_4 = 0$。

再由目标集条件 $x_1(1) + x_2(1) = 1$，可得

$$4c_1 - 9c_2 = 6$$

根据横截条件：

$$\lambda_1(1)=\frac{\partial \boldsymbol{N}_1^{\mathrm{T}}}{\partial x_1(t)}v\bigg|_{t=1}=v,\quad \lambda_2(1)=\frac{\partial \boldsymbol{N}_1^{\mathrm{T}}}{\partial x_2(t)}v\bigg|_{t=1}=v$$

可得 $\lambda_1(1)=\lambda_2(1)$，故有 $c_1=\dfrac{1}{2}c_2$。

解得

$$c_1=-\frac{3}{7},\quad c_2=-\frac{6}{7}$$

因此，本例最优解为

$$u^*(t)=-\frac{3}{7}(t-2),\quad x_1^*(t)=-\frac{1}{14}t^2(t-6),\quad x_2^*=-\frac{3}{14}t(t-4)$$

（3）终端时刻 t_{f} 可变，终端状态 $\boldsymbol{x}(t_{\mathrm{f}})$ 有约束。

假设系统终端满足约束条件：

$$\boldsymbol{N}_1\left[x(t_{\mathrm{f}}),t_{\mathrm{f}}\right]=\boldsymbol{0}$$

其中，$\boldsymbol{N}_1=\left[N_{11},N_{12},\cdots,N_{1m}\right]^{\mathrm{T}}$。通过拉格朗日乘子法，即可得到无约束条件下的泛函。该泛函与式（7.51）具有相同的形式，即

$$J=F\left[\boldsymbol{x}(t_{\mathrm{f}}),t_{\mathrm{f}}\right]+\boldsymbol{v}^{\mathrm{T}}\boldsymbol{N}_1\left[\boldsymbol{x}(t_{\mathrm{f}}),t_{\mathrm{f}}\right]+\int_{t_0}^{t_{\mathrm{f}}}\left\{H\left[\boldsymbol{x}(t),\boldsymbol{u}(t),\boldsymbol{\lambda}(t),t\right]-\boldsymbol{\lambda}^{\mathrm{T}}(t)\dot{\boldsymbol{x}}(t)\right\}\mathrm{d}t$$

由于 t_{f} 是可变的，这时不仅有最优控制、最优曲线，而且还有最优终端时间需要确定，取泛函增量：

$$\begin{aligned}\Delta J=&F\left[\boldsymbol{x}(t_{\mathrm{f}})+\delta\boldsymbol{x}_{\mathrm{f}},t_{\mathrm{f}}+\delta t_{\mathrm{f}}\right]-F\left[\boldsymbol{x}(t_{\mathrm{f}}),t_{\mathrm{f}}\right]\\&+\boldsymbol{v}^{\mathrm{T}}\left\{\boldsymbol{N}_1\left[\boldsymbol{x}(t_{\mathrm{f}})+\delta\boldsymbol{x}_{\mathrm{f}},t_{\mathrm{f}}+\delta t_{\mathrm{f}}\right]-\boldsymbol{N}_1\left[\boldsymbol{x}(t_{\mathrm{f}}),t_{\mathrm{f}}\right]\right\}\\&+\int_{t_{\mathrm{f}}}^{t_{\mathrm{f}}+\delta t_{\mathrm{f}}}\left\{H\left[\boldsymbol{x}(t)+\delta\boldsymbol{x},\boldsymbol{u}(t)+\delta\boldsymbol{u},\boldsymbol{\lambda}(t),t\right]-\boldsymbol{\lambda}^{\mathrm{T}}(t)\left[\dot{\boldsymbol{x}}(t)+\delta\dot{\boldsymbol{x}}\right]\right\}\mathrm{d}t\\&-\int_{t_0}^{t_{\mathrm{f}}}\left\{H\left[\boldsymbol{x}(t),\boldsymbol{u}(t),\boldsymbol{\lambda}(t),t\right]-\boldsymbol{\lambda}^{\mathrm{T}}(t)\dot{\boldsymbol{x}}(t)\right\}\mathrm{d}t\end{aligned}\tag{7.53}$$

对式（7.53）利用泰勒初级展开并取其主部，以及应用积分中值定理，因为 $\delta\boldsymbol{x}(t_0)=\boldsymbol{0}$，所以泛函的一次变分为

$$\begin{aligned}\delta J=&\left(\frac{\partial F}{\partial \boldsymbol{x}(t_{\mathrm{f}})}\right)^{\mathrm{T}}\delta\boldsymbol{x}_{\mathrm{f}}+\frac{\partial F}{\partial t_{\mathrm{f}}}\delta t_{\mathrm{f}}+\boldsymbol{v}^{\mathrm{T}}\left[\left(\frac{\partial \boldsymbol{N}_1^{\mathrm{T}}}{\partial \boldsymbol{x}(t_{\mathrm{f}})}\right)^{\mathrm{T}}\delta\boldsymbol{x}_{\mathrm{f}}+\frac{\partial \boldsymbol{N}_1}{\partial t_{\mathrm{f}}}\delta t_{\mathrm{f}}\right]\\&+(H-\boldsymbol{\lambda}^{\mathrm{T}}\dot{\boldsymbol{x}})\big|_{t=t_{\mathrm{f}}}\delta t_{\mathrm{f}}+\int_{t_0}^{t_{\mathrm{f}}}\left[\left(\frac{\partial H}{\partial \boldsymbol{u}}\right)^{\mathrm{T}}\delta\boldsymbol{u}+\left(\frac{\partial H}{\partial \boldsymbol{x}}\right)^{\mathrm{T}}\delta\boldsymbol{x}+\dot{\boldsymbol{\lambda}}^{\mathrm{T}}\delta\boldsymbol{x}\right]\mathrm{d}t-\boldsymbol{\lambda}^{\mathrm{T}}\delta\boldsymbol{x}\big|_{t=t_{\mathrm{f}}}\\=&\left(\frac{\partial F}{\partial \boldsymbol{x}(t_{\mathrm{f}})}\right)^{\mathrm{T}}\delta\boldsymbol{x}_{\mathrm{f}}+\boldsymbol{v}^{\mathrm{T}}\left(\frac{\partial \boldsymbol{N}_1^{\mathrm{T}}}{\partial \boldsymbol{x}(t_{\mathrm{f}})}\right)^{\mathrm{T}}\delta\boldsymbol{x}_{\mathrm{f}}+\frac{\partial F}{\partial t_{\mathrm{f}}}\delta t_{\mathrm{f}}+\boldsymbol{v}^{\mathrm{T}}\frac{\partial \boldsymbol{N}_1}{\partial t_{\mathrm{f}}}\delta t_{\mathrm{f}}+H\delta t_{\mathrm{f}}\\&-\boldsymbol{\lambda}^{\mathrm{T}}(t_{\mathrm{f}})\left[\dot{\boldsymbol{x}}(t_{\mathrm{f}})\delta t_{\mathrm{f}}+\delta\boldsymbol{x}(t_{\mathrm{f}})\right]+\int_{t_0}^{t_{\mathrm{f}}}\left[\left(\frac{\partial H}{\partial \boldsymbol{u}}\right)^{\mathrm{T}}\delta\boldsymbol{u}+\left(\frac{\partial H}{\partial \boldsymbol{x}}\right)^{\mathrm{T}}\delta\boldsymbol{x}+\dot{\boldsymbol{\lambda}}^{\mathrm{T}}\delta\boldsymbol{x}\right]\mathrm{d}t\end{aligned}\tag{7.54}$$

将终端受约束的条件式（7.23）$\delta\boldsymbol{x}_{\mathrm{f}}=\delta\boldsymbol{x}(t_{\mathrm{f}})+\dot{\boldsymbol{x}}(t_{\mathrm{f}})\delta t_{\mathrm{f}}$ 代入式（7.54），整理得

$$\delta J=\left[\frac{\partial F}{\partial \boldsymbol{x}(t_{\mathrm{f}})}+\frac{\partial \boldsymbol{N}_1^{\mathrm{T}}}{\partial \boldsymbol{x}(t_{\mathrm{f}})}\boldsymbol{v}-\boldsymbol{\lambda}(t_{\mathrm{f}})\right]^{\mathrm{T}}\delta \boldsymbol{x}_{\mathrm{f}}+\left[\frac{\partial F}{\partial t_{\mathrm{f}}}+\boldsymbol{v}^{\mathrm{T}}\frac{\partial \boldsymbol{N}_1}{\partial t_{\mathrm{f}}}+H\right]\delta t_{\mathrm{f}} \\ +\int_{t_0}^{t_{\mathrm{f}}}\left[\left(\frac{\partial H}{\partial \boldsymbol{x}}+\dot{\boldsymbol{\lambda}}\right)^{\mathrm{T}}\delta \boldsymbol{x}+\left(\frac{\partial H}{\partial \boldsymbol{u}}\right)^{\mathrm{T}}\delta \boldsymbol{u}\right]\mathrm{d}t \tag{7.55}$$

令式（7.55）等于零，因式（7.55）中各微变量δt_{f}、$\delta \boldsymbol{x}_{\mathrm{f}}$、$\delta \boldsymbol{x}$和$\delta \boldsymbol{u}$均是任意的，在这种情况下泛函极值存在的必要条件如下所示。

状态方程：

$$\dot{\boldsymbol{x}}=\frac{\partial H}{\partial \boldsymbol{\lambda}}=f[\boldsymbol{x},\boldsymbol{u},t]$$

伴随方程：

$$\dot{\boldsymbol{\lambda}}=-\frac{\partial H}{\partial \boldsymbol{x}}$$

控制方程：

$$\frac{\partial H}{\partial \boldsymbol{u}}=\boldsymbol{0}$$

横截条件：

$$\boldsymbol{\lambda}(t_{\mathrm{f}})=\left[\frac{\partial F}{\partial \boldsymbol{x}}+\left(\frac{\partial \boldsymbol{N}_1^{\mathrm{T}}}{\partial \boldsymbol{x}}\right)\boldsymbol{v}\right]\Bigg|_{t=t_{\mathrm{f}}}$$

$$\left[H+\frac{\partial F}{\partial t}+\boldsymbol{v}^{\mathrm{T}}\frac{\partial \boldsymbol{N}_1}{\partial t}\right]\Bigg|_{t=t_{\mathrm{f}}}=0$$

终端约束：

$$\boldsymbol{N}_1\left[\boldsymbol{x}(t_f),t_f\right]=\boldsymbol{0}$$

总结以上结论，可得如下定理。

定理 7-6 设系统的状态方程为

$$\dot{\boldsymbol{x}}(t)=\boldsymbol{f}\left[\boldsymbol{x}(t),\boldsymbol{u}(t),t\right]$$

则把状态$\boldsymbol{x}(t)$自初始状态$\boldsymbol{x}(t_0)=\boldsymbol{x}_0$转移到满足约束条件$\boldsymbol{N}_1\left[\boldsymbol{x}(t_{\mathrm{f}}),t_{\mathrm{f}}\right]=0$的终端状态$\boldsymbol{x}(t_{\mathrm{f}})$，其中$t_{\mathrm{f}}$固定或可变，并使性能泛函：

$$J=F\left[\boldsymbol{x}(t_{\mathrm{f}}),t_{\mathrm{f}}\right]+\int_{t_0}^{t_{\mathrm{f}}}L\left[\boldsymbol{x}(t),\boldsymbol{u}(t),t\right]\mathrm{d}t$$

取极值，实现最优控制的必要条件是如下所示。

（1）最优曲线$\boldsymbol{x}^*(t)$和最优伴随向量$\boldsymbol{\lambda}^*(t)$满足以下正则方程：

$$\dot{\boldsymbol{x}}(t)=\frac{\partial H}{\partial \boldsymbol{\lambda}}$$

$$\dot{\boldsymbol{\lambda}}(t)=-\frac{\partial H}{\partial \boldsymbol{x}}$$

其中，$H\left[\boldsymbol{x}(t),\boldsymbol{u}(t),\boldsymbol{\lambda}(t),t\right]=L\left[\boldsymbol{x}(t),\boldsymbol{u}(t),t\right]+\boldsymbol{\lambda}^{\mathrm{T}}(t)\boldsymbol{f}\left[\boldsymbol{x}(t),\boldsymbol{u}(t),t\right]$。

（2）最优控制$\boldsymbol{u}^*(t)$满足控制方程：

$$\frac{\partial H}{\partial \boldsymbol{u}}=\boldsymbol{0}$$

（3）始端边界条件与终端横截条件：

$$\boldsymbol{x}(t_0)=\boldsymbol{x}_0$$

$$\boldsymbol{N}_1\left[\boldsymbol{x}(t_\mathrm{f}),t_\mathrm{f}\right]=\boldsymbol{0}$$

$$\boldsymbol{\lambda}(t_\mathrm{f})=\left[\frac{\partial F}{\partial \boldsymbol{x}}+\frac{\partial \boldsymbol{N}_1^\mathrm{T}}{\partial \boldsymbol{x}}\boldsymbol{v}\right]\Bigg|_{t=t_\mathrm{f}}$$

其中，$\boldsymbol{\lambda}=\left[\lambda_1,\lambda_2,\cdots,\lambda_n\right]^\mathrm{T}$，$\boldsymbol{v}=\left[v_1,v_2,\cdots,v_m\right]^\mathrm{T}$为拉格朗日乘子向量；$\boldsymbol{N}_1=\left[N_{11},N_{12},\cdots,N_{1m}\right]^\mathrm{T}$。

（4）当终端时间t_f可变，则还需利用以下终端横截条件确定t_f：

$$\left[H+\frac{\partial F}{\partial t}+\boldsymbol{v}^\mathrm{T}\frac{\partial \boldsymbol{N}_1}{\partial t}\right]\Bigg|_{t=t_\mathrm{f}}=0 \quad（t_\mathrm{f}\text{时间可变}）$$

【例 7-7】设一阶系统方程为

$$\dot{x}(t)=u(t)$$

已知$x(0)=1$，要求$x(t_\mathrm{f})=0$，试求使性能指标：

$$J=t_\mathrm{f}+\frac{1}{2}\int_0^{t_\mathrm{f}}u^2(t)\mathrm{d}t$$

为极小值的最优控制$u^*(t)$，以及相应的最优曲线$x^*(t)$、最优终端时刻t_f^*、最小指标J^*，其中，终端时刻t_f未给定。

解：由题意可得

$$F\left[x(t_\mathrm{f}),t_\mathrm{f}\right]=t_\mathrm{f},\quad L(*)=\frac{1}{2}u^2,\quad N_1\left[x(t_\mathrm{f})\right]=0$$

构造哈密顿函数

$$H=\frac{1}{2}u^2+\lambda u$$

由$\dot{\lambda}(t)=-\dfrac{\partial H}{\partial x}=0$，得$\lambda(t)=a$。

再由$\dfrac{\partial H}{\partial u}=u+\lambda=0$，$\dfrac{\partial^2 H}{\partial u^2}=1>0$，得$u(t)=-\lambda(t)=-a$。

根据状态方程$\dot{x}(t)=u=-a$，得$x(t)=-at+b$。

将$x(0)=1$代入上式，可解得

$$x(t)=1-at$$

利用已知的终态条件：

$$x(t_\mathrm{f})=1-at_\mathrm{f}=0$$

可得$t_\mathrm{f}=1/a$。

根据横截条件：

$$H(t_\mathrm{f})=-\frac{\partial F}{\partial t_\mathrm{f}}=-1,\quad \frac{1}{2}u^2(t_\mathrm{f})+\lambda(t_\mathrm{f})u(t_\mathrm{f})=-1$$

求得

$$\frac{1}{2}a^2 - a^2 = -1\text{，}\quad a = \sqrt{2}$$

因此最优解如下：

$$u^* = -\sqrt{2},\ x^*(t) = 1 - \sqrt{2}t,\ t_f^* = \sqrt{2}/2,\ J^* = \sqrt{2}$$

7.3 习　题

习题 7-1　已知泛函为 $J = \int_{t_1}^{t_2} x^2(t)\mathrm{d}t$，求它的变分。

习题 7-2　已知系统的状态方程为

$$\dot{\boldsymbol{x}} = \begin{bmatrix} 0 & 1 \\ 0 & 0 \end{bmatrix}\boldsymbol{x} + \begin{bmatrix} 0 \\ 1 \end{bmatrix}\boldsymbol{u}$$

性能指标 J 为

$$J = \frac{1}{2}\int_0^{\infty} (x_1^2 + 2bx_1x_2 + ax_2^2 + u^2)\mathrm{d}t$$

试确定使 J 为最小值的最优控制 $\boldsymbol{u}$。

习题 7-3　已知一阶系统为

$$\dot{x} = -2x + u\text{，}\quad x(t_0) = 1$$

试确定使 $J = \frac{1}{2}x^2(T) + \frac{1}{2}\int_{t_0}^{T} u^2\mathrm{d}t$ 取极小值的控制综合函数 $u(x,t)$。

习题 7-4　给定二阶系统为

$$\dot{\boldsymbol{x}} = \begin{bmatrix} 0 & 1 \\ -1 & 0 \end{bmatrix}\boldsymbol{x} + \begin{bmatrix} 0 \\ 1 \end{bmatrix}\boldsymbol{u}\text{，}\quad \boldsymbol{x}(0) = \begin{bmatrix} 0 \\ 1 \end{bmatrix}$$

泛函为

$$J = \frac{1}{2}\int_0^2 u^2\mathrm{d}t$$

试求使系统在 $t = 2$ 时转移到原点并使泛函取极小值的 $\boldsymbol{u}(\boldsymbol{x},t)$。

习题 7-5　设控制对象的方程为

$$\dot{\boldsymbol{x}}(t) = \boldsymbol{u}(t),\ \boldsymbol{x}(0) = x_0,\ \boldsymbol{x}(t_\mathrm{f}) = c_0$$

终端时刻可变，若使下列泛函取极小值：

$$J = \int_0^{t_\mathrm{f}} (x^2 + \dot{x}^2)\mathrm{d}t$$

求相应的 $\boldsymbol{x}^*(t)$ 和 $\boldsymbol{u}^*(t)$。

参 考 文 献

[1] 周凤岐，周军，郭建国．现代控制理论基础 [M]．西安：西北工业大学出版社，2011．

[2] 李国勇，杜永贵，谢刚．现代控制理论习题集 [M]．北京：清华大学出版社，2011．

[3] 赵明旺，王杰，江卫华．现代控制理论 [M]．武汉：华中科技大学出版社，2007．

[4] 谢克明，李国勇．现代控制理论 [M]．北京：清华大学出版社，2007．

[5] 高立群，郑艳，井元伟．现代控制理论习题集 [M]．北京：清华大学出版社，2007．

[6] 张嗣瀛，高立群．现代控制理论 [M]．北京：清华大学出版社，2006．

[7] 李少康．现代控制理论基础 [M]．西安：西北工业大学出版社，2005．

[8] 方水良．现代控制理论及其 MATLAB 实践 [M]．杭州：浙江大学出版社，2005．

[9] 吴忠强．现代控制理论 [M]．北京：中国标准出版社，2003．

[10] 王积伟．现代控制理论与工程 [M]．北京：高等教育出版社，2003．

[11] Katsuhiko Ogata．现代控制工程（第四版）[M]．卢伯英，于海勋等译．北京：电子工业出版社，2003．

[12] 谢克明．现代控制理论基础 [M]．北京：北京工业大学出版社，2000．

[13] 王孝武．现代控制理论基础 [M]．北京：机械工业出版社，1998．

[14] 张嗣瀛．现代控制理论 [M]．北京：冶金工业，1994．

[15] 于长官．现代控制理论 [M]．哈尔滨：哈尔滨工业大学出版社，1988．

[16] 缪尔康．现代控制理论基础 [M]．成都：成都科技大学出版社，1988．

[17] 刘豹，唐万生．现代控制理论 [M]．北京：机械工业出版社，1983．

[18] 谢绪恺．现代控制理论基础 [M]．沈阳：辽宁人民出版社，1980．

反侵权盗版声明

举报电话：（010）88254396；（010）88258888

传　　真：（010）88254397

E-mail：dbqq@phei.com.cn

通信地址：北京市万寿路173信箱

电子工业出版社总编办公室

邮　　编：100036